"十四五"职业教育国家规划教材

供中职药剂、制药技术、中医、中药、中药制剂、医学生物技术等相关专业使用

微生物基础

（第二版）

U0209970

主　编　张仙芝
副主编　侯桂荣　岳长青　李　慧
编　者（按姓氏汉语拼音排序）

侯桂荣（山西省晋中市卫生学校）

贾　静（太原市卫生学校）

李　慧（长治卫生学校）

裴　明（太原市卫生学校）

任　奕（本溪市化学工业学校）

石　岩（沈阳市化工学校）

宋　彬（南阳医学高等专科学校）

杨　鹏（梧州市卫生学校）

岳长青（山东省青岛第二卫生学校）

张仙芝（太原市卫生学校）

科学出版社

北　京

内 容 简 介

本教材的内容分为基础理论和实验指导。基础理论共有 11 章，把微生物学、免疫学基础、人体寄生虫学三大部分内容科学地融合在一起。其中微生物学包含细菌、真菌、病毒等各类微生物的概述，微生物的分布与控制、遗传变异与菌种保藏、药品的微生物质量控制；免疫学基础包含免疫学基础理论和免疫学应用；人体寄生虫包含人体寄生虫概述和常见人体寄生虫。实验指导部分力求实验项目标准化、操作步骤流程化。为使学生巩固所学知识，提高学习兴趣，在本教材正文中穿插了案例、链接和考点，正文后设有自测题，并设有数字化资源和配套 PPT 课件。本书为全彩教材，图、文、表并茂，直观易懂。

本教材可供中职药剂、制药技术、中医、中药、中药制剂、医学生物技术等相关专业学生使用。

图书在版编目（CIP）数据

微生物基础 / 张仙芝主编 . —2 版 . —北京：科学出版社，2021.1
"十四五"职业教育国家规划教材
ISBN 978-7-03-066676-5

Ⅰ. 微… Ⅱ. 张… Ⅲ. 微生物学 – 高等职业教育 – 教材 Ⅳ. Q93

中国版本图书馆 CIP 数据核字（2020）第 215071 号

责任编辑：池 静 / 责任校对：郑金红
责任印制：赵 博 / 封面设计：蓝正设计

科学出版社 出版
北京东黄城根北街 16 号
邮政编码：100717
http://www.sciencep.com
北京汇瑞嘉合文化发展有限公司 印刷
科学出版社发行 各地新华书店经销
*
2015年12月第 一 版 开本：850×1168 1/16
2021年1月第 二 版 印张：10 1/2
2024年3月第七次印刷 字数：314 000
定价：**59.80元**
（如有印装质量问题，我社负责调换）

前　言

党的二十大报告指出："人民健康是民族昌盛和国家强盛的重要标志。把保障人民健康放在优先发展的战略位置，完善人民健康促进政策。"贯彻落实党的二十大决策部署，积极推动健康事业发展，离不开人才队伍建设。党的二十大报告指出："培养造就大批德才兼备的高素质人才，是国家和民族长远发展大计。"教材是教学内容的重要载体，是教学的重要依据、培养人才的重要保障。本次教材修订旨在贯彻党的二十大报告精神和党的教育方针，落实立德树人根本任务，坚持为党育人、为国育才。

为适应最新技能人才培养要求，对接《中华人民共和国药典》（2020年版）最新标准，编者对于2015年出版的《微生物基础》进行修订。本次修订突出以下特色。

（1）重视人文素质教育，培养学生民族自豪感和医药从业人员的使命感。

（2）符合中等职业教育技术技能人才成长规律和学生认知特点，编排科学合理、层次分明，兼有医药双重特色，图、文、表并茂，由浅入深、通俗易懂。

（3）为满足岗位要求，内容选择突出适用性，将微生物的遗传与变异、微生物的分布与控制、真菌单独列章，并增加了微生物药物、菌种的保藏相关内容，删减了部分有关寄生虫的内容。

（4）设置了数字化资源点，扫描书中二维码即可浏览书中配套数字化资源，读者可充分利用碎片化时间轻松掌握知识点。

（5）对教材中出现的名词、名称、术语等进行了规范。

（6）实验项目标准化，实验操作流程化。

本教材参考国内外相关教材，并结合编者多年的教学心得编写而成，但限于学识水平和编写能力，书中可能存在疏漏之处，敬请广大师生批评指正，以便修正。

编　者

2023年3月

配 套 资 源

欢迎登录"中科云教育"平台，**免费**数字化课程等你来！

本系列教材配有图片、视频、音频、动画、题库、PPT 课件等数字化资源，持续更新，欢迎选用！

"中科云教育"平台数字化课程登录路径

电脑端

◉ 第一步：打开网址 http://www.coursegate.cn/short/KBVI7.action

◉ 第二步：注册、登录

◉ 第三步：点击上方导航栏"课程"，在右侧搜索栏搜索对应课程，开始学习

手机端

◉ 第一步：打开微信"扫一扫"，扫描下方二维码

◉ 第二步：注册、登录

◉ 第三步：用微信扫描上方二维码，进入课程，开始学习

PPT 课件，请在数字化课程中各章节里下载！

目　　录

绪　论

自然界中不仅有动物和植物，还有许多我们肉眼不能直接看到的微小生物。这些微小生物和人类关系密切，有些甚至与人终生相伴，让我们一起来探索有关微生物的神秘世界吧！

一、微生物概述

（一）微生物的概念及种类

微生物（microorganism）是个体难以用肉眼观察的一切微小生物的统称。微生物广泛存在于自然界，须借助显微镜进行观察，用光学显微镜可观察到细菌等，但要观察病毒须用电子显微镜。微生物的主要特点可以归纳为体积小、分布广、种类多、繁殖快、易变异。

考点：微生物的概念

微生物种类繁多，按其生物学特性，可分为以下3类。

1. 原核细胞型微生物　是染色体分散在细胞质中无明显核结构，无独立行使功能的细胞器的生物，包括细菌、支原体、衣原体、立克次体、螺旋体等。

2. 真核细胞型微生物　是具有细胞核、细胞器的微生物，如真菌。

3. 非细胞型微生物　是由 RNA 或 DNA 及蛋白质等组成的、专营细胞内感染和复制的一大类结构简单的微生物，如病毒。

考点：微生物的种类

（二）微生物与人类的关系

微生物在自然界中分布广泛，土壤、空气、水、人和动物的体表以及其与外界相通的腔道中都存在着不同种类和数量的微生物。

1. 微生物对人类的作用　绝大多数微生物对人、动物和植物是有益的，有些是必需的。微生物参与自然界中的物质循环，如土壤中的微生物能将死亡动物和植物的蛋白质转化为含氮的无机化合物，供植物生长需要。微生物在维持自然界生态平衡方面发挥着重要作用。

微生物在多个行业被广为应用。农业方面，应用微生物制造菌肥、植物生长激素等；工业方面，微生物广泛应用于食品、冶金、皮革、化工、石油等；医药卫生方面，利用微生物生产抗生素、维生素等；环保方面，用微生物降解污水中的有机磷、氰化物等有害物质。近年来，微生物在基因工程技术中作用突出，利用多种工具酶和基因载体制备生物制品，如胰岛素、干扰素等。

> **链接**
>
> ### 极端环境微生物
>
> 　　极端环境指的是环境的某种或几种物理、化学因子超出人类和已知绝大多数生物适宜栖息的极限值，如高温、高碱、高酸、高盐、高压、高辐射等环境。极端环境微生物是最适合生活在极端环境中的微生物的总称。极端环境中的微生物为了适应严酷的生存条件，逐步形成了特殊的生物结构、生理功能和基因组，其适应机制和代谢产物，具有极大的应用价值。

2. 微生物对人类的危害　能够使人或者动物致病的微生物称为病原微生物，如结核分枝杆菌、伤寒沙门菌、流感病毒等。

考点：病原微生物的概念

（三）微生物学与药物

1. 微生物学　微生物学是研究微生物形态结构、生理生化、遗传变异、生态分布和分类进化等生命活动规律，以及与其他生物和环境相互关系的学科。

微生物学又有许多分支，如微生物药学、工业微生物学、农业微生物学、医学微生物学和美容微生物学等。

> **链接**　第一个打开微生物世界大门的人
>
> 安东尼·列文虎克（Antony van Leeuwenhoek）是荷兰人，1676 年，他用自己制造的能放大 266 倍的原始显微镜检查了污水、牙垢、粪便等，看到了数不清的微生物，并正确地描述了它们的形态，为微生物世界的存在提供了科学依据。他的发现轰动了整个世界。

2. 微生物与药物　新的病原微生物不断被发现，随着微生物研究和微生物检测技术的快速发展、疫苗的开发及生物工程技术在微生物药物开发中的应用，促进了微生物制药的发展，利用微生物生产的药物已经在抗病原微生物感染、抗肿瘤、调节免疫功能和细胞功能等诸多领域被广泛应用。可利用基因工程菌大量生产胰岛素、生长素、干扰素等多种药物。

3. 医学微生物学　医学微生物学是研究与医学有关的病原微生物的生物学特性、致病性与免疫性、病原学诊断和防治措施等的科学。学习目的是控制和消灭感染性疾病及与之有关的免疫性疾病，并为学习其他医学课程奠定基础。

二、免疫概述

人类所生活的环境中充满各种微生物：有致病的，也有非致病的。人面对这些微生物，仍能健康地生活，是靠什么保护自己呢？人在长期进化过程中形成了捍卫生命的长城——免疫系统，它发挥着各种免疫功能：排除病原微生物，清除人体内垃圾，消灭肿瘤细胞等；它在人的一生中，进行着无数次的生命保卫战。

1. 免疫　免疫在传统概念上是免除瘟疫之意。人们常把传染病患者（如天花、麻疹患者）痊愈之后对该传染病产生的抵抗力称为免疫，指机体抵抗传染病的能力。

随着免疫学研究的不断深入，免疫的内涵已超出了机体抗感染的范畴，如发挥抗感染作用的免疫器官和细胞具有清除体内衰老、死亡和受损伤细胞的作用，还具有监测和消灭突变细胞的作用等。因此，现代免疫的概念是指机体识别和排除抗原性异物，维持自身生理平衡和稳定的一种功能。在正常情况下，免疫对机体发挥着有利的作用，但在异常情况下，免疫也能对机体造成病理性损害。

考点：免疫的概念

2. 功能　机体的免疫具有以下 3 种功能。

（1）免疫防御：是清除进入机体的病原微生物及其有害产物，保护机体，使机体免受病原微生物侵害的功能。如果此功能表现过于强烈，引起机体组织损伤或生理功能紊乱，称为超敏反应。如果这一功能低下，则导致机体反复发生病原微生物感染，严重的可能导致免疫缺陷病（如艾滋病）。

（2）免疫稳定：是清除体内损伤、衰老、死亡细胞的功能。如果此功能发生异常，会损伤机体自身的正常组织，引起自身免疫性疾病。

（3）免疫监视：是机体识别、杀伤并清除体内的突变细胞，防止其发展为肿瘤的功能。若此功能异常，则机体容易出现肿瘤。

考点：免疫的功能

免疫功能在正常和异常时的表现，见绪表。

绪表　免疫功能在正常和异常时的表现

功能	正常表现	异常表现
免疫防御	清除病原微生物及其他外来抗原	超敏反应或免疫缺陷病
免疫稳定	清除自身衰老、损伤或死亡的细胞	自身免疫性疾病
免疫监视	识别、清除突变细胞	形成肿瘤

链接

消灭天花——人工免疫的成功典范

天花是一种由天花病毒引起的烈性传染病。天花曾在全世界流行，传染性强，病死率高，对人类危害极大。

早在 11 世纪，我国中医就用"人痘"接种预防天花，成为世界免疫学的先驱。英国乡村医生爱德华·琴纳从中国人痘接种法中得到启发，于 1798 年创用牛痘接种法，此后在全球推行，逐步控制了天花的流行。经过人类近 180 年的努力，最后一例天花患者被治愈。联合国世界卫生组织经过 4 年的严密监测，再未发现一例天花的感染者。这是用人工免疫消灭病原微生物的成功典范，是现代免疫学最辉煌的成就之一。

3. 免疫学与药物　免疫学（immunology）是研究免疫系统结构与功能的学科，其包括抗原、抗体、免疫系统、免疫应答、超敏反应、免疫学检测和免疫学防治等。

免疫生物制品在医药学中的应用非常广泛，在预防方面，疫苗的预防接种可预防和消灭传染病，不断研发新型高效疫苗及佐剂等药物；在诊断方面，应用放射性同位素、单克隆抗体技术为传染病、免疫性疾病等提供快速、高效和准确的诊断与辅助诊断方法，协助确定肿瘤的原发部位及转移病灶；在治疗方面，治疗性疫苗可治疗肿瘤和感染性疾病，抗体制剂用于紧急预防和治疗外毒素引起的疾病和其他传染性疾病，免疫调节剂和抑制剂用于治疗免疫性疾病；在药物质量控制方面，用免疫学检测方法可检查药品中的微生物进行药品的质量控制，制药领域不断引入了一些新的微生物检验技术。这些方法简便快速，具有实时或近实时监控的潜力，使生产早期采取纠正措施及监控和指导优良生产成为可能，促进了生产成本降低及检验水平提高。

自 测 题

一、名词解释

1. 微生物　2. 病原微生物　3. 微生物学　4. 免疫
5. 免疫学

二、选择题（A 型题）

1. 不属于原核细胞型微生物的是（　　　）
   A. 细菌　　　　　　　B. 放线菌
   C. 真菌　　　　　　　D. 衣原体
   E. 支原体

2. 有关原核细胞型微生物错误的描述是（　　　）
   A. 有核膜和核仁　　　B. 缺乏完整的细胞器
   C. 有核糖体　　　　　D. 仅有拟核
   E. 包括放线菌

3. 有关免疫功能不正确的叙述是（　　　）

A. 抵抗病原微生物的感染
B. 清除衰老细胞
C. 清除受损伤细胞
D. 识别和清除突变细胞
E. 识别和清除正常细胞

4. 免疫稳定功能异常时可出现（　　　）
   A. 超敏反应　　　　　B. 发生肿瘤
   C. 免疫缺陷病　　　　D. 反复感染
   E. 自身免疫性疾病

三、简答题

1. 简述微生物与人类的关系。
2. 列表比较免疫功能在正常和异常时的表现。

（张仙芝）

第1章

细菌概述

细菌是人们最常见的微生物，在许多人的眼里，细菌就是疾病的代名词，的确有些可怕的传染病与细菌有关，但是也有许多细菌能与人和平共处，成为人的终身伴侣，而且给人多种帮助……让我们走进细菌的世界来探个究竟吧！

细菌（bacteria）通称真细菌，是一大类细胞核无核膜包裹，只存在核区或拟核的裸露 DNA 的原始单细胞生物，含有环状 DNA 和 70S 核糖体。

了解细菌的形态与结构、生长繁殖与代谢规律，对研究细菌的生命活动、致病性和免疫性，以及对鉴别细菌、诊断疾病和防治细菌感染等均有重要意义。

第1节 细菌的形态和结构

一、细菌的大小和形态

（一）细菌的大小

细菌体积微小，需在光学显微镜下放大上千倍方能看到。通常以微米（μm）为测量单位。不同种类的细菌大小不一，同一种细菌的大小也因菌龄和环境因素的影响而有差异。一般来说，球菌的直径约为 1μm，不同杆菌的大小、长短、粗细也不一致，大杆菌如炭疽芽孢杆菌长 3 ～ 10μm，小杆菌如布鲁菌仅长 0.6 ～ 1.5μm。

考点： 细菌的大小及测量单位

（二）细菌的形态

细菌形态多样，大致可归纳为球形、杆形和螺旋形三种基本形态（图 1-1），由此可把细菌分为球菌、杆菌和螺旋菌。

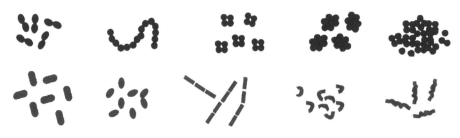

图 1-1　细菌的基本形态

1. 球菌（coccus）　呈球形或椭球形，直径为 0.8 ～ 1.2μm，根据分裂平面和分裂后排列方式的不同，可把球菌分为双球菌、链球菌和葡萄球菌等。①双球菌：细菌在一个平面上分裂，分裂后菌体成对排列，如脑膜炎奈瑟菌；②链球菌：细菌在一个平面上分裂，分裂后多个菌体呈链状排列，如乙型溶血性链球菌；③葡萄球菌：细菌在多个不规则的平面上分裂，分裂后菌体无规则地堆积在一起似葡萄串状，如金黄色葡萄球菌。各类球菌在标本或培养物中除呈上述的典型排列方式外，还可以单个菌体分散的方式存在。

2. 杆菌（bacillus）　呈杆状或圆柱状的细菌。不同杆菌的大小、长短、粗细很不一致。大的杆菌如炭疽芽孢杆菌长 3 ～ 10μm，中等的杆菌如大肠埃希菌长 2 ～ 3μm，小的杆菌如布鲁菌长仅 0.6 ～ 1.5μm。杆菌形态多呈直杆状，也有菌体稍弯的；菌体两端多呈钝圆形，少数两端平齐（炭疽芽孢杆菌）或两端尖细（梭杆菌）；有的杆菌末端膨大呈棒状（棒状杆菌）；有的菌体短小，近似椭球形，称球杆菌；多数杆菌分散排列，也有的杆菌呈链状排列，称链杆菌；有的杆菌呈分枝生长趋势，故称分枝杆菌；有的末端常呈分叉状，称为双歧杆菌。

3. 螺旋菌（spirillum）　细胞为螺旋状的细菌，菌体呈弯曲状，有的菌体长 2 ～ 3μm，只有一个弯曲，形似弧形的称为弧菌，如霍乱弧菌；有的菌体长 3 ～ 6μm，有多个弯曲的称为螺菌，如鼠咬热螺菌；有的菌体细长弯曲呈弧形或螺旋形，称为螺杆菌，如幽门螺杆菌。

考点：细菌的基本形态及分类

二、细菌的结构

细菌的结构可分为基本结构和特殊结构。各种细菌都具有的结构叫基本结构，包括细胞壁、细胞膜、细胞质和类核。仅某些细菌具有的或在一定条件下才形成的结构叫特殊结构，包括鞭毛、菌毛、荚膜和芽孢（图 1-2）。

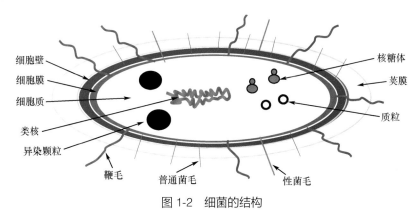

图 1-2　细菌的结构

（一）细菌的基本结构

1. 细胞壁　是细菌细胞外表面由多糖类物质组成的起支持作用的结构。其组成较复杂，随不同细菌而异。

（1）细胞壁的功能：维持菌体的固有形态；保护细菌抵抗低渗环境；与细胞膜共同参与菌体内外的物质交换；菌体表面有多种抗原，决定菌体的抗原性。

（2）细胞壁的结构和组成：用革兰氏染色可将细菌分为两大类，革兰氏阳性菌（G^+菌）和革兰氏阴性菌（G^-菌）。两类细菌细胞壁的结构和组成差异较大（图 1-3）。

1）肽聚糖：又称为黏肽，存在于大多数细菌细胞壁中，是由 N- 乙酰葡糖胺和 N- 乙酰胞壁酸两种单糖相互间隔连接而成的杂多糖，是经短肽链交联而成的覆盖细胞表面的网状聚合物，是细菌细胞壁的特有成分。革兰氏阳性菌和革兰氏阴性菌中所含肽聚糖结构的组成不同：革兰氏阳性菌的肽聚糖由聚糖骨架、四肽侧链和五肽桥 3 部分组成，革兰氏阴性菌的肽聚糖只有聚糖骨架和四肽侧链两部分组成。

考点：细菌细胞壁的特有成分

2）革兰氏阳性菌细胞壁的组成：由肽聚糖和磷壁酸组成，厚度为 20 ～ 80nm。其中含肽聚糖 15 ～ 50 层，占细胞壁干重的 50% ～ 80%；磷壁酸穿插于肽聚糖层中，是革兰氏阳性菌的特有成分，其抗原性很强，是革兰氏阳性菌的重要表面抗原。某些细菌（如 A 族链球菌）的磷壁酸具有黏附宿主细胞的功能，与细菌的致病性有关。

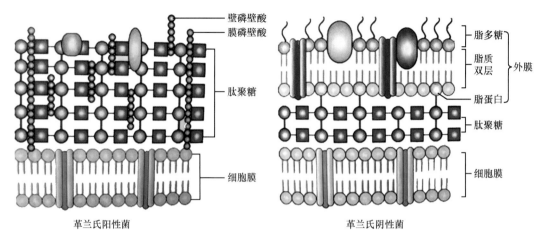

图 1-3　细菌细胞壁结构

3）革兰氏阴性菌细胞壁的组成：由肽聚糖和外膜组成，厚度为 10 ～ 15nm。其中含肽聚糖 1 ～ 2 层，占细胞壁干重的 10% ～ 20%；外膜由脂蛋白、脂质双层和脂多糖 3 部分组成。脂质双层的结构类似细胞膜，脂质双层内镶嵌有脂蛋白，由脂质双层向细胞外伸出的是脂多糖，是革兰氏阴性菌的内毒素。

革兰氏阳性菌和革兰氏阴性菌细胞壁的结构与组成显著不同（表 1-1），导致这两类细菌在染色性、抗原性、致病性和对药物的敏感性等方面有很大差异。

表 1-1　革兰氏阳性菌与革兰氏阴性菌细胞壁结构与组成的比较

细胞壁	革兰氏阳性菌	革兰氏阴性菌
强度	较坚韧	较疏松
肽聚糖层数	15 ～ 50 层	1 ～ 2 层
肽聚糖含量	占细胞壁干重的 50% ～ 80%	占细胞壁干重的 10% ～ 20%
磷壁酸	有	无
外膜	无	有

考点：革兰氏阳性菌与革兰氏阴性菌细胞壁的比较

（3）了解细菌细胞壁结构与组成的意义：肽聚糖是保证细菌细胞壁机械强度十分坚韧的化学成分，凡能破坏肽聚糖结构或抑制其合成的物质，均能损伤细胞壁而使细菌变形或裂解，如青霉素和溶菌酶能破坏革兰氏阳性菌的肽聚糖，导致细菌溶解死亡。人体与其他动物的细胞无细胞壁，也无肽聚糖，故青霉素和溶菌酶对人体及其他动物的细胞均无毒性作用。

链接

L 型 细 菌

L 型细菌是部分或全部丧失细胞壁的缺陷型细菌，可连续繁殖，也可恢复为正常细胞。在高渗环境中仍可存活。L 型细菌因失去细胞壁形态呈多形性，有球状、杆状和丝状等，一般生长缓慢，2 ～ 7 天后方可形成中间厚四周薄的油煎蛋样小菌落。某些 L 型细菌仍有致病能力，在临床上可引起慢性感染，如尿路感染、骨髓炎、心内膜炎等，但常规细菌学检查结果呈阴性。因此，临床上使用某些作用于细胞壁的抗菌药物进行治疗时，遇有症状明显而标本常规培养为阴性时，应考虑 L 型细菌感染的可能性，宜作 L 型细菌的专门检验。

2. **细胞膜**　是位于细胞壁内侧，包裹细胞质的一层半透膜。其结构与真核细胞相似，主要由磷脂双层结构及镶嵌蛋白组成。细胞膜的功能主要有维持细胞内外物质交换、呼吸作用、生物合成、参与细菌的分裂等。

3. 细胞质　是细胞膜包裹的溶胶状物质，是细菌新陈代谢的主要场所。其基本成分是水、蛋白质、脂类、核酸、少量糖和无机盐，其中还有功能性超微结构。

（1）核糖体：是细菌合成蛋白质的场所，数量可多达数万个。细菌的核糖体（70S）与真核细胞型微生物的核糖体（80S）不同，有些抗生素如链霉素、红霉素能与细菌核糖体结合，干扰其蛋白质合成，从而发挥抗菌作用，但对人体细胞无影响。

（2）质粒：微生物细胞内稳定地独立存在于染色体外，能自我复制并传递到子代的双链 DNA 分子。随细菌的分裂转移到子代细胞中，质粒并非细菌生命活动必需的遗传物质，质粒还可在细菌间传递。

（3）胞质颗粒：是细胞质中存在的多种内含颗粒，大多数为营养储藏物。有些细菌含有多聚偏磷酸盐颗粒，因其嗜碱性较强，用亚甲蓝染色着色较深，与细菌其他部分的颜色不同，故称异染颗粒，可作为鉴别细菌（如白喉棒状杆菌）的依据。

考点：质粒和异染颗粒的概念

4. 类核　又叫拟核，是原核细胞中 DNA 集中但无核膜包围的区域，由一条裸露的双股环状 DNA 分子组成，另外还含有少量 RNA、RNA 聚合酶及蛋白质。其可控制细菌的各种遗传性状。

（二）细菌的特殊结构

1. 鞭毛　某些细菌的菌体上附着的细长呈波状弯曲的丝状物称为鞭毛。通过高速旋转驱动细胞运动，为细菌的运动器官，长 5 ～ 20μm，但直径很纤细，一般经特殊染色法使鞭毛增粗后可在普通光学显微镜下看到。

鞭毛的化学组成为蛋白质，有很强的抗原性，鞭毛抗原称 H 抗原。

根据鞭毛的数目及部位可将鞭毛菌分成四类：单毛菌如霍乱弧菌，双毛菌如空肠弯曲菌，丛毛菌如铜绿假单胞菌，周毛菌如伤寒沙门菌（图 1-4）。

细菌有无鞭毛，鞭毛的数量、部位及其抗原性对细菌鉴定和分类有重要意义。有些细菌的鞭毛与细菌致病性有关，如霍乱弧菌。

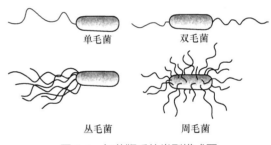

图 1-4　细菌鞭毛的类型模式图

2. 菌毛　是多存在于革兰氏阴性菌细胞表面的丝状中空的蛋白质附属结构。比鞭毛短且细，数量较多，与细菌间或细菌和动物细胞间黏附有关。菌毛（图 1-5）在普通光学显微镜下不可见，只能用电子显微镜观察。每菌可有 250 ～ 300 根菌毛。菌毛的化学成分为蛋白质，菌毛蛋白有抗原性。细菌可通过菌毛黏附于人与动物的红细胞和消化道、呼吸道等黏膜上皮细胞表面，从而入侵引起感染，故菌毛与细菌的致病性有关。

性菌毛：在细菌接合过程中传递遗传物质的菌毛，数量少，一个细菌只有 1 ～ 4 根，且较普通菌毛粗而长。仅见于少数革兰氏阴性菌。性菌毛由 F 质粒编码，在细菌接合时，可传递遗传物质，如耐药质粒 R 因子可通过性菌毛传递耐药性。

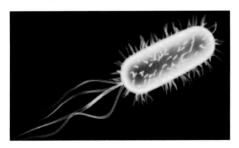

图 1-5　细菌菌毛和鞭毛

3. 荚膜　是固定在细菌细胞壁外结构较致密且较厚的黏液性物质。厚度大于 200nm，在普通光学显微镜下清晰可见。一般在动物体内和营养丰富的培养基中才能形成，荚膜不易着色，普通染色法只能在光学显微镜下看到菌体周围有未着色的透明圈，如用荚膜染色法可使荚膜显现更为清楚（图 1-6）。

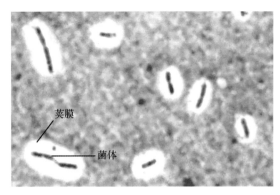

图1-6　细菌的荚膜（光镜图）

荚膜的化学组成随菌种而异。大多数细菌的荚膜由多糖组成，如肺炎球菌；少数细菌的荚膜为多肽，如炭疽杆菌。荚膜具有抗原性，可作为细菌鉴别与分型的依据。荚膜可抵抗宿主吞噬细胞的吞噬作用，故与细菌的致病性有关。

4. 芽孢　某些细菌在不适宜的环境条件下，细胞质脱水浓缩，在菌体内形成一个圆形或卵圆形的小体，称为芽孢，是便于细菌传播的无性休眠体，其代谢缓慢，营养要求低，无繁殖能力。芽孢保留了细菌生存必需的遗传物质和完整的酶系统。芽孢形成后，菌体成为空壳，逐渐崩解消失，芽孢随之脱落游离出来。芽孢遇到适宜环境，可吸水膨胀重新发育为有繁殖能力的菌体，故未形成芽孢的菌体称为繁殖体。不同细菌其芽孢的大小、形态和在菌体内的位置不同，对细菌的分类和鉴定有重要意义（图1-7）。

成熟的芽孢具有多层膜结构，其折光性很强、壁厚、通透性低，故不易着色。一般染色法染色后，只能在光学显微镜（光镜）位置下观察到菌体有未着色的芽孢，需经芽孢染色法才能使芽孢着色。

芽孢对热、干燥、辐射及消毒剂有很强的抵抗力，在自然界能存活几年甚至几十年，有的芽孢耐高温。一旦芽孢污染用具、敷料、手术器械等，用一般物理化学方法不易将其杀死，故常以杀死芽孢作为灭菌的指标。高压蒸汽灭菌法是杀灭芽孢最快速有效的方法。

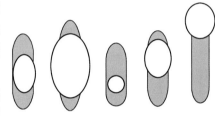

图1-7　细菌芽孢的形态、大小和位置

考点：细菌四种特殊结构的概念和意义

三、细菌的形态检查法

（一）不染色标本检查法

细菌不经染色，直接放在普通光学显微镜或暗视野显微镜下，可观察细菌的运动状态和繁殖方式等，常用方法有压滴法和悬滴法。

（二）染色标本检查法

1. 单染色法　只用一种染料给细菌染色，所有细菌都被染成一种颜色，可显示细菌的形态、排列和大小等。

2. 复染色法　用两种或两种以上染料染色，使细菌染上不同的颜色，可观察细菌的形态、排列、大小和染色性，并能鉴别细菌。常用的有革兰氏染色、抗酸染色和特殊染色法。

（1）革兰氏染色：用结晶紫和藏红或品红等染料，经过一系列步骤将细菌染成紫色或红色，以确定其为革兰氏阳性菌或阴性菌两大类的染色方法，最常用于鉴定细菌。

革兰氏染色的步骤：①结晶紫初染；②碘液媒染；③95%乙醇脱色；④稀释复红复染。结果：紫色为革兰氏阳性菌，红色为革兰氏阴性菌。

革兰氏染色具有重要的实际意义：①鉴别细菌。它将所有的细菌分成革兰氏阳性菌和革兰氏阴性菌两大类，便于初步识别细菌。②选择用药。革兰氏阳性菌和革兰氏阴性菌对抗生素和化学药剂的敏感性不同，临床上可根据病原菌的革兰氏染色性，选择有效药物进行治疗。③致病特点。大多数革兰氏阳性菌主要以外毒素致病，大多数革兰氏阴性菌主要以内毒素致病。

（2）抗酸染色：用于抗酸杆菌的染色方法。抗酸染色的步骤：①石炭酸复红加温染色；②3%盐酸酒精脱色；③亚甲蓝复染。结果：结核分枝杆菌等抗酸杆菌被染成红色，非抗酸杆菌则被染成蓝色。

（3）特殊染色法：细菌的某些结构不易被普通染色法染色，但可通过特殊染色法使之与菌体染上不同颜色，有利于对细菌的观察与鉴别，如细菌的芽孢、荚膜、鞭毛等常需特殊染色法。

考点： 革兰氏染色的步骤和意义

第 2 节　细菌的生长繁殖与代谢

一、细菌的生长繁殖

（一）细菌生长繁殖的条件

细菌的种类不同，其生长繁殖的条件也有所差异，基本可归纳如下。

1.营养物质　充足的营养物质可为细菌新陈代谢及生长繁殖提供必要的原料和能量。细菌生长繁殖基本的营养物质包括水、碳源、氮源、无机盐，某些细菌还需要特殊的生长因子，即细菌生长必需但自身又不能合成的一类营养物质。

（1）水：是细菌细胞的重要组成成分，又是良好的溶媒。细菌所需营养物质必须先溶于水，细菌对物质的吸收、渗透、分泌、排泄，都要以水为媒介，其代谢过程和生化反应也只有在水中才能进行。

（2）碳源：是指含有碳元素的营养物，包括各种碳的无机物或有机物。细菌获取碳源以合成菌体成分并作为能量的主要来源。病原菌主要从有机碳源如糖类获得碳源。

（3）氮源：细菌对氮源的需要量仅次于碳源，其主要功能是作为菌体成分的原料。很多细菌可以利用有机氮化物，病原性微生物主要从氨基酸、蛋白胨等有机氮化物中获得氮源。

（4）无机盐：细菌需要各种无机盐以提供细菌生长所需的各种元素，如磷、硫、钾、钠、镁、钙、铁等。各类无机盐的功能：①构成有机化合物，成为菌体的成分；②作为酶的组成部分，维持酶的活性；③参与能量的储存和转化；④调节菌体内外的渗透压并维持酸碱平衡。

（5）生长因子：是能够刺激细菌生长或为生长所必需的，但自身不能合成且需求量很少的物质。通常为有机化合物，包括维生素、某些氨基酸、嘌呤、嘧啶等。它们主要被细菌用作某些辅酶和辅基的成分或提供细菌不能合成的氨基酸等。

2.酸碱度　每种细菌都有一个最适生长的 pH 范围，在这一范围内，细菌的酶活性最强，生长繁殖较旺盛。多数病原菌最适 pH 为 7.2 ～ 7.6，在机体内易生存，个别细菌如霍乱弧菌在 pH8.8 ～ 9.0 生长最好，结核分枝杆菌生长的最适 pH 为 6.5 ～ 6.8。

3.温度　各类细菌对温度的要求不一。嗜冷菌，最适生长温度为 10 ～ 20℃；嗜温菌，最适生长温度为 20 ～ 40℃；嗜热菌，最适生长温度为 50 ～ 60℃。在长期进化过程中适应人体环境的病原菌，均为嗜温菌，最适生长温度与人的体温相近，即 35 ～ 37℃。个别细菌可有例外，如鼠疫耶尔森菌最适生长温度为 28℃，弯曲菌为 42℃。

4.气体　与细菌生长繁殖有关的气体主要有氧气和二氧化碳。

（1）根据细菌对氧气的要求不同，可将细菌分为 4 类。①需氧菌：在有氧的环境中才能生长繁殖的细菌。具有完善的呼吸酶系统，能进行需氧呼吸，如结核分枝杆菌。②微需氧菌：在低氧分压（低于 5% O_2）条件下生长良好的细菌，如空肠弯曲菌和幽门螺杆菌。③兼性厌氧菌：在有氧、无氧环境中均能生长的细菌，在有氧环境中利用有氧呼吸产能，在无氧环境中利用糖酵解产能，如大肠埃希菌。④厌氧菌：只能在无氧环境中生长的细菌，如破伤风芽孢梭菌。

（2）多数细菌利用自身代谢过程中产生的 CO_2 已能满足需要，但某些细菌初次分离时，必须供给 5% ～ 10%CO_2 才能生长，如脑膜炎奈瑟菌和幽门螺杆菌。

考点： 细菌生长繁殖的条件

链 接   **细菌的繁殖**

细菌的繁殖方式是由一个分裂为两个。一个细菌在 7h 内可繁殖到 1700 万个，10h 后可繁殖到 10 亿个。因此，在炎热的夏季极易发生细菌性食物中毒。

（二）细菌的繁殖方式和速度

1. 个体生长繁殖　细菌一般以简单的无性二分裂法进行繁殖。在适宜条件下，多数细菌繁殖速度很快，20 ～ 30min 繁殖一代。结核分枝杆菌繁殖速度较慢，繁殖一代需要 18 ～ 20h。

2. 群体生长繁殖规律——生长曲线　指细菌培养过程中，以细胞数目或生物量对生长时间作图获得的曲线。生长曲线表示细菌的群体生长繁殖规律，可分为以下 4 期（图 1-8）。

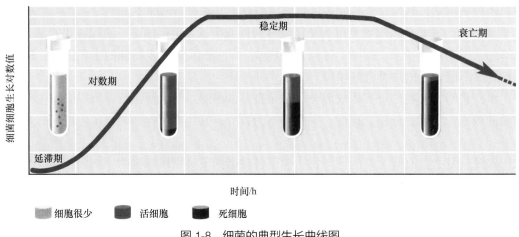

图 1-8　细菌的典型生长曲线图

（1）延滞期（又叫迟缓期）：细菌接入新鲜的培养基后的初期生长阶段。此时细胞代谢发生调整而使细胞数或生物量的增长速度处于最低水平。该期细菌体积增大、重量增加、代谢活跃。延滞期的长短随菌种、菌龄、接种量及营养物质等的不同而异，一般为数小时。

（2）对数期（又叫指数期）：细菌生长延滞期之后，细胞数目或生物量呈指数增长的时期，是细菌繁殖的顶峰阶段。此期细菌的形态、染色性等生物学性状较典型，对外界因素的刺激敏感。故研究细菌的生物学性状和发酵生产时用的种子应选用该期细菌。

（3）稳定期：细菌生长对数期之后，细胞数目或生物量增长减缓直至停止的时期，是细菌繁殖数与死亡数相同的阶段，菌体产量达最高点。外毒素和抗生素等代谢产物开始积累，细菌的芽孢开始形成，故收获代谢产物，观察芽孢应选该期细菌。

（4）衰亡期（又叫衰退期）：细菌生长稳定期之后培养物中活细胞数目下降的时期。细菌繁殖速度越来越慢，死亡数超过活菌数。该期细菌形态多形化，出现衰退或菌体自溶，进一步释放氨基酸、内毒素、抗生素等，芽孢杆菌在此期释放芽孢。

考点： 细菌生长曲线的各期特点

（三）细菌的人工培养

依据细菌生长繁殖的条件与规律，可在体外对细菌进行人工培养，以研究细菌的生物学性状，用于对细菌性疾病的诊断、治疗和预防等。

1. 培养基（culture medium）　由人工配制、适合微生物生长繁殖或代谢物产生的混合营养基质。常见培养基的种类：

（1）按照培养基物理状态分类

1）液体培养基：不加凝固剂而保持液态的培养基。主要用于实验室和生产实践中微生物的大规模生产。

2）半固体培养基：只加入少量凝固剂就能维持一定形状，便于观察微生物运动或某些特定性状的机械强度较小的培养基。一般加入 0.3% ～ 0.5% 的琼脂，主要用于观察细菌的动力，也可用于一般菌种的保存。

3）固体培养基：以琼脂等凝固剂和天然固体形态的材料制备而成的外观呈固体状态的培养基。加入 2% ～ 3% 的琼脂，用于菌种的分离鉴定、菌种保藏和微生物的大规模生产。

（2）按培养基的功能分类

1）选择培养基：用来促进或抑制一定类型的细菌等而设计的培养基。如培养肠道致病菌的 SS 琼脂培养基，其中的胆盐能抑制革兰氏阳性菌，枸橼酸钠和煌绿能抑制大肠埃希菌，因而使标本中的致病性沙门菌和志贺菌容易被分离培养。

2）鉴别培养基：根据培养特征区分微生物的培养基。利用各种细菌对糖类和蛋白质的分解能力及其代谢产物的不同，在培养基中加入特定的作用底物和指示剂，观察细菌在其中生长后对底物的分解情况从而鉴别细菌，如伊红 - 亚甲蓝琼脂培养基。

2020 年版《中华人民共和国药典》（简称《中国药典》）中用于细菌生化反应的培养基有糖发酵培养基、磷酸盐葡萄糖胨水培养基、半固体营养琼脂培养基和尿素培养基等。

考点： 培养基的概念及种类

2. 细菌在培养基中的生长现象

（1）在液体培养基中的生长现象：细菌在液体培养基中有 3 种生长现象。①浑浊生长，即大多细菌在液体培养基中的生长呈均匀浑浊现象，如葡萄球菌；②沉淀生长，即试管底有沉淀物，如乙型溶血性链球菌；③菌膜（表面）生长，即多数专性需氧菌液面有菌膜，如结核分枝杆菌。液体药剂中发现有上述现象时，应该考虑是否有细菌污染。

（2）在半固体培养基中的生长现象：常用于检查细菌的动力，称动力试验。将细菌穿刺接种于半固体培养基中，经培养后，无鞭毛的细菌只沿穿刺线生长，穿刺线清晰，培养基仍然透明，有鞭毛的细菌则沿穿刺线向周围扩散生长，穿刺线模糊不清，培养基出现浑浊。

（3）在固体培养基上的生长现象：在固体基质表面或内部形成的紧密生活在一起肉眼可见的同一微生物物种的群体，或来源于同一细胞的一群细胞叫菌落。在固体培养基上长成的一片密集的菌落叫菌苔。一般来说，单个细菌经过 18 ～ 24h 培养后可见菌落。各种细菌形成菌落的大小、形状、颜色、气味、透明度、表面光滑度、湿润程度、边缘整齐与否及溶血情况等均有差异，根据细菌的菌落特点可鉴定细菌（图 1-9）。

沉淀、菌膜和浑浊　　　　沿穿刺线生长、扩散生长　　　　菌落和菌苔

图 1-9　细菌在培养基上的生长现象

考点： 细菌在不同培养基上的生长现象

3. 人工培养细菌的意义　人工培养细菌对疾病的诊断、预防、治疗和细菌学的研究都具有重要意义。

（1）传染性疾病的病原学诊断：要明确传染性疾病的病原菌必须取患者有关标本进行细菌分离培养、菌种鉴定和药物敏感试验，其结果可指导临床用药。

（2）细菌学的研究：对细菌生理、遗传变异、致病性和耐药性等的研究也需做细菌的培养和保存。

（3）生物制品的制备：供免疫学防治用的疫苗、类毒素、抗毒素及供诊断用的菌液、抗血清等生物制品均来自人工培养细菌或其代谢产物。

二、细菌的代谢

细菌的代谢包括分解代谢和合成代谢。分解代谢是将复杂的营养物质降解并转化为能量的过程；合成代谢是将简单的小分子物质合成复杂的菌体成分，同时消耗能量的过程。两种代谢过程均可产生多种中间代谢产物，其中有些代谢产物在医药学上有重要意义。

（一）分解代谢产物及生化反应

各种细菌所具有的酶不同，对营养物质的分解能力也不一样，因而其代谢产物也各有差异，据此利用生物化学方法来鉴别细菌称为细菌的生化反应（生化试验）。常用的生化反应有：糖发酵试验、VP 试验、甲基红试验等，主要用于鉴别细菌，尤其对形态、染色反应和培养特性相同或相似的细菌更为重要。

> **链 接**
> ## 细菌的酶
>
> 按照存在部位的不同可把细菌的酶分为胞内酶和胞外酶两种：胞内酶产生并存在于细菌内，催化细菌内的各种生化反应，参与各种代谢，如氧化还原酶、转移酶、裂解酶等；胞外酶由细菌合成后转运至细菌外发挥作用，如水解多糖（淀粉）和寡糖（乳糖）的酶、蛋白酶和脂肪酶等，这些酶与细菌的吸收、利用营养物有关，可将细菌外的大分子物质降解为小分子，从而易于通过细胞膜被细菌吸收，也可鉴别细菌。某些病原菌产生的胞外酶如透明质酸酶、溶纤维蛋白酶，还与细菌的毒力有关。

（二）细菌的合成代谢产物及其意义

1. 热原质（又叫致热原或热原） 是能引起宿主发热的物质。多由革兰氏阴性菌产生，如细胞壁脂多糖；有些革兰氏阳性菌也能产生，如枯草杆菌等。热原质耐高温，高压蒸汽灭菌 121.3℃、30min 不易被破坏，须用吸附剂、石棉滤板或 250℃ 干烤 30min 才能除去或破坏热原质，蒸馏法去除热原质效果最好。因此，在制备和使用注射药品过程中应严格遵守无菌操作，防止细菌污染。

2. 毒素与侵袭性酶 细菌可产生外毒素和内毒素，这两类毒素在细菌致病作用中极为重要。外毒素是细菌在代谢过程中分泌到菌体外的毒性蛋白质，内毒素是革兰氏阴性菌菌体死亡崩解后游离出来的细胞壁脂多糖。某些细菌尚可产生具有侵袭性的酶，如产气荚膜梭菌的卵磷脂酶，链球菌的透明质酸酶，这些酶能损伤机体组织，促使细菌侵袭和扩散，也是细菌重要的致病物质。

3. 色素 不同细菌在适宜环境中能产生不同色素，有助于鉴别细菌。细菌产生的色素有两类：①水溶性色素，能弥散到培养基或周围组织，如铜绿假单胞菌的色素能使培养基呈蓝绿色；②脂溶性色素，不溶于水，只能使菌落显色而培养基颜色不变，如金黄色葡萄球菌的色素使菌落呈金黄色。

4. 抗生素 微生物生命过程中产生的具有生理活性的次生代谢产物及其衍生物，在低浓度下有选择性地抑制或干扰其他生物的正常生命活动，而对其自身无害。抗生素大多由放线菌和真菌产生，制药工业上可用微生物生产抗生素。

> **链 接**
> ## 细菌素与人类健康
>
> 细菌素是一种由微生物核糖体合成的抗菌肽，常用作食品防腐剂。近年来，科学家挑选少数细菌素进行深入的研究，开辟了细菌素新的研究领域，并拓宽了其应用范围。随着遗传学和纳米技术的快速发展，细菌素极有可能发展成为下一代新型抗生素、新型载体分子和肿瘤治疗的药物等。同时，科学家还发现一些细菌素具有调节群体感应的功能，这一发现表明细菌素具有应用到新领域的可能。目前，革兰氏阴性菌产生的细菌素主要用于细菌素翻译修饰研究，而革兰氏阳性菌（如乳酸菌）产生的细菌素主要用于进行细菌素应用方面的研究。当前，细菌素的应用正从食品领域扩展至人类健康方面。

5. 细菌素　某些细菌产生的可特异抑制或杀灭亲缘关系较近的敏感菌的多肽或蛋白质。与抗生素比较，细菌素的抗菌谱较窄，故多用于细菌分型和流行病学调查，细菌素一般按产生菌命名，如大肠埃希菌产生的细菌素称为大肠菌素。

6. 维生素　一类在体内含量极微的维持人体生命所必需的有机物质叫维生素。它是保持人体健康的重要活性物质。细菌能合成某些维生素，除供自身需要外，还能分泌至周围环境中，如人体肠道内的大肠埃希菌能合成维生素 B 和维生素 K 供人体吸收利用。制药工业上可用细菌生产维生素。

考点：细菌合成代谢产物的医学意义

细菌各种代谢产物在医药学上的重要意义，见表 1-2。

表 1-2　细菌代谢产物的种类及意义

代谢产物	种类	意义
合成代谢产物	毒素和侵袭性酶	与致病性有关
	致热原	与致病性有关
	抗生素	与治疗有关，用于制药
	维生素	提供营养，与治疗有关，用于制药
	色素	鉴别细菌
	细菌素	用于细菌的分型，流行病学调查
分解代谢产物	生化试验	鉴别细菌

第 3 节　细菌的致病性与感染

致病性是指病原菌能够使宿主致病的性能。具有致病性的细菌称致病菌或病原菌。致病性是针对特定宿主而言的，有的只对人类致病，而有的只对动物致病，有的则对人和动物都能致病。病原菌能否引起疾病，与病原菌的致病因素、机体的免疫力、环境因素（自然因素与社会因素）等有关。病原菌进入机体后能否引起疾病，主要取决于病原菌的致病因素和机体的免疫力。

一、病原菌的致病因素

病原菌的致病因素是由细菌的毒力、侵入数量和侵入门户决定的。

（一）毒力

病原菌能够使宿主致病的能力称为毒力。各种病原菌的毒力不同，同种病原菌的毒力也因型和株的不同而存在差异。根据毒力的强弱程度，可将同一种病原菌分为强毒株、弱毒株和无毒株。毒力是致病性量的概念，常用半数致死量（LD_{50}）表示，细菌的毒力由侵袭力和毒素构成。

1. 侵袭力　病原菌侵入宿主的能力。构成侵袭力的物质包括：

（1）荚膜及类荚膜物质：如肺炎链球菌的荚膜，以及化脓性链球菌的 M 蛋白、伤寒沙门菌的 Vi 抗原、某些大肠埃希菌的 K 抗原等类荚膜物质均有抗吞噬、消化和抗杀菌物质的作用。

（2）菌毛：可使病原菌黏附于机体黏膜上皮细胞表面，有利于病原菌侵入机体。

（3）侵袭性酶：病原菌的侵袭性酶本身无毒性，但在感染的过程中起到破坏机体组织屏障的作用，有利于病原菌向深层组织扩散，常见如下。①某些病原菌能产生增强细菌致病能力的侵袭性物质，如金黄色葡萄球菌的血浆凝固酶，能使血浆中的纤维蛋白原变成纤维蛋白，围绕在细菌表面来保护细菌不被吞噬；②A 群链球菌产生的透明质酸酶，能水解细胞间质透明质酸，而利于细菌在组织中扩散。

2. 毒素　细菌产生的对其他生物体有毒性的产物。细菌的毒素有外毒素和内毒素两种：

（1）外毒素：是细菌分泌到胞外的毒素。通常有特异性和剧毒，产生外毒素的细菌主要是革兰氏阳性菌，如破伤风芽孢梭菌、金黄色葡萄球菌；少数为革兰氏阴性菌，如霍乱弧菌。外毒素的主要特点：

1）化学成分：蛋白质，性质不稳定，对热、酸碱、蛋白酶等敏感。

2）毒性作用：①毒性强，1mg 肉毒毒素纯品能杀死 2 亿只小鼠，比氰化钾毒性大 1 万倍，是目前已知的毒性最强的毒物。②不同细菌产生的外毒素，对机体组织器官具有高度的选择性，从而引起特殊的病变和症状，如肉毒毒素能阻断胆碱能神经末梢乙酰胆碱的释放，引起眼、咽等肌肉松弛性麻痹，出现软瘫，严重者可因呼吸麻痹而死亡。而破伤风痉挛毒素结合抑制性神经突触前膜，阻断抑制性神经介质释放，引起骨骼肌强直性痉挛。③根据对宿主细胞的亲和性及作用方式可将外毒素分为：神经毒素（破伤风痉挛毒素、肉毒毒素）、细胞毒素（白喉毒素）和肠毒素（霍乱肠毒素）。

3）免疫原性：外毒素经甲醛处理脱去毒性而保留免疫原性即为类毒素。类毒素注入机体后可刺激机体产生具有中和作用（中和外毒素的毒性）的抗毒素。

（2）内毒素：是革兰氏阴性菌裂解时释放的毒素，主要成分为脂多糖或脂多糖与外膜蛋白的复合物。

1）化学成分：脂多糖，理化性质稳定，加热至 160℃维持 2 ～ 4h，或用强碱、强酸或强氧化剂加热煮沸 30min 才可被破坏，生物制品等一旦受污染，即使随后灭菌，其崩解释放的内毒素也很难除去。用于静脉注射剂、冲洗剂等的药用辅料需进行细菌内毒素检查，应符合相应标准。

2）毒性作用：毒性较弱，对机体组织器官无选择性，各种细菌释放的内毒素的致病作用相似，均可引起以下临床症状。①发热反应，极微量内毒素就可致机体引起发热反应；②白细胞反应，开始短暂降低，1 ～ 2h 后迅速持续升高；③内毒素血症与内毒素休克，内毒素入血导致内毒素血症，表现为微循环衰竭、血压下降、组织器官血液灌注不足，进而发展为以微循环衰竭和低血压为特征的内毒素休克；④弥散性血管内凝血（DIC），内毒素可激活凝血因子，并刺激血小板聚集、释放介质引起广泛性血管内凝血和因大量凝血因子迅速消耗而导致的广泛性出血。

3）免疫原性：较弱，不能用甲醛脱毒成为类毒素。

外毒素与内毒素的主要区别，见表 1-3。

表 1-3　外毒素与内毒素的主要区别

特性	外毒素	内毒素
产生毒素的细菌	主要是革兰氏阳性菌及少数革兰氏阴性菌	革兰氏阴性菌
存在部位及释放方式	由活菌分泌或少数菌崩解后释放	是细胞壁成分，菌体裂解后释放
化学成分与耐热性	蛋白质，不耐热，60 ～ 80℃、30min 被破坏	脂多糖，耐热，160℃、2 ～ 4h 被破坏
毒性作用	强，不同细菌的外毒素对组织器官有选择性的毒害作用，引起特殊临床表现	较弱，各种细菌内毒素作用大致相同：发热、白细胞升高、内毒素休克和弥散性血管内凝血
免疫原性与甲醛脱毒	强，刺激机体产生抗毒素，可脱毒成类毒素	较弱，不能脱毒成类毒素

（二）侵入数量

一般细菌感染所需的数量与其毒力成反比，毒力愈强，所需的菌量愈小；反之则需菌量愈大。如毒力强大的鼠疫耶尔森菌，数个菌侵入就可引发鼠疫。而沙门菌毒力弱，数亿个细菌入侵才能引起食物中毒。

（三）侵入门户

病原菌只有通过特定的侵入门户、到达特定的组织细胞才能引起感染，否则即使有一定的毒力和足够的数量，也不能引起感染。如痢疾志贺菌必须经口感染才能引起菌痢，通过破损的皮肤不能引起菌痢。也有些病原菌如结核分枝杆菌有多种侵入门户，可造成组织细胞感染。

考点：病原菌的致病因素

我国对传染病的分类

甲类传染病：鼠疫、霍乱。

乙类传染病：严重急性呼吸综合征（传染性非典型肺炎）、新型冠状病毒肺炎、艾滋病、病毒性肝炎、脊髓灰质炎、人感染高致病性禽流感、麻疹、流行性出血热、狂犬病、流行性乙型脑炎、登革热、炭疽、细菌性和阿米巴性痢疾、肺结核、伤寒和副伤寒、流行性脑脊髓膜炎、百日咳、白喉、新生儿破伤风、猩红热、布鲁氏菌病、淋病、梅毒、钩端螺旋体病、血吸虫病、疟疾。

丙类传染病：流行性感冒、流行性腮腺炎、风疹、急性出血性结膜炎、麻风病、流行性和地方性斑疹伤寒、黑热病、包虫病、丝虫病、手足口病，除霍乱、细菌性和阿米巴性痢疾、伤寒和副伤寒以外的感染性腹泻病。

国务院卫生行政部门根据传染病暴发、流行情况和危害程度，可以决定增加、减少或者调整乙类、丙类传染病病种并予以公布。

二、感染的发生、发展与结局

感染又称传染，为人体与病原菌相互作用、相互斗争的过程。引起感染的病原菌可来自宿主体外，也可来自宿主体内。

（一）感染的来源、传播途径

1.感染的来源　感染按其来源可分为外源性感染和内源性感染两种。

（1）外源性感染：在外环境中（包括动物和禽类等）存在的致病性病原菌，通过某种途径侵入人体而引起的感染。其包括从其他患者、患者陪伴人员、医务人员、医院环境等处获得的感染。

（2）内源性感染：患者自身皮肤或腔道等处定植的条件致病菌，或从外界获得的定植菌由于数量或定植部位改变而引起的感染。由于患者抵抗力降低，自身现有的细菌易感性增加而发病。

2.传播途径　病原菌离开传染源后，传播到达另一个易感者的途径。常见的传播途径有以下几种。

（1）呼吸道传播：病原菌由患者的口鼻处排出，以空气为媒介，再经其他人的呼吸道吸入引起传播的方式，也可经气溶胶传播，如肺结核、百日咳和军团菌病等。

（2）消化道传播：病原菌通过污染食物和饮水经消化道传播的方式。如伤寒、细菌性痢疾、霍乱等消化道传染病，蝇是消化道传染病的重要传播媒介。

（3）皮肤创口传播：致病性葡萄球菌、链球菌等可经皮肤黏膜的细小破损侵入人体引起化脓性感染。存在于泥土、人和动物粪便中的破伤风梭菌芽孢若进入深部伤口，在厌氧微环境中就会繁殖并产生外毒素而致病。

（4）接触传播：病原菌通过直接接触或间接接触传播的方式，如淋病、麻风等。

（5）节肢动物传播：通过节肢动物而造成的疾病传播。传播方式包括机械传播和生物性（如吸血）传播，如人类鼠疫是由鼠蚤传播的。

另外，有些细菌可通过多种途径传播引起感染，如结核分枝杆菌、炭疽芽孢杆菌等。

（二）感染的类型

感染的发生、发展和结局取决于：在一定条件下，病原菌的致病性与机体的免疫力相互斗争的结果。根据双方斗争的情况，感染的类型可分为隐性感染、显性感染和带菌状态3种。

1.隐性感染　又称亚临床感染，病原菌侵入人体后，仅引起机体产生特异性免疫应答，不引起或仅有轻微的组织损伤，临床上无症状、体征表现，是需通过免疫学或病原学检查才能发现的感染。如结核分枝杆菌、白喉棒状杆菌、脑膜炎奈瑟菌常引起隐性感染。

2.显性感染　又称临床感染，病原菌侵入人体后，不但引起机体发生免疫应答，而且通过病原菌本身的作用或机体的变态反应，导致组织损伤，引起病理改变和临床表现的感染。

显性感染按感染部位及性质分类如下。

（1）局部感染：是指病原菌侵入机体后，在一定部位定居下来，生长繁殖，产生毒性产物，不断侵害机体的感染过程。如金黄色葡萄球菌引起的疖、痈等。

（2）全身性感染：发生于全身多个部位的感染。全身感染又可分为以下5类。

1）毒血症：血液循环中存在大量毒素和炎症介质并引起全身中毒反应。表现为寒战、高热，严重时可发生心、肝、肾等实质器官损害，甚至休克，如白喉和破伤风。

2）菌血症：病原菌在感染部位生长繁殖，不断入血做短暂停留，并不出现明显临床症状，即血液中存在活菌，可能为暂时性、自限性，也可能引起毒血症，如伤寒早期的菌血症。

3）败血症：细菌或真菌侵入血液循环，持续存在和繁殖，其组分、毒素及代谢产物等在体内诱生大量炎症介质，引起全身中毒症状。表现为寒战、高热、呼吸急促、心动过速、皮疹、出血、淋巴结及肝脾肿大、白细胞增高等，如铜绿假单胞菌引起的败血症。

4）脓毒血症：有局部化脓性病灶伴毒血症，为病原菌尚未进入血液时的病症。通常是短暂的过渡过程，很快演变为典型的脓毒败血症。

5）脓毒败血症：化脓菌感染或伴有局部化脓性病灶的败血症，即化脓菌先在局部感染引起化脓性炎，而后在血液内大量繁殖、播散到全身各器官组织，形成多发性的转移性化脓病灶，如金黄色葡萄球菌引起的脓毒血症。

考点： 全身性感染五症的概念

3. 带菌状态　在显性或隐性感染后，有时病原菌未及时消除，而在体内继续存在一定时间，与机体免疫力处于相对平衡状态，称为带菌状态。携带病原菌，但没有临床症状的个体叫带菌者。隐性感染形成的带菌者称为健康带菌者；显性感染病愈后形成的带菌者称为恢复期带菌者。带菌者是重要的传染源，健康带菌者是最危险的传染源，及时发现带菌者并对其进行隔离和治疗，对于控制传染病的流行具有重要意义。

考点： 感染的类型

三、医院感染

（一）医院感染的概念

医院感染为发生在医院中的一切感染，包括在医院内感染而在院外发病或转院后发病的患者，但不包括在医院外感染而在医院内发病的患者。

（二）医院感染的特点

1. 对象是一切在医院活动的人群，包括住院患者、门诊患者、探视者、陪护人员及医院工作人员等，主要为住院患者。发生的地点必须是医院内。

2. 发生的时间界限是指患者在医院期间和出院后不久发生的感染。

3. 病原菌主要是条件致病菌。感染途径以接触为主，如侵入性治疗技术。

4. 病原菌较难确定，且易产生耐药性，治疗较为困难。

（三）医院感染的危险因素

1. 易感对象因素　老年人和婴幼儿，患有免疫缺陷或免疫功能紊乱原发病、基础疾病的患者，抗感染能力均低下者等。

2. 诊疗技术及侵入性检查与治疗因素　诊疗技术中易引起医院感染的主要有器官移植、血液透析和腹膜透析；侵入性检查与治疗操作也可引起医院感染。

3. 损害免疫系统的因素　放射治疗、化学治疗及激素的应用。

另外，滥用抗生素、进行外科手术和住院时间太长也是医院感染的危险因素。

（四）医院感染的预防和控制

1. 医疗机构严格执行医疗器械和器具的消毒工作技术规范。

2. 严格执行隔离技术规范，根据病原菌传播途径，采取相应的隔离措施。

3. 制订具体措施，对医院感染的危险因素进行控制；制订医务人员职业卫生防护工作的具体措施，提供必要的防护物品，保障医务人员的职业健康。

4. 加强抗菌药物临床使用和耐药菌监测管理。

5. 建立有效的医院感染监测制度，及时发现医院感染病例和医院感染的暴发，分析感染源、感染途径，采取有效的处理和控制措施，积极救治患者。

考点：医院感染的概念和防控

自测题

一、名词解释

1. 荚膜 2. 鞭毛 3. 菌毛 4. 芽孢 5. 质粒

6. 生长曲线 7. 培养基 8. 菌落 9. 生化试验

10. 热原质 11. 毒力 12. 传染 13. 菌血症

14. 毒血症 15. 败血症 16. 带菌者 17. 医院感染

二、选择题（A 型题）

1. 具有抗吞噬作用的细菌特殊结构是（   ）
   - A. 菌毛
   - B. 荚膜
   - C. 芽孢
   - D. 鞭毛
   - E. 性菌毛

2. 可黏附某些细胞的细菌结构是（   ）
   - A. 菌毛
   - B. 荚膜
   - C. 芽孢
   - D. 鞭毛
   - E. 中介体

3. 革兰氏阴性菌细胞壁特有的物质是（   ）
   - A. 肽聚糖
   - B. 磷壁酸
   - C. 四肽侧链
   - D. 外膜
   - E. 五肽桥

4. 光学显微镜下无法看到的细菌特殊结构是（   ）
   - A. 芽孢
   - B. 鞭毛
   - C. 荚膜
   - D. 菌毛
   - E. 细胞膜

5. 下列哪项不是细菌生命所必需（   ）
   - A. 细胞膜
   - B. 核糖体
   - C. 质粒
   - D. 核质
   - E. DNA

6. 革兰氏阳性菌细胞壁特有的物质是（   ）
   - A. 肽聚糖
   - B. 磷壁酸
   - C. 四肽侧链
   - D. 脂多糖
   - E. 外膜

7. 细菌细胞壁的共有成分是（   ）
   - A. 磷壁酸
   - B. 脂多糖
   - C. 肽聚糖
   - D. 外膜
   - E. 脂蛋白

8. 青霉素的杀菌原理是破坏细菌的（   ）
   - A. 细胞质
   - B. 细胞膜
   - C. 细胞壁
   - D. 细胞核
   - E. 细胞器

9. 链霉素的杀菌原理是破坏细菌的（   ）
   - A. 肽聚糖
   - B. 蛋白质
   - C. 质粒
   - D. 核糖体
   - E. 核糖核酸

10. 可传递耐药质粒的细菌特殊结构是（   ）
    - A. 普通菌毛
    - B. 荚膜
    - C. 芽孢
    - D. 鞭毛
    - E. 性菌毛

11. 多数细菌生长繁殖的最适 pH 是（   ）
    - A. 7.2 ～ 7.6
    - B. 6.5 ～ 6.8
    - C. 8.4 ～ 9.2
    - D. 4.4 ～ 4.6
    - E. 5.5 ～ 6.2

12. 细菌生长繁殖的条件不包括（   ）
    - A. 营养物质
    - B. 适宜的酸碱度
    - C. 合适的温度
    - D. 足够的光线
    - E. 必要的气体

13. 细菌的繁殖方式是（   ）
    - A. 复制
    - B. 无性二分裂法
    - C. 出芽
    - D. 孢子
    - E. 有性繁殖

14. 下列细菌中属于厌氧菌的是（   ）
    - A. 结核分枝杆菌
    - B. 霍乱弧菌
    - C. 空肠弯曲菌
    - D. 破伤风杆菌
    - E. 大肠埃希菌

15. 下列哪项不是细菌的合成代谢产物（   ）
    - A. 色素
    - B. 细菌素
    - C. 乙型溶素
    - D. 抗生素
    - E. 维生素

16. 单个细菌在固体培养基上的生长现象是（   ）
    - A. 菌落
    - B. 菌膜
    - C. 菌液
    - D. 菌丝
    - E. 菌毛

17. 对近缘细菌有杀伤作用的是（　　）
　　A. 类毒素　　　　　　B. 细菌素
　　C. 抗生素　　　　　　D. 维生素
　　E. 内毒素

18. 用细菌的分解代谢产物进行的生化反应主要用于（　　）
　　A. 鉴别细菌　　　　　B. 提供营养
　　C. 治疗　　　　　　　D. 制药
　　E. 流行病学调查

19. 易被忽视的重要传染源是（　　）
　　A. 患者　　　　　　　B. 恢复期带菌者
　　C. 健康带菌者　　　　D. 带菌动物
　　E. 患病动物

20. 以下哪项不是内毒素引起的临床症状（　　）
　　A. 发热反应　　　　　B. 白细胞升高
　　C. 肌肉松弛性麻痹　　D. 休克
　　E. DIC

21. 下列构成细菌侵袭力的因素不包括（　　）
　　A. M 蛋白　　　　　　B. Vi 抗原
　　C. 透明质酸酶　　　　D. 热原质
　　E. 链激酶

22. 与细菌毒力无关的物质是（　　）
　　A. 侵袭性酶　　　　　B. 毒素
　　C. 荚膜　　　　　　　D. 芽孢
　　E. 菌毛

23. 毒性最强的毒素是（　　）
　　A. 白喉外毒素　　　　B. 蛇毒素
　　C. 黄曲霉毒素　　　　D. 破伤风痉挛毒素
　　E. 肉毒毒素

24. 有助于细菌在体内扩散的物质是（　　）
　　A. 菌毛　　　　　　　B. 血浆凝固酶
　　C. 透明质酸酶　　　　D. 神经氨酸酶
　　E. 荚膜

25. 经多途径传播的细菌是（　　）
　　A. 脑膜炎球菌　　　　B. 伤寒沙门菌
　　C. 淋球菌　　　　　　D. 结核分枝杆菌
　　E. 百日咳杆菌

三、简答题

1. 列表比较革兰氏阳性菌和革兰氏阴性菌的细胞壁。
2. 细菌的特殊结构在医药学上有何重要意义？
3. 简述细菌细胞壁结构的医学意义。
4. 简述革兰氏染色的步骤和实际意义。
5. 简述细菌生长繁殖的条件。
6. 简述人工培养细菌的实际意义。
7. 简述细菌合成代谢产物的意义。
8. 病原菌能否引起疾病与哪些因素有关？
9. 简述感染的类型和结局。
10. 列表比较细菌的外毒素和内毒素。

（张仙芝）

第 2 章

免疫学基础

第 1 节 抗原和佐剂

人们日常接触的一些物质，如细菌、病毒、接种的疫苗、注射的药物或血清、花粉、鱼虾等，都是很好的抗原，进入人体可以引起免疫应答。而且只有抗原刺激才有免疫应答的发生，所以说抗原是机体发生免疫应答的始动因素和必备条件。

一、抗原的概念和特性

（一）抗原的概念

抗原（antigen，Ag）是指能刺激机体的免疫系统产生特异性免疫应答，并能与免疫应答产物（抗体或致敏淋巴细胞）在体内外发生特异性结合的物质。

（二）抗原的特性

1. 免疫原性　是指抗原（表位）作用于 T 淋巴细胞、B 淋巴细胞抗原识别受体（T 细胞受体、B 细胞受体），促使其增殖、分化，并产生免疫效应物质（特异性抗体和致敏淋巴细胞）的特性。

2. 免疫反应性　又称抗原性，是抗原能与其诱导产生的免疫效应物质（抗体或致敏淋巴细胞）发生特异性结合的特性。

考点：抗原的概念和特性

同时具有免疫原性和免疫反应性的物质称为完全抗原，如大多数蛋白质、细菌、病毒等。只有免疫反应性而无免疫原性的物质称为半抗原或不完全抗原，其可与抗体或致敏淋巴细胞结合，但不能单独诱发免疫应答，一般是简单的有机小分子化合物，如某些多糖、药物、类脂等。但当半抗原与蛋白质载体结合，即具有了免疫原性，成为完全抗原，可诱导机体产生针对半抗原的特异性抗体。

考点：完全抗原、半抗原的概念

> **链接**
>
> ### 为什么使用青霉素之前一定要进行皮试？
>
> 青霉素是半抗原，绝大多数人接受青霉素治疗时，青霉素在体内降解后可随尿液排出，不会致过敏。但有的人接受青霉素治疗时，青霉素降解的半抗原与组织蛋白结合后转化为完全抗原，刺激机体产生相应抗体，使机体处于致敏状态，此人下次再接受青霉素治疗就会引起严重的过敏反应，甚至死亡。这种致敏状态可以通过皮肤过敏试验检测出来，从而避免治疗时出现青霉素过敏。

二、抗原的特异性与交叉反应

（一）抗原特异性

抗原特异性即专一性，如钥匙和锁一对一的关系就是具有特异性。抗原的特异性表现在免疫原性和免疫反应性两方面。前者是指抗原刺激机体只能产生与它相对应的抗体或致敏 T 细胞；后者是指抗原只能与相对应的抗体或致敏 T 细胞特异性结合而发生免疫反应，如注射破伤风类毒素仅能刺激机体产生针对破伤风外毒素的抗体，且这种抗体也只能与破伤风外毒素结合，而不会与其他种类的外毒素结合；接种乙型肝炎疫苗仅能预防乙型肝炎，而不能预防甲型肝炎。特异性是免疫应答中最根本、最重要的特点，也是免疫学诊断和防治的理论依据。

考点：抗原表位

决定抗原特异性的物质基础是抗原分子中的抗原表位。

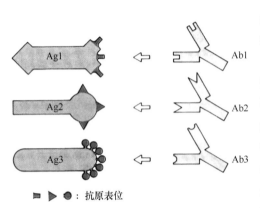

图 2-1 抗原表位与抗原特异性

抗原表位（又称表位、抗原决定簇或抗原决定基）是抗原分子中决定抗原特异性的特殊化学基团，是与 T 细胞、B 细胞受体或抗体特异性结合的部位。表位通常由 5～17 个氨基酸残基、5～7 个多糖残基或核苷酸组成。抗原通过表位与相应淋巴细胞结合，从而激活淋巴细胞，引起免疫应答；抗原也通过表位与相应抗体或致敏淋巴细胞发生特异性结合发挥免疫效应。因此，抗原表位是被免疫细胞识别的靶结构，也是免疫反应具有特异性的物质基础。一个抗原分子可具有一种或多种不同的抗原表位，一种抗原表位刺激机体只能产生一种相应的抗体或致敏 T 细胞。抗原表位的性质、数目、构型决定了抗原的特异性（图 2-1）。

（二）共同抗原和交叉反应

天然抗原分子通常有多种不同的抗原表位，不同的抗原物质可具有相同或相似的抗原表位。共同抗原是指两种抗原性物质中的共同抗原分子，又称交叉反应性抗原。抗原（或抗体）除与其相应抗体（或抗原）发生特异性反应外，还与其他抗体（或抗原）发生的反应，称为交叉反应（图 2-2）。

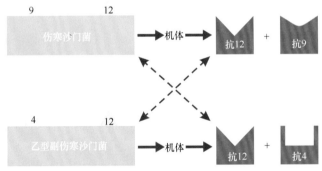

图 2-2 细菌共同抗原与交叉反应

三、决定抗原免疫原性的条件

（一）异物性

胚胎期未与免疫细胞接触过的或化学结构与自身成分不同的物质皆视为异物。免疫系统能识别"自己"和"非己"，并只清除"非己"物质。因此异物性是构成抗原免疫原性的首要条件。抗原物质与宿主种族关系越远，免疫原性越强；而抗原与宿主关系越近，则免疫原性越弱，如鸭血清蛋白对鸡的免疫原性弱，而对兔的免疫原性强。具有异物性的物质包括异种物质、同种异体物质、某些自身物质。

考点：决定抗原免疫原性的条件

（二）一定的理化性状

1. 分子大小 具有免疫原性的物质分子质量一般大于 10kDa，通常分子质量越大，含有的抗原表位越多，免疫原性越强。

2. 化学组成与结构　抗原还必须具备复杂的化学组成与特殊的化学基团，含有大量芳香族氨基酸的抗原性强；以直链氨基酸为主组成的蛋白质，免疫原性弱。例如，胰岛素分子质量仅 5.7kDa，但其结构中含芳香族氨基酸，故免疫原性较强；而明胶的分子质量高达 100kDa 以上，但其仅由直链氨基酸组成，故免疫原性很弱。

（三）机体因素

某一物质是否具有免疫原性，除与上述条件有关外，还受到机体的遗传、年龄、生理状态、个体差异、抗原进入机体的方式和途径等因素的影响。

四、抗原的分类

抗原物质种类繁多，常因实际需要，有以下几种不同的分类方法。

（一）根据抗原在刺激 B 细胞产生抗体时是否需要 T 细胞辅助分类

1. 胸腺依赖性抗原（TD-Ag）　此类抗原需在 T 细胞的辅助下才能激活 B 细胞产生抗体，多数抗原属于 TD-Ag，如蛋白质、细菌、病毒和细胞等。

2. 非胸腺依赖性抗原（TI-Ag）　此类抗原不需要 T 细胞的辅助即可刺激机体产生抗体。此类抗原较少，如细菌脂多糖、菊糖等。

（二）根据抗原与机体的亲缘关系分类

根据抗原与机体的亲缘关系可分为异种抗原、同种异型抗原、自身抗原、嗜异性抗原、肿瘤抗原等。

（三）其他分类方法

根据抗原特性分为完全抗原和半抗原；根据抗原理化性质可分为颗粒性抗原、可溶性抗原；根据抗原种类可分为蛋白质抗原、多糖抗原及多肽抗原等。

考点：医药学上重要的抗原

五、医药学上的重要抗原

（一）异种抗原

异种抗原指来自另一物种的抗原性物质。通常免疫原性较强，容易引起较强的免疫应答。与医药学有关的异种抗原主要有以下几类：

（1）病原微生物：如细菌、病毒和支原体等对人体来说属于异种物质，有很强的免疫原性，如细菌细胞壁上有菌体抗原，特殊结构成分有荚膜抗原、鞭毛抗原及菌毛抗原等（图 2-3）。病原微生物感染人体后，机体可获得一定的免疫力。

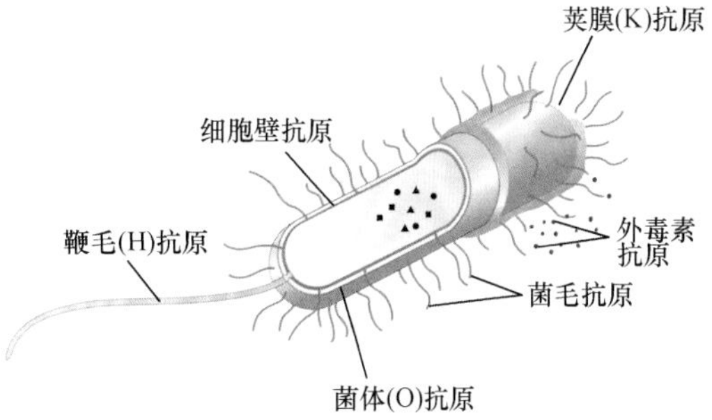

（2）外毒素与类毒素：细菌外毒素的化学成分是蛋白质，有很强的毒性与免疫原性，外毒素用 0.3% ～ 0.4% 甲醛处理后，除去其毒性、保留其免疫原性，即可制成类毒素。类毒素和外毒素都有免疫原性，均能刺激机体产生相应的抗体即抗毒素，因此类毒素可预防外毒素引起的疾病。

图 2-3　细菌各部位抗原

考点：外毒素与类毒素的区别

（3）动物免疫血清：临床上用来防治破伤风的抗毒素，一般都是用类毒素免疫动物（如马）后，动物血清中可产生大量相应的抗体（抗毒素），再取马血清提取纯化后即成为动物免疫血清。

这种来源于动物免疫血清的抗毒素对人体具有双重作用：一方面可作为抗体中和相应外毒素的

毒性，发挥紧急预防或治疗的作用；另一方面，动物免疫血清对人来说是异种蛋白，它对人体具有免疫原性，可刺激机体产生相应抗体，反复使用可导致超敏反应的发生，因此在应用前必须做皮肤过敏试验。

考点：马血清既是抗体又是抗原

（二）同种异型抗原

同种异型抗原是同一种属而基因型不同的个体间所表达的抗原。由于遗传基因的差异，使个体间的某些组织成分具有不同的免疫原性。人类的同种异型抗原主要有血型抗原和人类白细胞抗原。

1. 血型抗原　指存在于红细胞表面的同种异型抗原。

（1）ABO 血型抗原：根据人类红细胞表面所含 A、B 抗原种类的不同，将人类血型分为 A、B、AB 和 O 四种类型。每个人血清中不含有与本人血型相对应的天然抗体。若不同血型个体间相互输血，可发生输血反应，所以在输血前必须进行交叉配血试验。

（2）Rh 血型抗原：人类红细胞膜上含有 Rh 抗原者称为 Rh^+ 血型，无 Rh 抗原者称为 Rh^- 血型。人类血清中不存在抗 Rh 的天然抗体，只有 Rh^+ 血液进入 Rh^- 的人体后才会刺激机体产生抗 Rh^+ 抗体。Rh^- 者产妇分娩时胎盘剥离导致 Rh^+ 的胎儿红细胞进入母体内，才产生抗 Rh^+ 抗体，再次妊娠易导致胎儿溶血。

2. 人类白细胞抗原（HLA）　又叫人类主要组织相容性抗原或人类 MHC 分子。它广泛存在于人类白细胞及各种有核细胞表面并代表个体特异性，因首先在人类白细胞表面发现，故称为人类白细胞抗原。除了单卵双生者外，其他个体之间的 HLA 不完全相同。器官移植时因供者与受者 HLA 的差异而发生移植排斥反应。

在免疫应答中多用人类 MHC 分子，分为 MHC- Ⅰ 类分子和 MHC- Ⅱ 类分子。人类 MHC- Ⅰ 类分子广泛分布在各种有核细胞表面，人类 MHC- Ⅱ 类分子主要分布在抗原提呈细胞表面。人类 MHC- Ⅰ、MHC- Ⅱ 类分子的主要功能是参与抗原的加工、提呈和免疫调节过程。

（三）自身抗原

引起自身免疫应答的自身组织成分称为自身抗原。自身组织在正常情况下对自身的免疫系统无免疫原性，但在下列情况可以成为自身抗原引起自身免疫性疾病。

1. 隐蔽的自身抗原　体内某些组织成分如眼晶体蛋白、甲状腺球蛋白和精子等，在正常情况下与免疫系统相对隔绝，然而一旦由于外伤、感染或手术不慎等使这些物质进入血液，成为自身抗原则可引起自身免疫应答，导致自身免疫性疾病。

2. 修饰的自身抗原　自身组织如果受到物理因素、化学因素或生物因素的影响，分子结构发生改变，形成新的抗原表位，也可使自身物质分子内部屏蔽的抗原表位暴露出来，成为自身抗原，从而导致自身免疫性疾病。

（四）嗜异性抗原

嗜异性抗原指在不同种属动物、植物和微生物细胞表面所存在的共同抗原，又称福斯曼抗原。已发现多种重要的嗜异性抗原。如溶血性链球菌与人肾小球基膜及心肌组织存在共同抗原，故链球菌感染可能导致急性肾小球肾炎或风湿性心脏病发生。临床上也常借助嗜异性抗原对某些疾病作辅助诊断，如变形杆菌与立克次体存在共同抗原，所以可用变形杆菌诊断立克次体引起的斑疹伤寒。

（五）肿瘤抗原

肿瘤抗原是指细胞在癌变过程中出现的抗原物质，包括肿瘤特异性抗原和肿瘤相关抗原。

1. 肿瘤特异性抗原　只存在于某种癌变细胞表面而不存在于相应正常细胞或其他类型肿瘤细胞表面的抗原，如结肠癌、人类黑色素瘤等肿瘤细胞表面已检测到肿瘤特异性抗原。

2.肿瘤相关抗原　此抗原与肿瘤细胞的发生有关。正常人体少量存在，只是在细胞癌变时其含量明显增加，这类抗原只表现为量的变化，不是肿瘤细胞所特有，故称为肿瘤相关抗原。肿瘤相关抗原有癌胚抗原（CEA）和甲胎蛋白（AFP）等，通过检测患者血清中 CEA 和 AFP 水平，有助于结肠癌和原发性肝癌的早期诊断。

六、佐　剂

佐剂是一类非特异性免疫增强剂，先于抗原或与抗原一起注入机体时，可增强机体对抗原的免疫应答或改变免疫应答的类型。如磷酸铝吸附的类毒素可提高类毒素的免疫效果，磷酸铝即为佐剂。

佐剂可分为：①生物性佐剂，如卡介苗、短小棒状杆菌；②无机化合物佐剂，如氢氧化铝；③人工合成佐剂，如双链多聚肌苷酸等。

佐剂作用的机制为：①改变抗原物理性状，延缓抗原降解，延长抗原在体内的潴留时间；②刺激抗原提呈细胞，增强其对抗原的加工和提呈；③刺激淋巴细胞的增殖分化，增强和扩大免疫应答。

考点：佐剂的概念及分类

第2节　免疫系统

免疫系统是机体执行免疫应答和免疫功能的组织系统，是人体健康的忠诚卫士；由免疫器官、免疫细胞和免疫分子组成。

考点：免疫器官的组成及功能

一、免疫器官

免疫细胞发生、发育、成熟和产生免疫应答的器官，分为中枢免疫器官和外周免疫器官（图 2-4 ）。

（一）中枢免疫器官

中枢免疫器官是免疫细胞发生、发育、接受抗原刺激和分化、成熟的场所，并对外周免疫器官的发育起主导作用。哺乳类动物中枢免疫器官包括骨髓和胸腺。

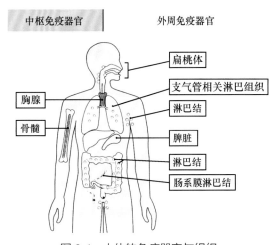

图 2-4　人体的免疫器官与组织

1.骨髓　是哺乳动物的中枢免疫器官，是所有免疫细胞的来源，也是 B 细胞分化发育的部位。骨髓含有多能干细胞，可以分化为髓样干细胞和淋巴干细胞。髓样干细胞进一步分化发育为成熟的粒细胞、单核细胞、红细胞和血小板等；淋巴干细胞则分别在骨髓和胸腺两处发育为成熟的淋巴细胞。

2.胸腺　是哺乳动物的中枢免疫器官，是 T 细胞分化、发育的场所。在胸腺微环境中，未成熟 T 细胞经历复杂的选择过程而发育为成熟的 T 细胞。成熟的 T 细胞移行至外周免疫器官和血液循环中，发挥细胞免疫作用。新生动物摘除胸腺，可引起严重的细胞免疫缺陷和总体免疫功能降低。

（二）外周免疫器官

外周免疫器官是指成熟淋巴细胞定居并产生免疫应答的场所，包括淋巴结、脾脏、皮肤和黏膜相关淋巴组织。

1.淋巴结　属外周淋巴样器官，位于淋巴管汇集部位，是淋巴细胞定居和适应性免疫应答产生的场所，具有清除病原微生物、过滤淋巴液、参与淋巴细胞再循环等功能。

2. **脾脏** 是人体内最大的外周淋巴样器官，其实质由红髓和白髓构成，具有造血和血液过滤功能，也是淋巴细胞迁移和接受抗原刺激发生免疫应答、产生免疫效应分子的重要场所。

3. **皮肤和黏膜相关淋巴组织** 皮肤相关的淋巴组织是表皮和真皮层中免疫细胞的总称，是免疫应答的激发部位和效应部位。黏膜相关淋巴组织是消化道、呼吸道、泌尿生殖系统的集合淋巴组织或其黏膜表面淋巴细胞及辅佐细胞的总称，参与抵御由黏膜表面入侵的病原微生物，在免疫防御中发挥重要作用。

二、免 疫 细 胞

免疫细胞是指参与免疫应答或与免疫应答有关的细胞，包括淋巴细胞、单核巨噬细胞、树突状细胞、粒细胞、肥大细胞等（图 2-5）。其中 T 细胞、B 细胞在抗原刺激下能够活化、增殖、分化、发生免疫应答，产生效应 T 细胞和抗体，故又称免疫活性细胞。

考点： 免疫细胞的概念

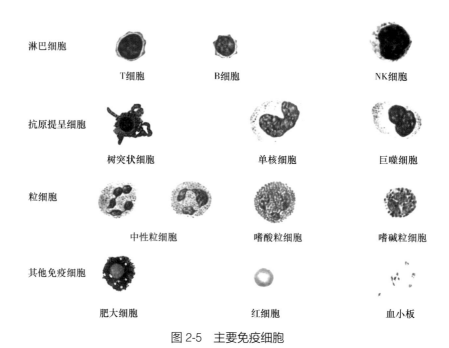

图 2-5　主要免疫细胞

> **链接**
>
> ### 表面标志·受体·CD 分子（分化抗原）
>
> 　　T 淋巴细胞、B 淋巴细胞等淋巴细胞经亚甲蓝染色后于光镜下观察，无法从形态上进行辨别。事实上在淋巴细胞等各类细胞的表面却分布有结构不同、功能各异的各种化学分子基团，从而介导其发挥各种免疫功能，这些基团被称作表面标志或表面标记，因有些可以和某种化学基团特异性结合，因而又被称为受体。有些表面标志是表达于细胞表面的一类糖蛋白，在细胞的分化、成熟过程中出现或消失，这类标志又被称为分化抗原。20 世纪末，运用单克隆抗体技术将原先命名杂乱的分化抗原进行统一命名，从而引入了分化群（CD）的概念。简言之，CD 分子是位于细胞膜上一类分化抗原的总称，CD 后的序号代表一种分化抗原分子。表达某种 CD 分子的细胞被称为该分子阳性细胞，如 $CD4^+$、$CD8^+$ 等。

（一）T 淋巴细胞

分化发育和成熟有赖于胸腺的淋巴细胞为胸腺依赖性淋巴细胞，简称为 T 淋巴细胞或 T 细胞。T 细胞在外周血中占淋巴细胞总数的 65% ~ 80%，参与细胞免疫应答，并辅助机体针对 T 细胞依赖性抗原产生体液免疫应答。

1. T 细胞的主要表面标志

（1）T 细胞受体（TCR）：是 T 细胞表面的抗原识别受体，是所有 T 细胞表面的特征性标志，可与相应的抗原进行特异性识别和结合。

（2）CD3：是细胞膜上的一组多肽分子，与 TCR 结合成 TCR-CD3 复合体，协同 T 细胞特异性识别抗原和传导活化信号。

（3）CD2：因能在体外与绵羊红细胞结合成花结（E 花环试验），故又称绵羊红细胞受体。B 细胞无此受体，故通过检测 CD2 可作为鉴别 T 细胞的一种方法。

（4）CD4：在部分成熟 T 细胞表面表达。表达 CD4 分子的 T 细胞可识别由 MHC-Ⅱ类分子提呈的外源性抗原肽，称为 CD4⁺ T 细胞。CD4 分子能与抗原提呈细胞表面的 MHC-Ⅱ类分子结合，协助 T 细胞上的 TCR 接受抗原。

（5）CD8：其余的成熟 T 细胞表面表达的另一种分子。表达 CD8 分子的 T 细胞，可识别由 MHC-Ⅰ类分子提呈的内源性抗原肽，称为 CD8⁺ T 细胞。CD8 分子能与抗原靶细胞（病毒感染细胞、肿瘤细胞等）表面的 MHC-Ⅰ类分子结合，协助 T 细胞上的 TCR 识别抗原（图 2-6）。

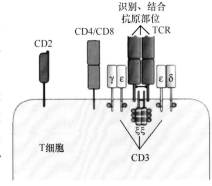

图 2-6 T 细胞的主要表面标志

（6）丝裂原受体：丝裂原是诱导细胞发生有丝分裂的物质，如植物血凝素（PHA）T 细胞表面表达丝裂原受体，依据此受体的淋巴细胞转化试验可在体外检测机体的细胞免疫功能。

考点：T 细胞、B 细胞表面标志、亚群及功能

2. T 细胞亚群及功能

（1）按 CD 分子的不同，分为 CD4⁺ T 细胞和 CD8⁺ T 细胞：CD4⁺ T 细胞是辅助性 T 细胞，占外周血 T 细胞总数 2/3 左右，根据其所产生的细胞因子种类，分为 Th1 细胞和 Th2 细胞两类；CD8⁺ T 细胞占外周血 T 细胞总数 1/3 左右，主要包括细胞毒性 T 细胞（Tc 或 TCL）和调节性 T 细胞（Tr）。

（2）按功能不同分为：辅助性 T 细胞（Th）、细胞毒性 T 细胞（Tc 或 TCL）、调节性 T 细胞（Tr）（表 2-1）。

表 2-1 T 细胞亚群及主要功能

T 细胞亚群		主要功能
CD4 亚群	辅助性 T 细胞（Th1 和 Th2）	Th1 辅助和参与细胞免疫应答，并介导迟发型超敏反应 Th2 辅助体液免疫应答
CD8 亚群	细胞毒性 T 细胞（Tc 或 TCL）	Tc 特异性直接杀伤肿瘤细胞和病毒感染的细胞
	调节性 T 细胞（Tr）	Tr 免疫负调节、抑制炎症反应和超敏反应

（二）B 淋巴细胞

在骨髓内分化发育成熟的淋巴细胞为骨髓依赖性淋巴细胞，简称为 B 淋巴细胞或 B 细胞。B 细胞在外周血中占淋巴细胞总数的 20%，参与体液免疫应答。

1. B 细胞的表面标志

（1）BCR：膜表面免疫球蛋白即 B 细胞受体。通常为 SmIgM 和 SmIgD，可直接识别抗原表位，是 B 细胞的特征性表面标志。可与相应的抗原分子进行特异性识别和结合，并作为信号传递分子促使 B 细胞活化（图 2-7）。

（2）补体受体：多数 B 细胞表达补体 C3b 受体（C3bR，CD35），与相应补体成分结合后，可

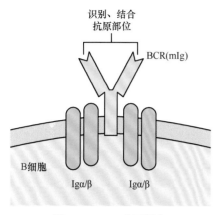

图 2-7　BCR 分子结构

促使 B 细胞活化。

（3）IgG Fc 受体：是 B 细胞表面能与 IgG Fc 段结合的结构，可与 IgG 结合，促进 B 细胞捕获抗原及 B 细胞的活化。

2. B 细胞亚群及功能　根据 B 细胞表面是否有 CD5 分子，可以将 B 细胞分为下列两种。

（1）B1（CD5⁺）细胞：占 B 细胞总数的 5% ～ 10%，无须 Th 辅助，主要参与肠道黏膜局部感染的免疫，无免疫记忆效应，在免疫应答的早期发挥作用。

（2）B2（CD5⁻）细胞：是分泌抗体参与体液免疫应答的主要细胞，即传统概念上的 B 细胞，介导体液免疫，具有免疫记忆效应。

（三）NK 细胞

NK 细胞为自然杀伤细胞，是由骨髓淋巴干细胞直接分化发育而来，主要分布于外周血和脾脏，占外周血淋巴细胞的 5% ～ 10%。无须抗原刺激活化就能直接杀伤抗原细胞，又被称为非特异性免疫细胞。NK 细胞杀伤靶细胞的作用方式如下。

考点：NK 细胞的功能

1. 自然杀伤　NK 细胞借助细胞因子和其表面结构与抗原细胞（如肿瘤细胞、病毒感染细胞等）接触，直接杀伤这些细胞而不需要抗体的帮助。

2. 抗体依赖细胞介导的细胞毒作用（ADCC）　NK 细胞表面有 IgG 的 Fc 受体，可通过 IgG 抗体的介导与靶细胞结合，从而杀伤靶细胞，称为抗体依赖细胞介导的细胞毒作用（图 2-8）。

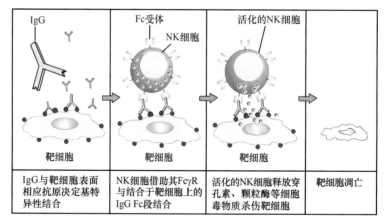

图 2-8　抗体依赖细胞介导的细胞毒作用

（四）抗原提呈细胞

抗原提呈细胞（APC）是能捕捉、加工、处理抗原，并将抗原提呈给 T 淋巴细胞的一类免疫细胞。其共同特征是在细胞膜表面有 MHC- Ⅱ类分子。

抗原提呈细胞主要包括：①单核吞噬细胞系统，包括外周血中的单核细胞和组织中的巨噬细胞；②树突状细胞，是人体内最重要的抗原提呈细胞；③B 细胞，既是介导体液免疫应答的细胞，又是一类重要的抗原提呈细胞。

考点：APC 的概念

抗原提呈是指抗原提呈细胞摄取抗原，并对抗原进行加工处理，使其成为抗原肽。抗原肽与 MHC 分子结合成复合物，表达于抗原提呈细胞表面，供 T 细胞的 TCR 识别、结合，从而引发免疫应答（图 2-9）。

（五）其他免疫相关细胞

体内的各种粒细胞、肥大细胞、血小板、红细胞等，也参与炎性反应、超敏反应等免疫应答过程，故也属于免疫细胞。

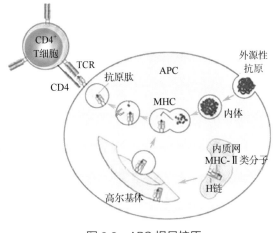

图 2-9　APC 提呈抗原

三、免疫分子

免疫分子包括抗体、细胞因子和补体等多种参与免疫应答的生物活性物质，它们既是免疫应答的效应分子，又是免疫应答过程中各个环节相互调节和相互作用的物质，在整个免疫应答过程中起着十分重要的作用。

考点：免疫分子的种类

（一）细胞因子

细胞因子（CK）是由免疫细胞或非免疫细胞合成和分泌的小分子多肽，具有免疫调节、抗感染、抗肿瘤、参与炎症反应、促进细胞生长等多种生物学效应，包括白细胞介素、干扰素、肿瘤坏死因子、集落刺激因子、趋化因子、生长因子等。下面介绍几种重要的细胞因子。

1. 白细胞介素（IL）　是一组由多种类型细胞所分泌的、结构和功能各异的可溶性蛋白。目前已发现 IL 有 30 多种，如 IL-1、IL-30 等，直接参与多种免疫活性细胞的分化、增殖和功能表达，积极参与机体的免疫调节过程。

2. 肿瘤坏死因子（TNF）　是一类由巨噬细胞分泌的小分子蛋白质，包括肿瘤坏死因子 α（TNF-α）和肿瘤坏死因子 β（TNF-β）两种，能杀伤和抑制肿瘤细胞，是重要的炎症因子，并参与某些自身免疫性疾病的病理损伤。

3. 干扰素（IFN）　是一类具有抗病毒活性并保护细胞对抗病毒感染的细胞因子。根据产生细胞不同可分为 α 干扰素（IFN-α）、β 干扰素（IFN-β）和 γ 干扰素（IFN-γ）三类。IFN-α、IFN-β 等为 Ⅰ 型干扰素，IFN-γ 为 Ⅱ 型干扰素。

干扰素的生物学作用：①广谱抗病毒作用。干扰素要通过诱导受感染细胞产生抗病毒蛋白来抑制病毒的增殖，故作用无特异性，对任何病毒均有一定的抑制作用。②抗肿瘤作用。主要通过抑制肿瘤细胞增殖、促进肿瘤细胞凋亡、抑制癌基因表达、诱导肿瘤细胞分化等机制发挥抗肿瘤作用。③免疫调节作用。能活化 NK 细胞和 Tc 细胞，增强其杀伤靶细胞的能力。Ⅰ 型干扰素以抗病毒为主。Ⅱ 型干扰素以免疫调节为主。

（二）补体系统

补体（C）是存在于正常人和动物血清、组织液和细胞膜表面的一组不耐热、经活化后具有酶活性的蛋白质，可被抗原抗体复合物或微生物所激活，导致病原微生物裂解或被吞噬，由 30 余种成分组成，故又称补体系统。补体的性质不稳定，对许多理化因素敏感。新鲜血清经 56℃、30min 后，其中的大部分补体成分即被灭活。

考点：补体的概念

1. 补体的组成　按生物学功能分为以下 3 类。

（1）固有成分：存在于血浆及体液中，与补体活化相关的蛋白质，包括：经典激活途径的 C1q、C1r、C1s、C2、C4；旁路激活途径的 B 因子、D 因子和备解素；甘露糖结合凝集素相关的丝氨酸蛋白酶；参与补体活化共同末端效应的 C3、C5 ～ C9。

（2）补体调节蛋白：参与调控补体活化强度和范围的蛋白质分子。

（3）补体受体：能与补体激活过程中所产生活性片段结合的膜表面受体分子。

2. 补体激活　是指补体由无活性形式转变为活性形式的过程，指在某些激活物（如免疫复合物、某些病原体等）作用下，通过经典途径、甘露糖结合凝集素或旁路途径，使补体各固有成分依次被活化，形成具有活性的酶。

补体的激活途径有 3 条：经典途径、旁路途径和 MBL 途径。3 条途径的激活物、参与的补体成分和作用比较，见表 2-2。

表 2-2　补体 3 条激活途径比较

比较项目	经典途径	旁路途径	MBL 途径
激活物	抗原抗体复合物（抗体为 IgG、IgM）	细菌脂多糖、酵母多糖、凝聚 IgA 等	MBL（甘露糖结合凝集素）结合至微生物表面
补体成分	C1 ～ C9	C3、C5 ～ C9、B、D、P 因子	C2 ～ C9
作用	在特异性体液免疫应答的效应阶段发挥作用	参与非特异性免疫，在感染早期发挥作用	参与非特异性免疫，在感染早期发挥作用

补体 3 条激活途径起点不同但相互交叉，并具有共同的终末反应（图 2-10）。

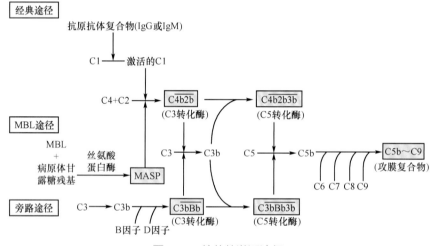

图 2-10　补体的激活途径

3. 补体的生物学作用　补体激活后的主要生物学作用如下：

（1）溶菌、溶细胞作用：参与成分为 C1 ～ C9，激活后形成膜攻击单位，溶解靶细胞。

（2）调理作用：补体活化过程中可产生多种补体活性片段，其中 C3b、C4b 可与细菌及其他颗粒物质结合，促进吞噬细胞的吞噬作用。

（3）炎症介质作用：① C3a、C5a 称为过敏毒素，可刺激肥大细胞、嗜碱粒细胞脱颗粒，释放组胺等生物活性介质，引起炎症反应。② C5a 有趋化作用，吸引中性粒细胞向反应部位聚集，加强对病原体的吞噬，同时增强炎症反应。

（4）清除免疫复合物作用：C3b 与红细胞、血小板表面受体结合，使免疫复合物被黏附，促进免疫复合物被吞噬和清除。

考点：补体的生物学作用

免疫系统的组成及功能，见表 2-3。

表 2-3　免疫系统的组成及功能

组成			功能
免疫器官	中枢免疫器官	胸腺	是 T 细胞成熟的场所
		骨髓	是 B 细胞成熟的场所
	外周免疫器官	淋巴结	是 T 细胞、B 细胞定居和发生免疫应答的场所
		脾脏	
		黏膜相关淋巴组织	
		皮肤相关淋巴组织	
免疫细胞	T 细胞	CD4$^+$ 亚群（Th1、Th2）	主要参与细胞免疫
		CD8$^+$ 亚群（Tc、Tr）	
	B 细胞	B1 细胞、B2 细胞	主要参与体液免疫
	抗原提呈细胞	巨噬细胞、树突状细胞、B 细胞	摄取、加工、处理提呈抗原，免疫调节等
	NK 细胞		杀伤靶细胞、ADCC 作用
免疫分子	膜性细胞因子抗体、补体、细胞因子等		直接或间接排斥抗原

第 3 节　免疫球蛋白

一、抗体和免疫球蛋白的概念

抗体（antibody，Ab）是指能与相应抗原（表位）特异性结合的具有免疫功能的球蛋白。免疫球蛋白（immunoglobulin，Ig）指具有抗体活性或化学结构与抗体相似的球蛋白。

抗体都是免疫球蛋白，而免疫球蛋白不一定都是抗体。抗体是生物学功能的概念，而免疫球蛋白则是化学结构的概念。免疫球蛋白可分为分泌型和膜型，前者主要存在于血液、组织液及外分泌液中，后者构成 B 细胞膜上的抗原受体。

考点：Ab、Ig 的概念

二、免疫球蛋白的结构

（一）免疫球蛋白的基本结构

各种免疫球蛋白的化学结构虽有所差异，但都是由两对相同的多肽链通过二硫键连接组成的基本结构。其中长的一对称为重链（H 链），短的一对称为轻链（L 链）。两条重链通过二硫键连接呈 Y 形或 T 形，而两条轻链则通过二硫键分别连接在两条重链氨基端的两侧，这种结构称为单体。

重链较长，由 450 ～ 550 个氨基酸残基组成，轻链较短，大约由 214 个氨基酸残基组成。每条重链和轻链都可分为两部分，靠近氨基端重链的区域 1/4 与轻链的 1/2 区域为可变区（V区），可变区内氨基酸的组成及排列顺序高度可变，能与种类繁多的抗原表位结合，故 V 区为抗原的结合区。靠近羧基端重链的 3/4 区域与轻链的 1/2 区域内氨基酸的组成及排列顺序基本不变，称为恒定区（C 区）（图 2-11）。

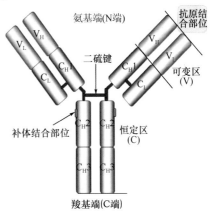

图 2-11　免疫球蛋白的基本结构

考点：Ig 的基本结构

1. 种类　根据重链恒定区氨基酸组成和排列顺序的不同（免疫原性不同），将 Ig 的重链分为 γ、α、μ、δ、ε 共 5 类，由它们组成的 Ig 分别称为：IgG（γ）、IgA（α）、IgM（μ）、IgD（δ）、IgE（ε）。

IgG、IgD、IgE 和血清型 IgA 皆由单体组成, 而分泌型 IgA (SIgA) 为双体, IgM 为五聚体 (图 2-12)。

考点: Ig 的种类

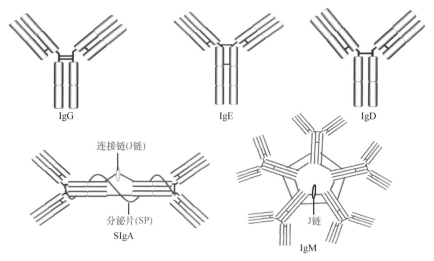

图 2-12　5 类免疫球蛋白结构

2. 功能区　Ig 的重链和轻链借其链内二硫键折叠成若干球形结构, 称为功能区, 每一个功能区约由 110 个氨基酸残基组成。轻链有两个功能区, 即 V_L 和 C_L, 不同类型 Ig 的重链均有一个 V_H 功能区, 但 C_H 功能区存在一些差异。IgG、IgA 和 IgD 有 C_H1、C_H2 和 C_H3 三个功能区, 而 IgM 和 IgE 有 C_H1、C_H2、C_H3 和 C_H4 四个功能区。

3. 铰链区　位于 C_H1 和 C_H2 之间。IgG、IgA 和 IgD 有铰链区, IgM 和 IgE 无铰链区。此处的肽链含有大量脯氨酸, 具有弹性, 易于伸展、弯曲, 有利于抗体与不同的抗原表位结合, 也易使补体结合位点暴露, 有利于启动补体活化。

(二) 免疫球蛋白的其他结构

1. J 链　是由浆细胞合成的多肽链, 主要起连接和稳定 Ig 多聚体的作用。IgM 由一条 J 链连接成五聚体, 分泌型 IgA (SIgA) 由一条 J 链连接成二聚体。

2. 分泌片 (SP)　是由黏膜上皮细胞合成和分泌的多肽, 是 SIgA 分子的辅助成分, 主要功能是保护 SIgA 免受环境中蛋白酶的破坏, 并将 SIgA 由黏膜下转运到黏膜表面。

考点: 免疫球蛋白的水解片段及功能

(三) 免疫球蛋白的水解片段

1. 木瓜蛋白酶水解片段　用木瓜蛋白酶水解 IgG, 将 IgG 铰链区二硫键的近 N 端侧切断, 获得 3 个片段: 2 个相同的 Fab 段和 1 个 Fc 段。①Fab 段能和抗原特异性结合, 称为抗原结合片段 (Fab 段), 一个 Fab 段只能结合一个抗原表位, 结合价为单价, 不会产生肉眼可见的沉淀或凝集现象; ②Fc 段不能和抗原特异性结合, 但可形成结晶, 称为可结晶片段 (Fc 段), 保留激活补体及与细胞表面 Fc 受体结合的能力 (图 2-13)。

2. 胃蛋白酶水解片段　用胃蛋白酶水解 IgG, 在铰链区二硫键近羧基端可将 IgG 断裂为大小不同的两个片段, 一个是含两个 Fab 段的双体, 称为 F (ab')$_2$, 功能与 Fab 完全相同, 但为二价, 可以产生肉眼可见的沉淀或凝集现象。另一个是似 Fc 的小片段, 很快会被水解为多肽, 称为 pFc', 无任何生物学活性 (图 2-13)。

对 Ig 水解片段的研究, 不仅对阐明 Ig 的结构和生物学特性有重要理论意义, 而且对制备免疫制品和医疗实验也具有实际意义。如破伤风抗毒素用胃蛋白酶降解后, 可降低其免疫原性, 降低引起过敏反应的能力, 但对个别人仍有可能引起过敏反应。

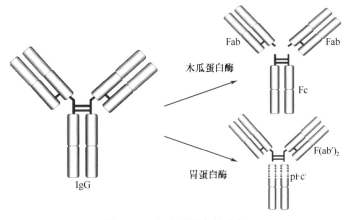

图 2-13　免疫球蛋白的水解

三、免疫球蛋白的生物学作用

（一）特异性结合抗原

抗体通过 V 区特异性识别并结合抗原。抗体与相应外毒素特异结合后，毒素的毒性被中和。中和病毒的抗体与病毒结合后，可阻止病毒进入细胞。SIgA 与细菌结合，可阻止细菌黏附在黏膜上皮细胞上。

考点： 免疫球蛋白的生物学作用

（二）激活补体

当抗体与相应抗原特异性结合后，免疫球蛋白的构型发生改变，位于重链上的补体结合位点暴露，即可通过经典途径激活补体，发挥补体的溶菌、溶细胞等作用。补体的裂解片段也同时发挥多种生物学作用。

（三）结合自身细胞上的 Fc 受体

1. 调理作用　中性粒细胞、巨噬细胞等吞噬细胞表面的 Fc 受体与 IgG 的 Fc 段结合，从而增强其吞噬作用。

2. 抗体依赖细胞介导的细胞毒作用（ADCC）　是指针对靶细胞的抗原特异性 IgG 与靶细胞相应抗原结合，IgG 的 Fc 段与 NK 细胞、巨噬细胞等表面 Fc 受体结合，从而引发对靶细胞的细胞毒作用。

3. 介导超敏反应　变应原刺激机体产生的 IgE，其 Fc 段可与肥大细胞和嗜碱粒细胞表面的高亲和力的 IgE 的 Fc 段受体结合。当相同变应原再次进入机体时，可引起 I 型超敏反应。

（四）通过胎盘和黏膜

IgG 的 Fc 段能与胎儿滋养层细胞可逆性结合，使 IgG 通过胎盘转移给胎儿。这是一种重要的自然被动免疫，对新生儿抗感染具有重要意义。SIgA 可通过转运到达消化道、呼吸道等处的黏膜，是黏膜局部免疫的主要因素。

免疫球蛋白的生物学作用，见图 2-14。

四、免疫球蛋白的特性

1. IgG　为单体，在血清中含量最高，占血清 Ig 总量的 75% ～ 80%，主要由脾、淋巴结内的浆细胞合成并分泌。IgG 是唯一能通过胎盘的抗体，对新生儿抗感染具有重要作用。人出生后 3 个月开始合成，3 ～ 5 岁时接近成人水平。半衰期最长，为 20 ～ 23 天。IgG 为高亲和力抗体，大多数抗毒素、抗菌、抗病毒抗体都属于 IgG，是机体抗感染免疫的重要分子。IgG 可发挥调理、ADCC、激活补体发挥补体溶菌等作用。某些自身抗体及引起 II、III 型超敏反应的大多数抗体也属于 IgG。

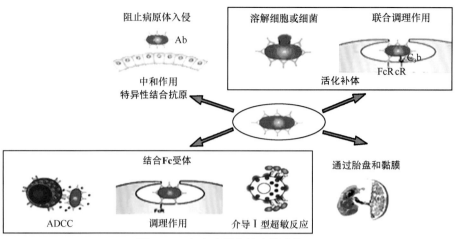

图 2-14 免疫球蛋白的生物学作用

2. IgA 新生儿于出生后 4 ~ 6 个月开始合成 IgA，4 ~ 12 岁时达成人水平，占血清 Ig 总量的 10% ~ 20%。IgA 分血清型和分泌型。血清型 IgA 多以单体存在，分泌型 IgA（SIgA）则由两个单体、一个 J 链和一个分泌片组成二聚体。

血清型 IgA 有中和毒素、调理吞噬的作用。SIgA 主要分布于呼吸道、消化道、泌尿生殖道黏膜表面的分泌液及初乳、唾液和泪液中，称为黏膜抗体，可与相应病原微生物结合，阻止其黏附易感细胞或通过中和毒素等发挥重要的局部抗感染作用。新生儿可从母亲的初乳中获得 SIgA，是重要的被动免疫，这也是提倡母乳喂养的原因之一。

3. IgM 为五聚体，分子质量最大，故又称巨免疫球蛋白，不能通过血管壁，主要分布于血清中，占血清 Ig 总量的 5% ~ 10%。在个体发育中 IgM 出现最早，在胚胎发育后期，机体已具备产生 IgM 的能力，故脐带血 IgM 增高提示胎儿可能有宫内感染。成人感染后，IgM 也是最先产生，检测血清中 IgM 含量，有助于某些传染病的早期诊断。IgM 在凝集、活化补体等方面作用强于 IgG，天然血型抗体、类风湿因子等亦属于 IgM。

IgM 的单体可存在于 B 细胞膜表面（mIgM），未成熟的 B 细胞表面只有 mIgM，是 B 细胞抗原受体（BCR）的主要成分，而成熟的 B 细胞表面可同时表达 mIgM 和 mIgD。

4. IgD 为单体，主要由扁桃体、脾等处浆细胞产生，占血清总 Ig 的 1% 以下，浓度很低，半衰期仅 3 天，在个体发育中合成较晚。血清中的 IgD 结构和 IgG 非常相似，但极易被水解，功能尚不清楚。mIgD 是 B 细胞抗原受体（BCR）的重要成分，同时也可作为 B 细胞发育成熟的标志。

考点： 各类免疫球蛋白的特性

5. IgE 为单体，是血清中含量最低的 Ig，仅占血清总 Ig 的 0.002%，在个体发育中合成较晚，主要由鼻咽部、扁桃体、支气管、胃肠等处黏膜固有层的浆细胞合成。这些部位也是变应原侵入和 I 型超敏反应易发的部位。IgE 为亲细胞抗体，其 C_H4 极易与组织中的肥大细胞和血液中的嗜碱粒细胞膜上的高亲和性 IgE 的 Fc 受体结合，可引起 I 型超敏反应。I 型超敏反应发生或寄生虫感染时，IgE 含量会明显升高。

五类 Ig 的特性比较，见表 2-4。

表 2-4 五类 Ig 的特性比较

	IgG	IgA	IgM	IgD	IgE
存在形式	单体	单体、二聚体	五聚体、单体	单体	单体
血清比例（%）	75 ~ 80	10 ~ 20	5 ~ 10	＜ 1	0.002
合成时间	出生后 3 个月	4 ~ 6 个月	胚胎末期	较晚	较晚
生物学特性	抗感染免疫的主要抗体；唯一能穿过胎盘	SIgA 黏膜局部抗感染作用	早期重要的抗感染抗体	功能尚未清楚	介导 I 型超敏反应抗寄生虫感染

五、人工制备的抗体类型

（一）多克隆抗体

多克隆抗体（PcAb）是多种抗原表位刺激机体免疫系统后，机体产生的针对不同抗原表位的混合抗体。为人工制备的第一代抗体，这种抗体作为诊断血清时，易出现交叉反应，目前主要用于紧急预防及治疗各种微生物、外毒素引起的疾病。但对人体而言，动物的免疫血清是异种蛋白，易出现血清病、血清过敏性休克等超敏反应。

（二）单克隆抗体

单克隆抗体（McAb）是由一个杂交瘤细胞产生，只能识别一种抗原表位的特异性抗体。这种杂交瘤细胞既有肿瘤细胞大量无限增殖的特性，又有 B 细胞合成分泌特异性抗体的功能。通过这种细胞在体外培养，即可获得大量的单克隆抗体。其特点是性质纯、效价高和特异性强，可避免交叉反应，提高了抗原抗体反应的敏感性和特异性，主要应用于：①各种传染病及肿瘤抗原的检测，以辅助诊断疾病；②检测激素、神经递质、细胞因子等生物活性物质；③检测细胞表面的抗原和受体；④用特异性单克隆抗体偶联抗肿瘤药物或放射性核素，用于肿瘤患者体内定位治疗和诊断。

第4节　免疫应答

抗原进入机体后，刺激免疫系统所发生的一系列复杂反应的过程，就是免疫应答。这是一个由多种免疫细胞和分子参与的复杂生理过程。在某些情况下，免疫应答也可造成机体的功能紊乱或病理损伤。广义的免疫应答分为固有免疫应答和适应性免疫应答，但通常所说的免疫应答指的是适应性免疫应答。

一、免疫应答概述

（一）免疫应答的类型

根据免疫应答识别的特点、获得方式以及效应机制，将其分为固有免疫应答和适应性免疫应答。

考点： 固有免疫应答的概念和特点

1. **固有免疫应答**（又叫非特异性免疫应答）　是指由参与固有免疫的细胞和分子介导的主要针对病原体相关分子模式的应答类型。其特点：先天固有，稳定遗传；早期、快速应答；非特异性识别；无细胞增殖；无免疫记忆形成。

2. **适应性免疫应答**（又叫特异性免疫应答）　是指免疫活性细胞受抗原刺激后发生活化、增殖并分化为效应细胞，最终通过细胞或抗体将抗原消灭的全过程。主要发生在淋巴结、脾脏等外周免疫器官。其特点：具有高度特异性；有效地识别自我和非我抗原物质；有免疫记忆功能；可形成免疫耐受。根据其参与细胞、发生的免疫效应不同，分为 B 细胞介导的体液免疫应答和 T 细胞介导的细胞免疫应答。

固有免疫应答与适应性免疫应答的特点比较，见表 2-5。

表 2-5　固有免疫应答与适应性免疫应答的特点比较

特点	固有免疫应答	适应性免疫应答
识别方式	非特异性识别	特异性识别
作用持续时间	持续时间短	持续时间长
作用特点	无细胞增殖；无免疫记忆	细胞增殖、免疫记忆
免疫物质基础	屏障结构、吞噬细胞、体液中固有免疫分子	抗体、效应 T 细胞

考点： 适应性免疫应答的概念、特点和基本过程

（二）适应性免疫应答的基本过程

适应性免疫应答是由多种细胞和细胞因子相互作用的复杂生理过程，T 细胞和 B 细胞在免疫应答中起核心作用，为便于理解，人为划分为 3 个阶段（图 2-15）：

1. **感应阶段**（抗原识别阶段）　是指抗原提呈细胞摄取、加工处理和提呈抗原以及 T 细胞、B 细胞识别抗原、启动活化的过程。

2. **反应阶段**（活化、增殖、分化阶段）　T 细胞和 B 细胞接受抗原刺激后，活化、增殖、分化，形成免疫效应 T 细胞（Th、Tc）、效应分子（Ab）的阶段。

B 细胞识别结合抗原后，B 细胞活化、增殖、分化为浆细胞，由浆细胞产生抗体。T 细胞识别结合抗原后，活化、增殖、分化为效应 T 细胞。在此阶段会有部分 T 细胞、B 细胞中途停止分化，形成长寿命的 T 记忆细胞、B 记忆细胞。在间隔一定的时间后，当记忆细胞再次遇到相同抗原时，可迅速增殖分化为效应 T 细胞、效应 B 细胞，发挥免疫效应，称为回忆应答。

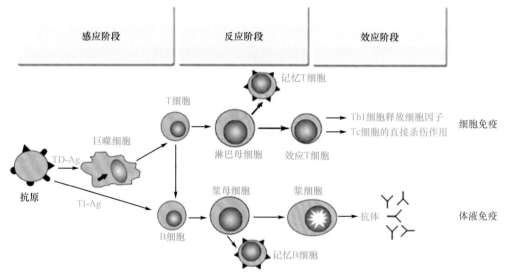

图 2-15　适应性免疫应答的基本过程

3. **效应阶段**　是免疫效应物质发挥免疫作用的阶段。浆细胞分泌的抗体与相应的抗原结合，清除抗原物质，发挥体液免疫效应。效应 T 细胞可通过 Tc 直接杀伤靶细胞或 Th 释放细胞因子的方式发挥细胞免疫效应。

二、固有免疫应答

固有免疫应答出现在机体抗感染免疫应答的初始阶段，在抗原入侵前就已存在。在应答过程中即刻识别入侵的病原体及其产物、体内衰老的细胞和突变细胞，迅速活化、有效吞噬和杀伤并清除这些"非己"抗原性异物，发挥免疫防御、免疫监视、免疫稳定等作用。其主要由屏障结构、固有免疫细胞和固有免疫分子组成。

考点：固有免疫系统的组成及功能

（一）固有免疫系统的组成及功能

1. 屏障结构

（1）皮肤和黏膜屏障：是机体阻挡和防御病原微生物进入机体的第一道防线。

1）机械性阻挡与排除作用：健康完整的皮肤黏膜可机械性阻挡外源性致病菌及正常菌群中某些条件致病菌的入侵；呼吸道黏膜上皮细胞纤毛不停地向上摆动可将细菌排至咽部，并由此咳出；黏膜分泌液的冲刷及肠蠕动等作用均有助于排除病原微生物。

2）分泌物的抑菌和杀菌作用：皮肤和黏膜可分泌多种具有抑菌和杀菌作用的化学物质，如皮肤汗腺分泌的乳酸，皮脂腺分泌的脂肪酸，胃黏膜分泌的胃酸，唾液、泪液或呼吸道、消化道分泌液中的溶菌酶等，都有一定的抑菌和杀菌作用。

3）正常菌群的拮抗作用：分布于皮肤和黏膜表面的正常菌群，可通过与病原微生物竞争受体、营养物质，还可通过产生抑菌或杀菌物质等方式，阻止病原菌的定居与生长。

> **链 接**
>
> 血脑屏障与疾病和药物
>
> 血脑屏障具有重要防御功能，它使对大脑有用的营养物质和代谢产物可以自由通过，并防止外界有害物质进入大脑。中枢神经系统疾病也会引起血脑屏障的改变，导致疾病发生，如新生儿核黄疸和血管性脑水肿。近年研究发现阿尔茨海默病可能与血脑屏障有关。有一种β-淀粉样蛋白质与老年痴呆的发展有关，通过影响血脑屏障，可以减少这种蛋白质的积累。许多药物都可以成功治疗疾病，但是当这些疾病出现在大脑中则很难被医治，这是因为大多数药物都无法穿越血脑屏障。

（2）血脑屏障：由软脑膜、脉络丛、脑毛细血管壁和壁外的胶质细胞形成的胶质膜共同组成（图2-16）。其作用是阻挡血液中的病原微生物及大分子物质进入脑组织和脑脊液，从而保护中枢神经系统。婴幼儿由于血脑屏障发育尚未完善故易发生脑炎和脑膜炎等感染。

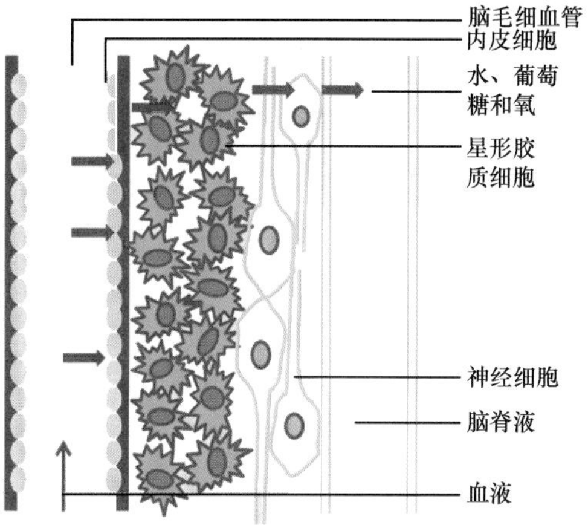

（3）胎盘屏障：由母体子宫内膜的基蜕膜和胎儿绒毛膜共同组成，可防止母体感染的病原微生物及其毒性代谢产物进入胎儿体内，保护胎儿免受感染。妊娠前3个月内，胎盘屏障尚未发育完善，若此时母体受到某些病毒（风疹病毒、巨细胞病毒等）感染，就可能通过胎盘屏障而干扰胎儿的正常发育，导致胎儿畸形、流产或死亡。

脑毛细血管
内皮细胞
水、葡萄
糖和氧
星形胶
质细胞

神经细胞
脑脊液
血液

图 2-16　血脑屏障的组成

2. 固有免疫细胞　机体的固有免疫细胞主要包括吞噬细胞、NK细胞、树突状细胞、肥大细胞、嗜酸粒细胞和嗜碱粒细胞等，这里主要介绍吞噬细胞。

（1）种类：吞噬细胞分为以下两类。①小吞噬细胞，主要是血液中的中性粒细胞；②大吞噬细胞，主要是血液中的单核细胞和组织中的巨噬细胞，称为单核吞噬细胞系统。两类吞噬细胞的吞噬作用基本相似，但中性粒细胞主要吞噬存在于细胞外的细菌和小颗粒物质，而单核吞噬细胞主要吞噬细胞内寄生物和大颗粒物质或衰老细胞等。

（2）吞噬过程：吞噬细胞的吞噬杀菌过程一般分为3个阶段（图2-17）。

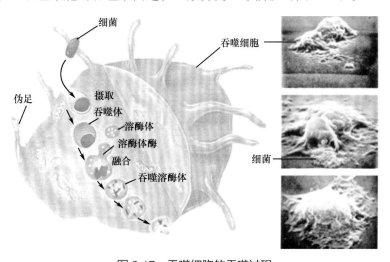

图 2-17　吞噬细胞的吞噬过程

1）接触病原体：吞噬细胞与病原体的接触可以是偶然相遇，也可以是趋化因子的趋化作用，即在趋化因子的作用下，吞噬细胞向病原体定向迁移，通过吞噬细胞膜表面受体识别病原体并与之结合。

2）吞入病原体：有两种方式，一是吞噬作用，对于细菌等大分子物质，吞噬细胞伸出伪足将其包围并摄入细胞内，形成吞噬体；另一种是吞饮作用，对病毒等小分子物质，吞噬细胞膜内陷直接将其吞入细胞中，形成吞饮小泡。

3）杀灭病原体：吞噬体形成后，溶酶体与吞噬体融合形成吞噬溶酶体，溶酶体中的酶即可杀灭、溶解并消化病原体，最后将不能消化的残渣排出胞外。

（3）吞噬结果：一般有两种结果。①某些胞外寄生的病原微生物（如大肠埃希菌、金黄色葡萄球菌等）可被吞噬、杀灭和消化，为完全吞噬。②某些胞内寄生的病原微生物（如结核分枝杆菌、伤寒沙门菌等）虽被吞噬却不能被杀死，此为不完全吞噬。不完全吞噬对机体不利，病原微生物可在吞噬细胞内生长繁殖，导致吞噬细胞死亡，还可能随游走的吞噬细胞扩散至机体的其他部位，引起更广泛的感染。

考点：吞噬细胞的吞噬过程和吞噬结果

3. 固有免疫分子　大多是一些即时性体液免疫分子，其中最重要的是补体（见本章第三节），还有干扰素、溶菌酶和防御素等。

（1）干扰素（IFN）：是一类具有抗病毒活性并保护细胞对抗病毒感染的细胞因子。干扰素具有广谱抗病毒作用，可保护易感细胞，干扰病毒在细胞内的复制，限制病毒的扩散。此外，干扰素还可激活 NK 细胞和巨噬细胞而增强细胞抗感染作用。

（2）溶菌酶：是一种水解致病菌中黏多糖的碱性酶，广泛存在于血液、黏膜外分泌液和吞噬细胞溶酶体中，通过溶解革兰氏阳性菌细胞壁的肽聚糖，使细菌裂解死亡。革兰氏阴性菌对溶菌酶不敏感，但在补体和特异性抗体存在下也能被溶菌酶裂解破坏。

（3）防御素：一类富含精氨酸的小分子多肽，主要存在于中性粒细胞的嗜天青颗粒中，以杀伤胞外菌为主。防御素可破坏细菌细胞膜的完整性，导致细菌因物质交换失控而死亡，也可通过致炎和趋化作用增强吞噬细胞对病原微生物的吞噬杀伤作用。

（二）固有免疫应答的生物学效应

1. 生物学效应

（1）机体防御的第一道防线，固有免疫应答对于机体免疫稳态的建立非常重要。

（2）免疫系统对外来病原识别及效应的主体。

（3）参与适应性免疫应答的启动、调节与效应。

（4）参与感染、炎症、肿瘤、自身免疫性疾病等的发生与发展。

2. 固有免疫应答与适应性免疫应答的关系

（1）启动适应性免疫应答：固有免疫细胞中的抗原提呈细胞捕获、加工、提呈抗原，并形成抗原肽 -MHC 复合物且表达在细胞膜上，为 T 细胞活化提供抗原刺激信号。

（2）调节适应性免疫应答：固有免疫细胞可通过识别不同的病原体，产生不同种类的细胞因子，调节特异性免疫应答的类型。

（3）参与适应性免疫应答的效应：固有免疫分子中补体成分可协助抗体的溶菌、溶细胞作用。

（4）效应 T 细胞可通过释放细胞因子增强固有免疫细胞的杀伤活性。

三、适应性免疫应答

（一）体液免疫应答

1. 概念　体液免疫应答是指 B 细胞介导的特异性免疫应答，主要是通过 B 细胞接受抗原刺激后转化为浆细胞并分泌抗体发挥特异性免疫效应的过程。因抗体主要存在于血液、淋巴液、组织液、乳汁等体液中，故将抗体介导的免疫反应，称为体液免疫。

考点：体液免疫的概念

2. 抗体产生的一般规律和意义　抗体产生的一般规律如下（图 2-18）。

（1）初次免疫应答：机体首次遇到抗原发生的免疫应答。抗体产生的特点：潜伏期长（10 天左右）、抗体效价低、维持时间短、主要为 IgM、与抗原的亲和力低。

（2）再次免疫应答：指第二次接触抗原时发生的加速和增强的免疫应答，又称回忆应答。抗体产生的特点：潜伏期短（2～3 天）、抗体效价高、维持时间长、主要为 IgG、与抗原的亲和力高。

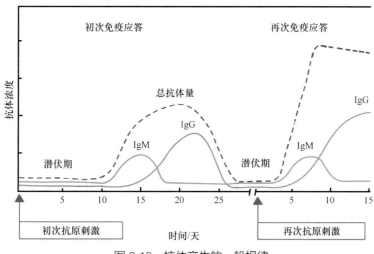

图 2-18　抗体产生的一般规律

抗体产生一般规律的意义：①指导制订最佳的预防接种方案。疫苗接种之所以一般都要加强免疫，就是通过刺激机体产生再次应答，从而获得对某种传染病更强、更持久的免疫力。②指导免疫学诊断。IgM 是免疫应答过程中最先出现的抗体，且半衰期短，故 IgM 的检测可作为早期诊断的指标之一。③指导制订最佳的免疫血清制备方案，以获得更高产量的人工制备抗体。

考点：抗体产生的一般规律

3. 体液免疫应答的生物学效应　体液免疫应答的主要效应分子是特异性抗体，抗体一般不能进入细胞内，因此体液免疫清除的抗原为细胞外游离的抗原。

（1）中和作用：抗体能与细菌外毒素或病毒结合发挥中和作用，具有重要的抗感染作用。

（2）调理作用：抗体与病原体抗原特异性结合后，其 Fc 段可与吞噬细胞表面的 Fc 段受体结合，从而促进吞噬细胞的吞噬作用。

（3）溶解作用：抗体与抗原结合后可激活补体引发溶菌、溶细胞等效应。

（4）ADCC：通过抗体 Fc 段与 NK 细胞表面的 Fc 段受体结合的桥联作用，NK 细胞可杀伤肿瘤细胞或被病毒感染的细胞。

（5）参与免疫病理损伤：在特定情况下，抗体可参与Ⅰ、Ⅱ、Ⅲ型超敏反应，引起生理功能紊乱或组织损伤。

考点：体液免疫的生物学作用

（二）细胞免疫应答

细胞免疫应答是指 T 细胞受到抗原刺激后，增殖、分化、转化为致敏 T 细胞，当相同抗原再次进入机体细胞时，可出现致敏 T 细胞对抗原的直接杀伤作用及致敏 T 细胞所释放的细胞因子的协同杀伤作用。由于主要是效应 T 细胞及单核细胞、巨噬细胞等产生的免疫效应，故又把 T 细胞介导的免疫应答称为细胞免疫。

考点：细胞免疫的概念

1. Th1 细胞介导的炎症反应　Th1 细胞再次接受相同抗原刺激后，释放多种细胞因子，作用于不同细胞产生多种不同的生物学作用，间接发挥细胞免疫效应，引起局部组织出现以单核细胞和淋巴细胞浸润为主的慢性炎性反应或迟发型超敏反应。Th1 细胞释放的主要细胞因子及其生物学作用，见表 2-6。

表 2-6　主要细胞因子及其生物学作用

细胞因子种类	生物学作用
白细胞介素 -2（IL-2）	刺激 Tc 细胞增殖，分化为效应 Tc 细胞
	刺激 Th 细胞增殖、分化，分泌 IL-2、IFN-γ 和 TNF
	增强 NK 细胞、单核巨噬细胞的杀伤活性
干扰素（IFN-γ）	活化、增强单核巨噬细胞的吞噬杀伤活性
	活化 NK 细胞，增强杀灭肿瘤细胞和抗病毒作用
肿瘤坏死因子（TNF-β）	抗病毒作用
	激活中性粒细胞、Mϕ，释放 IL-1、IL-6、IL-8

2. Tc 细胞介导的细胞毒作用　Tc 细胞（又称 CTL）与靶细胞再次接触后，可通过两种机制直接杀伤靶细胞。

（1）脱颗粒途径：效应 Tc 细胞释放颗粒，颗粒内有细胞毒素如穿孔素、颗粒酶等。穿孔素击穿靶细胞并形成透膜孔道，可使水、Na^+、Ca^{2+} 迅速进入细胞内，K^+ 和大分子物质从胞内流出导致靶细胞崩解。颗粒酶从孔道进入靶细胞，激活与凋亡相关的酶系统，导致靶细胞凋亡，即细胞程序性死亡。

（2）死亡受体途径：效应 Tc 细胞表面有 Fas 配体（FasL）与靶细胞表面 Fas 受体结合，激活与凋亡相关的酶系统，导致靶细胞凋亡，因此 Fas 被称为死亡受体。在杀伤靶细胞过程中，效应 Tc 细胞不受损伤，可连续、高效、特异性地杀伤其他靶细胞（图 2-19）。

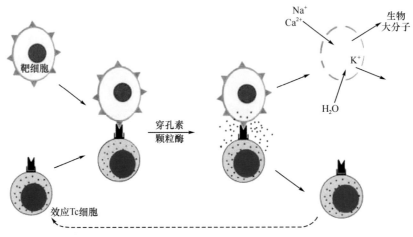

图 2-19　效应 Tc 细胞特异性杀伤靶细胞

3. 细胞免疫的生物学效应　细胞免疫清除的抗原主要是细胞性的抗原物质。

（1）细胞内抗感染作用：主要针对细胞内感染的病原体发挥作用，包括胞内寄生菌（如结核分枝杆菌、伤寒沙门菌、麻风分枝杆菌等）、病毒、真菌及胞内寄生类寄生虫。

（2）抗肿瘤作用：Tc 细胞可直接特异性杀伤带有相应抗原的肿瘤细胞；Th1 释放的细胞因子在抗肿瘤免疫中也有一定作用。

（3）免疫损伤作用：在某些情况下，参与Ⅳ型超敏反应、移植排斥反应和某些自身免疫性疾病等的发生和发展过程。

考点：细胞免疫的生物学效应

体液免疫应答与细胞免疫应答的比较，见表2-7。

表 2-7 体液免疫应答与细胞免疫应答的比较

鉴别点	体液免疫	细胞免疫
主要参与的细胞	B 细胞	T 细胞
释放的免疫物质	IgG、IgA、IgM、IgD、IgE	细胞因子（IL、TNF、IFN）
排斥抗原的方式	Ig 结合排斥相应的抗原	效应 T 细胞结合杀伤相应抗原；释放细胞因子排斥抗原
排斥的抗原（免疫效应）	小颗粒抗原（TD-Ag 与 TI-Ag），表现为三抗抗毒素、抗病毒、抗细菌	大颗粒抗原（TD-Ag），表现为三抗：抗细胞内寄生病原体、抗肿瘤、抗异体细胞

四、免疫耐受与免疫调节

（一）免疫耐受

免疫耐受是指机体免疫系统接触某一抗原后形成的特异性免疫无应答状态。对自身组织的耐受是免疫系统的重要特征。诱导产生免疫耐受性的抗原称耐受原。对某抗原已经形成免疫耐受的机体，再次接触该抗原时没有应答，而对其他抗原仍可产生正常的应答。免疫耐受和免疫抑制不同，免疫耐受是特异性的，只针对某种特定的抗原；免疫抑制是非特异性的，对各种抗原的刺激均无应答性。

免疫耐受的形成与抗原的种类、理化性质、作用剂量和侵入机体的途径及机体的年龄等因素有关。

生理条件下的免疫耐受对保证免疫系统的稳定及维持机体正常生理功能具有重要的意义，而免疫耐受异常则可导致自身免疫性疾病的发生。因此，研究免疫耐受在理论和实践中均有重要意义，其研究意义如下：

1. 维持自身稳定　正常情况下，免疫系统能识别"自己"和"非己"。由于在胚胎期对自身组织建立了免疫耐受，对自身组织不排斥，而对"非己"物质产生应答并清除。

2. 研究自身免疫性疾病的发病机制　自身免疫性疾病的发生与自身免疫耐受的破坏有关。在某些因素作用下，机体自身组织抗原性质发生了改变，可导致免疫耐受的终止，继而发生自身免疫性疾病。

3. 人工诱导免疫耐受　免疫耐受的诱导、维持和终止可以影响许多疾病的发生、发展和转归。例如，诱导和维持免疫耐受，可防止超敏反应、自身免疫病和移植排斥反应；终止对病原微生物和肿瘤抗原的免疫耐受，有利于激发机体抗感染和抗肿瘤的免疫应答能力。

（二）免疫调节

免疫调节是指免疫系统中的各种免疫细胞和免疫分子之间，以及免疫系统与其他系统如神经内分泌系统之间的相互作用，使得免疫应答以最恰当的形式维持在最适当的水平，包括兴奋性调节和抑制性调节。当病原体入侵时，机体动员免疫系统的各种成分产生快速和足够强度的免疫应答，清除病原体，但是过高强度的免疫应答会导致机体内环境稳定的破坏，诱发不同程度的病变和组织损伤。

第5节　超敏反应

有的人接触到植物花粉会出现哮喘，有的人染发后头部皮肤出现皮疹或水疱，有的人注射青霉素会出现过敏性休克等，这是为什么呢？

超敏反应又称变态反应，是指机体接受特定抗原持续刺激或同一抗原再次刺激所致的功能紊乱和（或）组织损伤等病理性免疫反应。引起超敏反应的抗原称为变应原或过敏原。根据发生机制和临床特点不同，将超敏反应分为Ⅰ、Ⅱ、Ⅲ、Ⅳ型。Ⅰ～Ⅲ型超敏反应是由 B 细胞介导、抗体参与的病理性体液免疫应答；而Ⅳ型超敏反应是由 T 细胞介导、效应 T 细胞参与的病理性细胞免疫应答。

考点： 超敏反应的概念

一、Ⅰ型超敏反应

Ⅰ型超敏反应又称速发型超敏反应或过敏反应，是临床上最常见的超敏反应，可发生于局部或全身。

Ⅰ型超敏反应特点：①发生快，消退也快，一般在再次接触相同抗原后几分钟至几十分钟发生，有的甚至几秒内就发生反应；②参与的抗体是 IgE，效应细胞是肥大细胞和嗜碱粒细胞；③病理特点以生理功能紊乱为主；④有明显的个体差异和遗传倾向。

（一）发生机制

Ⅰ型超敏反应的发生机制可分为 3 个阶段（图 2-20）。

1. 致敏阶段　变应原通过不同的途径进入机体，刺激 B 细胞产生 IgE 抗体。IgE 通过 Fc 段与肥大细胞或嗜碱粒细胞膜上的 Fc 受体结合，使细胞对该变应原处于致敏状态。致敏状态可维持数月或更长时间。如长期不接触相应变应原，致敏状态可逐渐消失。

2. 发敏阶段　当相同变应原再次进入致敏机体，与肥大细胞或嗜碱粒细胞表面的 IgE Fab 段特异性结合。只有变应原同时与两个或两个以上相邻 IgE 结合形成"桥联"，才能使致敏细胞活化，导致其脱颗粒，释放多种生物活性介质：组胺、激肽原酶（使血浆中激肽原转为缓激肽）、白三烯（LTs）、前列腺素（PG）、血小板活化因子（PAF）等。

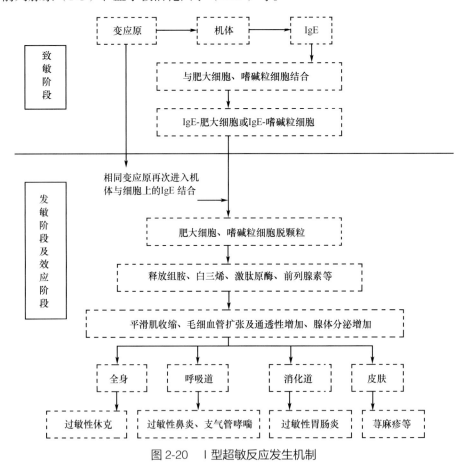

图 2-20　Ⅰ型超敏反应发生机制

3. 效应阶段　上述生物活性介质作用于局部或全身的效应器官和组织，引起局部或全身病理变化，主要表现为：平滑肌收缩、毛细血管扩张、通透性增加、黏膜腺体分泌增加等病理变化，从而在接触变应原数秒或数分钟或数小时后可引起过敏反应等一系列临床症状。

（二）临床常见疾病

1. 过敏性休克　是最严重的的全身Ⅰ型超敏反应性疾病。某些人经再次注射相同变应原后，在数秒至数分钟之内发生。患者出现胸闷、气促、呼吸困难、面色苍白、手足发凉、脉搏细速、血压下降、意识障碍或昏迷、严重者抢救不及时可导致死亡。

（1）药物过敏性休克：以青霉素过敏性休克最常见。青霉素不稳定，其降解产物青霉烯酸或青霉噻唑醛酸等为半抗原，与组织蛋白结合后成为变应原，即可诱发过敏性休克。其他药物如链霉素、头孢菌素、普鲁卡因、有机碘等也可引起过敏性休克。

极少数人在初次注射青霉素时发生过敏性休克，可能和以前无意中接触过青霉素污染的医疗器械，或吸入青霉菌孢子，而使机体致敏有关。因此，初次使用青霉素的患者也必须皮试。

（2）血清过敏性休克（血清过敏症）：紧急预防和治疗外毒素性疾病（如破伤风、白喉等）时，当再次给患者注射破伤风抗毒素、白喉抗毒素等动物免疫血清时可引起过敏性休克。

2. **呼吸道过敏反应**　致敏机体再次吸入植物花粉、尘螨、真菌孢子、动物皮屑或面粉等变应原后，可迅速引发支气管哮喘或过敏性鼻炎等过敏反应。

3. **消化道过敏反应**　少数人进食鱼、虾、蟹、奶、蛋等食物后，可出现恶心、呕吐、腹痛、腹泻等症状，称为过敏性胃肠炎。

4. **皮肤过敏反应**　主要表现为荨麻疹、湿疹和血管神经性水肿等，可由药物、食物、花粉、寄生虫或冷、热刺激等引起。

链接　　　　　　　　　　　你是过敏体质吗?

容易发生过敏反应的人称为过敏体质。过敏体质可发生各种不同的过敏反应，并具有以下特征：①IgE 血清中含量比正常人高 1000 ～ 10 000 倍。②Th1 和 Th2 细胞比例失调，Th2 细胞比正常人占优势，分泌较多 IL-4，诱导 IgE 合成增加。③缺乏消化酶，不能完全分解蛋白质，异种蛋白进入体内致敏。缺乏 SIgA，细菌易在肠黏膜引起炎症，异种蛋白易被吸收而致敏。④缺乏组胺酶，不能破坏过敏反应中释放出的组胺。此外体内自由基数量比较高，与遗传因素关系密切，常有家族史。如果你容易发生过敏反应，应检查以确定是否为过敏体质，以便采取预防措施。

（三）防治原则

1. **发现变应原并避免与其接触**　临床发现变应原最常用的方法如下。

（1）询问病史：详细询问过敏史、家族史，发现变应原并避免与其接触。

（2）皮肤试验: 临床上在使用易引起过敏反应的药物、生物制品等之前必须做皮试，皮试阳性者，禁止使用。但是有些变应原却难以回避，如抗毒素血清、花粉、尘螨等，需进行特异性免疫治疗。

2. **特异性免疫疗法**

（1）脱敏疗法：对皮试阳性又必须使用抗毒素血清进行治疗的患者，可采用小剂量、短间隔（20 ～ 30min）、多次注射的方法进行脱敏治疗。其机制是小量注入的抗毒素与肥大细胞和嗜碱粒细胞上的 IgE 结合，释放少量生物活性介质，引起的症状轻微，同时也易被组织中相应的酶降解。多次注射后耗竭肥大细胞和嗜碱粒细胞上的 IgE，机体短时间内可脱离致敏状态，此时再大剂量注入抗毒素血清则不会发生超敏反应。

（2）减敏疗法：对那些已查明而又难以避免接触的变应原（如花粉、尘螨），经确定可采用小剂量、长间隔（1 周）、多次反复皮下注射变应原的方法，达到减敏的目的。其机制是改变了变应原进入机体的途径，诱导机体产生大量的 IgG，使之与变应原结合，从而减少肥大细胞和嗜碱粒细胞上的 IgE 与变应原结合的机会，这种 IgG 抗体又叫封闭抗体。近年来，应用人工合成变应原肽段进行减敏治疗。

3. **药物治疗**　应用药物阻断或干扰过敏反应过程中的某些环节，阻止或减轻过敏反应的发生。常用抗过敏药物有：肾上腺素、苯海拉明、氯苯那敏、葡萄糖酸钙等。肾上腺素为药物过敏性休克患者首选抢救用药。

考点： Ⅰ型超敏反应的常见疾病及防治原则

二、Ⅱ型超敏反应

案例 2-1

患者，男性，30 岁。因施工意外导致腹部外伤、失血性休克而急诊入院。查血型：B 型。手术中输入相同 B 型全血 2000ml，术后 2h 再次输入 B 型全血 400ml，输血后患者突然出现胸闷、呼吸困难、心跳加快、发绀、血压降低，经抢救无效死亡。术前曾询问病史：既往无输血史和过敏史。经诊断最后死亡为输血反应所致。核查发现第二次输血时值班护士马虎大意，错把 A 型血当 B 型血输入。

问题：输血反应属于哪一型超敏反应？分析其发生机制。

Ⅱ型超敏反应又称细胞毒型或细胞溶解型超敏反应。

Ⅱ型超敏反应的特点：①变应原是细胞本身细胞膜抗原或吸附到细胞膜上的抗原；②参与的抗体是 IgG、IgM；③在补体、吞噬细胞、NK 细胞的参与下，引起靶细胞溶解、破坏及组织损伤。

（一）发生机制

1. **靶细胞及其表面抗原**　正常组织细胞（如输入的异型红细胞）、改变的自身细胞或吸附有外来抗原、半抗原及免疫复合物的自身组织细胞，均可成为Ⅱ型超敏反应中被攻击杀伤的靶细胞。

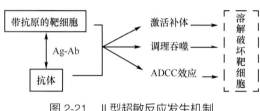

图 2-21　Ⅱ型超敏反应发生机制

2. **抗体、补体和效应细胞的作用**　靶细胞表面的抗原或吸附的抗原、半抗原与相应抗体结合，可形成免疫复合物黏附于细胞表面，通过 3 条途径溶解破坏靶细胞：①激活补体，溶解靶细胞。②激活吞噬细胞，发挥调理吞噬作用。③激活 NK 细胞，通过 ADCC 杀伤靶细胞（图 2-21）。

（二）临床常见疾病

1. **输血反应**　常见于 ABO 血型不符的输血。输入的异型红细胞迅速与受血者体内相应的天然血型抗体（IgM）结合，活化补体，引起输血反应。

2. **新生儿溶血症**　多发生于母子间 Rh 血型不合的情况下。母亲是 Rh^-，妊娠胎儿为 Rh^+，分娩时，有少量胎儿血进入母体内，刺激母体产生抗 Rh 抗体（IgG）。若母亲再次妊娠，胎儿血型仍然是 Rh^+ 时，母体抗 Rh 抗体则通过胎盘进入胎儿体内，与 Rh^+ 红细胞结合，激活补体及相关细胞导致红细胞破坏，引起新生儿溶血症，严重者可引起流产或死胎。母子 ABO 血型不符也可引起新生儿溶血症，多见于母亲为 O 型，胎儿为 A 或 B 型，但症状较轻。

3. **药物过敏性血细胞减少症**　由药物半抗原（如青霉素、磺胺、奎宁等）与血细胞膜表面蛋白结合，刺激机体产生针对药物的特异性抗体。该抗体与血细胞表面的药物结合，通过激活补体等作用，导致血细胞溶解。药物半抗原也可以与血浆中的蛋白质结合后，刺激机体产生相应抗体，以抗原抗体复合物的形式吸附到血细胞上，通过上述机制损伤血细胞。由于损伤血细胞的种类不同，可出现溶血性贫血、粒细胞减少症或血小板减少性紫癜等。

4. **自身免疫性溶血性贫血**　服用甲基多巴、吲哚美辛等药物或病毒等感染可造成红细胞膜表面成分改变，成为自身抗原，刺激机体产生抗红细胞抗体，引起自身免疫性溶血性贫血。

5. **甲状腺功能亢进**（又称 Graves 病）　一种特殊类型的Ⅱ型超敏反应（抗体刺激型超敏反应）。患者体内产生一种能与甲状腺细胞表面促甲状腺素（TSH）受体结合的自身抗体，这种自身抗体又称长效促甲状腺素。该抗体与甲状腺细胞表面 TSH 受体结合后，并不造成细胞溶解破坏，而是持续刺激甲状腺细胞合成分泌甲状腺素，引起甲状腺功能亢进。

考点：Ⅱ型超敏反应的常见疾病

三、Ⅲ型超敏反应

Ⅲ型超敏反应，又称免疫复合物型或血管炎型超敏反应。

Ⅲ型超敏反应的特点：①参与的抗体有 IgG、IgM、IgA。②由可溶性抗原与血液中相应抗体结合形成中等大小的可溶性免疫复合物（IC）沉积血管基膜引起。③激活补体，参与效应的细胞是中性粒细胞、血小板、嗜碱粒细胞等。④引起以充血水肿、局部坏死和中性粒细胞浸润为主要特征的炎症反应和组织损伤。以血管及其周围炎症为主，反应可累及各系统、各器官，危害严重。

（一）发生机制

1. 中等大小免疫复合物的形成与沉积　可溶性抗原与抗体特异性结合时，两者的比例不同，形成的 IC 分子大小也不相同。比例适宜时形成大分子不溶性 IC，易被吞噬细胞吞噬清除，不引起病变。当抗原量大大超过抗体量时，形成小分子可溶性 IC，可通过肾小球滤过，随尿排出，也不致病。只有在抗原量稍多于抗体量时，形成中等大小可溶性 IC，既不易被吞噬，又不能被肾小球滤除，从而较长时间在血流中循环，当经过一些血管迂回曲折、血流缓慢、局部血压高的部位（如肾小球、关节滑膜、心肌等）时，IC 可沉积而致病。

2. 免疫复合物沉积后引起的组织损伤　机制如下。

（1）中性粒细胞的作用：沉积的 IC 通过经典途径激活补体，产生裂解片段 C3a、C5a 等，C3a、C5a 具有趋化作用，可吸引中性粒细胞向 IC 沉积的部位聚集，聚集的中性粒细胞在吞噬 IC 的同时，释放多种溶酶体酶，导致沉积部位出现血管炎和周围组织损伤。

（2）肥大细胞或嗜碱粒细胞的作用：C3a 和 C5a 具有过敏毒素作用，能刺激肥大细胞或嗜碱粒细胞释放组胺等生物活性介质，使局部毛细血管通透性增强，导致渗出性炎症反应，出现水肿，还能促进 IC 沉积。

（3）血小板的作用：C3b 及肥大细胞或嗜碱粒细胞活化释放的血小板活化因子，可使局部血小板聚集、活化，释放血管活性胺类物质，加重组织水肿，并激活凝血系统形成微血栓，引起局部出血、坏死（图 2-22）。

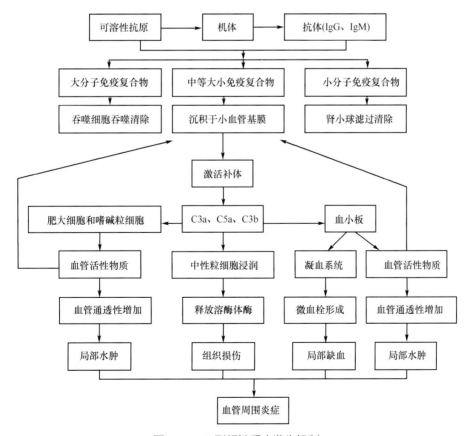

图 2-22　Ⅲ型超敏反应发生机制

（二）临床常见疾病

1. 局部免疫复合物病

（1）Arthus 反应：是一种局部Ⅲ型超敏反应。1903 年，Arthus 发现用马血清经皮下反复免疫家兔数周后，当再次注射马血清时，可在注射局部出现红肿、出血和坏死等剧烈炎症反应，此种现象被称为 Arthus 反应。

（2）类 Arthus 反应：临床上见于胰岛素依赖型糖尿病患者，局部反复注射胰岛素后，体内可产生抗胰岛素抗体，再次注射胰岛素时，在注射局部出现红肿、出血和坏死等局部炎症反应。

2. 全身性免疫复合物病

（1）血清病：初次注射大量含抗毒素的马血清 1～2 周后，可出现发热、皮疹、淋巴结肿大、关节肿痛和一过性蛋白尿等症状。这是因为患者体内产生的针对抗毒素的抗体与体内尚未完全排出的抗毒素结合形成中等大小的 IC 沉积所致。临床上有时应用大剂量青霉素、磺胺等药物也可引起类似血清病样的反应，称为药物热。

（2）链球菌感染后肾小球肾炎：以 A 族溶血性链球菌感染后 2～3 周最多见。此时体内产生的抗链球菌抗体与链球菌可溶性抗原结合形成中等大小的 IC，沉积在肾小球基膜，引起免疫复合物型肾炎。另外，葡萄球菌、肺炎球菌、乙型肝炎病毒或疟原虫感染后也可引起免疫复合物型肾炎。

（3）类风湿关节炎：是一种自身免疫性疾病，病因尚未查明，可能与病毒或支原体的持续感染有关。目前认为，上述病原体或其代谢产物能使体内 IgG 分子发生变性，从而刺激机体产生抗变性 IgG 的自身抗体（主要为 IgM），即类风湿因子（RF）。变性的 IgG 与类风湿因子结合，形成中等大小 IC 沉积于关节滑膜，则可引起类风湿关节炎。

（4）系统性红斑狼疮（SLE）：病因复杂，体内持续出现 DNA- 抗 DNA 免疫复合物，并沉积于肾小球、关节及其他血管壁，引起Ⅲ型超敏反应。病变主要表现为肾小球肾炎、关节炎、皮肤红斑和脉管炎等。

> **考点：** Ⅲ型超敏反应的常见疾病

（5）风湿热：溶血性链球菌感染后 2～3 周再次感染时，抗原与体内的相应抗体结合成 IC，沉积机体多个部位引起炎症损伤，如心肌炎、心瓣膜炎等。

四、Ⅳ型超敏反应

Ⅳ型超敏反应又称迟发型超敏反应。

Ⅳ型超敏反应的特点：①由 T 细胞介导，无抗体和补体参与；②反应发生缓慢，通常发生在再次接触相同变应原后 48～72h；③病变发生在局部，以单核细胞、淋巴细胞浸润和组织损伤为主要特征的炎症反应；④除接触性皮炎外，一般无个体差异。

（一）发生机制

Ⅳ型超敏反应与细胞免疫同时存在、同时发生于再次接触相同抗原时，其结果对机体有利称细胞免疫，对机体不利称Ⅳ型超敏反应。其发生机制（图 2-23）：

1. 致敏阶段 引起Ⅳ型超敏反应的变应原主要包括细胞内寄生菌、病毒、真菌、寄生虫、细胞抗原（肿瘤细胞、移植细胞）和化学物质等。这些变应原进入体内，经抗原提呈细胞（APC）加工处理后，分别提呈给 CD4$^+$ T 细胞和 CD8$^+$ T 细胞，使之活化、增殖、分化为效应 T 细胞：Th1 和 CTL。

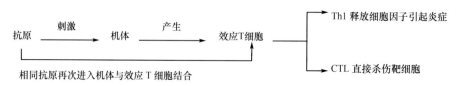

图 2-23　Ⅳ型超敏反应发生机制

2. T 细胞介导炎症反应和组织损伤　当效应 Th1 再次与相应抗原接触时，释放 IL-2、IFN-γ、TNF-β 等细胞因子，引起局部以单核细胞和淋巴细胞浸润为主要特征的炎症反应和组织损伤。效应 CTL 与靶细胞表面抗原结合后，通过释放穿孔素、颗粒酶和 FasL/Fas 这两条途径直接杀伤靶细胞。

（二）临床常见疾病

1. 传染性迟发型超敏反应　即在传染过程中发生的Ⅳ型超敏反应。多见于细胞内寄生物感染过程中，如胞内寄生菌（结核分枝杆菌等）、病毒、真菌和某些寄生虫。如肺部再次感染结核分枝杆菌时，形成的病灶比初次感染局限，这是细胞免疫的保护作用，而局部组织短时间内出现的干酪样坏死、液化甚至空洞，则是Ⅳ型超敏反应损伤的结果。

2. 接触性皮炎　某些机体与油漆、染料、塑料、农药、金属、化妆品或药物（如青霉素、磺胺）等小分子变应原接触后，小分子变应原作为半抗原与机体蛋白质结合形成完全抗原，刺激 T 细胞使机体致敏。当机体再次接触相同变应原时，接触部位出现红斑、丘疹、水疱、糜烂等症状，严重者可出现剥脱性皮炎。

3. 移植排斥反应　进行组织或器官移植后，由于供受者双方组织之间的人类白细胞抗原（HLA）不完全相同，会发生排斥反应，最终导致移植物坏死脱落，称为移植排斥反应。为减轻或延缓移植排斥反应，通常在移植术后需大剂量、长期使用免疫抑制剂。

超敏反应的发生很复杂，临床上某些超敏反应性疾病往往不是单一型，常为混合型，但以其中某一型为主，如注射青霉素可引起过敏性休克、溶血性贫血、药物热，局部应用可引起接触性皮炎，所以应结合临床进行综合分析判断。

考点：Ⅳ型超敏反应的常见疾病

> **链接**　**药物超敏反应综合征**
>
> 药物超敏反应综合征（DIHS）是一种严重的药物反应，临床表现为皮疹、发热、淋巴结肿大、嗜酸粒细胞增多，以及多脏器受损。DIHS 常被误诊为感染性疾病、淋巴增生性疾病或者自身免疫病。DIHS 一般在用药后 3 周至 3 个月发病，其特点是迟发性及停药后常有症状加重和数次复发，成人多见。主要诱发药物有芳香族类抗癫痫药（卡马西平等）和磺胺类药。其发生机制可能涉及敏感药物代谢途径异常、疱疹病毒感染与再激活、个体遗传易感性等因素。

第 6 节　免疫学应用

目前，免疫学理论和技术在临床医学各领域已经广泛应用，如对各种感染性疾病、超敏反应疾病、自身免疫性疾病的诊断和防治，以及对体内某些微量物质、激素等的检测。免疫学应用包括免疫学检测和免疫学防治两大方面。

一、免疫学检测

免疫学检测技术广泛用于免疫相关疾病的诊断、发病机制的研究以及免疫状态的评估等方面，包括抗原或抗体检测、免疫细胞检测。

（一）抗原或抗体检测

基本原理：抗原与相应抗体能在体内或体外发生特异性结合。利用这一原理，即可在体外一定条件下用已知的抗体检测未知的抗原，或用已知的抗原检测未知的抗体。由于实验所用的抗体存在于血清中，故又称血清学反应。以下为常见的抗原抗体检测类型。

1. 凝集反应　颗粒性抗原（细菌、红细胞等）与相应抗体结合，在一定条件下形成肉眼可见的凝集现象，称为凝集反应。凝集反应中的抗原称为凝集原，抗体称为凝集素。

（1）直接凝集反应：颗粒性抗原与相应抗体直接结合出现的凝集现象（图2-24），主要有以下两种方法：

1）玻片法：为定性试验。常用已知抗体检测未知抗原，用于ABO血型鉴定、细菌鉴定等。

2）试管法：为半定量试验。多用已知抗原检测血清中相应抗体及其含量（用效价表示），如临床上用于辅助诊断肠热症的肥达反应。

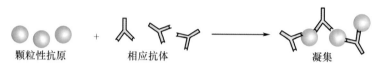

颗粒性抗原　　　　相应抗体　　　　　　凝集

图2-24　直接凝集反应

（2）间接凝集反应：可溶性抗原（蛋白质、酶等）与相应抗体直接反应不出现肉眼可见的凝集现象，但可将可溶性抗原（或抗体）吸附在与免疫无关的载体颗粒上，再与相应抗体（或抗原）作用，在一定条件下出现可见凝集现象，称为间接凝集反应。常用的载体颗粒有人O型红细胞、绵羊红细胞、乳胶颗粒等。此法可用于检测待检血清中的抗原、抗体、类风湿因子等（图2-25）。

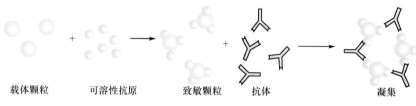

载体颗粒　　　可溶性抗原　　　致敏颗粒　　　抗体　　　　凝集

图2-25　间接凝集反应

2. 沉淀反应　可溶性抗原（如血清蛋白等）与相应抗体结合，在一定条件下形成肉眼可见的沉淀物，称为沉淀反应。参与沉淀反应的抗原称沉淀原，抗体称沉淀素，包括环状沉淀试验、絮状沉淀试验、琼脂扩散试验和免疫电泳等，以琼脂扩散试验较为常用。琼脂扩散试验常用琼脂糖凝胶作为介质，将可溶性抗原与抗体在凝胶中扩散，若抗原与抗体对应，经一定时间，二者在相遇且比例适合处结合形成白色沉淀，可作定性或定量检测。

（1）单向琼脂扩散：预先将适当浓度的已知抗体在琼脂糖凝胶中混匀并倾注于玻片上，制成反应板，凝固后打孔，孔中加入待测抗原，经一定时间扩散，若抗原与抗体对应，在孔周可形成白色沉淀环，沉淀环的直径与抗原浓度呈正相关（图2-26）。此法可测定各类免疫球蛋白或补体各成分含量。

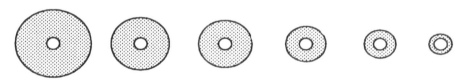

图2-26　单向琼脂扩散试验

（2）双向琼脂扩散：将抗原、抗体分别加在琼脂糖凝胶的孔中，二者分别向四周扩散，若抗原与抗体对应，在相遇处形成白色沉淀线。本法可作定性、定量检测或组分分析。

3. 免疫标记技术　是将酶、荧光素、同位素或胶体金等标记物标记抗原或抗体，与相应未知抗体或抗原结合，通过对标记物的测定以确定待检物质的试验技术。该技术的特点是特异性强、敏感度高，可快速定性、定量或定位。

（1）酶免疫技术（EIA）：是以酶标记抗原或抗体作为主试剂，检测样品中相应的抗体或抗原。在抗原抗体反应后加入酶的底物，使之发生酶促反应而显色，根据是否显色或颜色深浅来判断标本中待测抗体或抗原的有无或含量。免疫酶技术有多种实验方法，其中常用的有酶联免疫吸附试验

（ELISA），可用于乙肝五项、HIV 感染的筛查（查抗 -HIV）等。

ELISA 的过程大致分 3 步：①包被，将已知抗原或抗体通过物理作用吸附到固相（聚苯乙烯微量板）载体表面；②抗原与抗体反应，先后加入被检标本和酶标记物，使之与固相抗原或抗体发生免疫反应而被结合固定，经洗涤除去游离的酶标记物；③酶促反应，在反应体系中加入酶的相应底物，使之发生酶促反应而显色。

具体方法：①间接法，常用于检测血清中特异性抗体；②双抗体夹心法，常用于检测标本中的大分子抗原（图 2-27）。

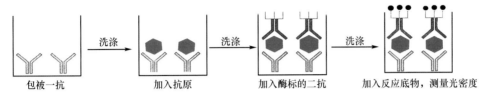

图 2-27　双抗体夹心法

（2）荧光免疫技术：是用荧光素标记抗体，制成荧光抗体，再与待检标本中的抗原反应，置荧光显微镜下观察是否出现荧光，借此对标本中的抗原进行测定或定位。传统的方法称荧光抗体染色技术，可分直接荧光法和间接荧光法两种。①直接荧光法。荧光素标记已知抗体直接对细胞涂片或组织进行染色，荧光显微镜下观察，检测标本中相应抗原。②间接荧光法。将一抗与标本中抗原结合，洗涤后用荧光素标记的二抗染色，荧光显微镜下观察结果（图 2-28）。

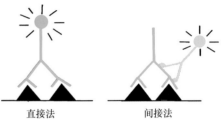

图 2-28　免疫荧光法

（3）放射免疫技术：是用放射性同位素标记抗原或抗体进行的免疫学检测技术。本法常用于微量物质如激素、药物以及病毒、肿瘤抗原的检测。检测的敏感度可达 pg/ml 水平。

（4）金标免疫技术：是以胶体金作为标记物，用来检测标本中抗原或抗体的一种免疫标记技术。胶体金是氯金酸（$HAuCl_4$）在还原剂作用下形成的有一定大小、形态和颜色的金颗粒，金颗粒均匀悬浮于液体中，呈稳定的胶体状态，故称胶体金。在碱性条件下，胶体金颗粒表面带有较多负电荷，可与带正电荷的抗原（或抗体）经静电引力牢固结合，成为金标记抗原（或抗体）。将胶体金标记过的抗原（或抗体）与相应抗体（或抗原）反应后，通过观察胶体金的颜色等特性，可对被检对象作出定性、定位分析。典型的测定方法有斑点金免疫渗滤试验和斑点金免疫层析试验等。临床已用于 HCG、抗 -HCV、抗 -HIV 等的测定。

（5）发光免疫技术：是以化学发光剂标记抗原或抗体作为主试剂，检测样品中相应的抗体或抗原。在抗原抗体反应后通过直接化学发光反应、加入发光底物或电化学发光反应而使其发光，根据是否发光或发光程度来判断标本中待测抗体或抗原的有无或含量。这是一项继酶免疫技术、荧光免疫技术和放射免疫技术之后的又一项最新免疫测定技术。

（二）免疫细胞的检测

检测免疫细胞的数量和功能，有助于了解机体的免疫状况，辅助诊断某些疾病，观察疗效及判断预后。

1. T 细胞数量检测

（1）E 玫瑰花结试验（E 花环试验）：人类 T 细胞表面有绵羊红细胞受体，它能在体外一定条件下与绵羊红细胞结合，形成玫瑰花环状的细胞团，称为 E 玫瑰花结（E 花环）（图 2-29）。

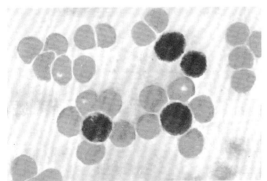

图 2-29　E 玫瑰花结

方法：取受试者外周血分离淋巴细胞，在营养液中与绵羊红细胞混合，经4℃ 2h作用后，涂片、染色后镜检，计数总花环形成率即T细胞占淋巴细胞总数的百分率，正常值为60%～80%。本试验可反映体内T细胞总数，用于细胞免疫功能缺陷的诊断、观察肿瘤治疗疗效及判断预后、监测移植排斥反应等。

（2）T细胞特异性抗原的检测：因T细胞表面具有特异性抗原成分CD3分子，可用抗CD3的单克隆荧光抗体来检测T细胞，在显微镜下计数荧光抗体结合的细胞即为T细胞，正常值为60%～80%。

2. T细胞功能检测

（1）淋巴细胞转化试验（简称淋转试验）：T细胞在体外培养时，若受到丝裂原如植物血凝素（PHA）等刺激，可转化为淋巴母细胞，计算淋巴细胞转化为淋巴母细胞的百分率（即淋巴细胞转化率），有助于判断机体细胞免疫功能状况。

方法：取全血或分离的淋巴细胞，加入含PHA的培养液中，经37℃ 72h孵育，取培养液涂片、染色，镜下计数200个淋巴细胞并记录其中淋巴母细胞的数量，即可得出淋巴细胞的转化率，正常值为60%～80%。当机体存在细胞免疫缺陷、恶性肿瘤、结核、麻风或重症真菌感染等情况时，转化率可低于正常值（图2-30）。

（2）迟发型超敏反应皮肤试验——结核菌素试验：将抗原定量注入皮内，48～72h后观察结果。若注射部位出现红肿、硬结甚至坏死，为阳性反应。细胞免疫功能缺陷、低下者，试验多为阴性或弱阳性反应。皮肤试验是临床上常用的简便测定方法（图2-31）。

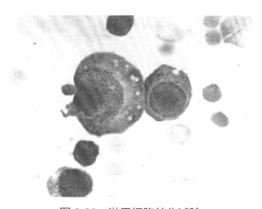
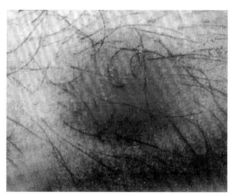

图2-30　淋巴细胞转化试验　　　　图2-31　迟发型超敏反应（皮肤试验阳性）

3. T细胞亚群检测　　目前检测T细胞亚群的技术主要有免疫荧光法、流式细胞术、免疫酶标法等。T细胞亚群的检测对于了解机体的免疫状态，探讨免疫调节与自身免疫性疾病和肿瘤的发生发展的关系有重要的临床意义。

二、免疫学防治

（一）免疫预防

免疫预防是一种通过主动免疫或被动免疫而增强机体特异性免疫功能的预防疾病的策略。

机体特异性免疫获得的方式有自然免疫和人工免疫（图2-32）。自然免疫是机体自然受到抗原刺激（隐性感染或显性感染）或自然获得抗体（胎儿或新生儿自然从母体获得抗体）而建立的特异性免疫力，而人工免疫是人为地给机体输入抗原或抗体，使机体获得某种特异性免疫力的方法。免疫预防是通过人工免疫的方法来实现的，包括人工主动免疫和人工被动免疫。

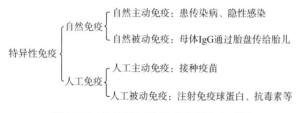

图2-32　机体特异性免疫获得的方式图

人工主动免疫和人工被动免疫的区别，见表 2-8。

表 2-8　人工主动免疫和人工被动免疫的区别

比较项目	人工主动免疫	人工被动免疫
注入机体的物质	抗原（疫苗、类毒素）	抗体（抗毒素、丙种球蛋白、细胞因子）
免疫力出现时间	1～4 周后生效	立刻生效
免疫力维持时间	数月至数年	2～3 周
用途	用于预防	用于紧急预防或治疗

1. 人工主动免疫

（1）概念和特点：人工主动免疫也称人工自动免疫，是给机体接种疫苗、类毒素等抗原物质，刺激机体产生相应抗体或效应 T 细胞，从而获得免疫力的方法。

特点：①输入的物质是抗原；②初次接种，常需 1～4 周诱导期，才能刺激机体产生相应抗体或效应 T 细胞；③输入的抗原能长时间刺激机体的免疫系统，故免疫力维持时间较长；④主要用于传染病的预防。

（2）常用的生物制品

1）类毒素：是将细菌外毒素经 0.3%～0.4% 的甲醛处理，使其失去毒性而保留免疫原性所得到的生物制品，如白喉类毒素、破伤风类毒素，接种后可刺激机体产生相应抗毒素。

2）疫苗：泛指所有用减毒或杀死的病原微生物（细菌、病毒、立克次体等）或其抗原性物质所制成，用于预防接种的生物制品。①传统疫苗：用完整病原微生物制成的人工主动免疫制品称为疫苗，分为死疫苗（灭活疫苗）和减毒活疫苗两种，两者的主要区别，见表 2-9。②新型疫苗：亚单位疫苗，是以病原体的某个或某些免疫原成分制备的疫苗，如流感亚单位疫苗；基因工程疫苗，借助基因工程方法而制备的疫苗，如乙型肝炎基因工程疫苗；结合疫苗，是将抗原成分与某种蛋白质成分结合而制备，以提高其免疫原性的一类新型疫苗，如 A 群 C 群脑膜炎球菌多糖疫苗；联合疫苗，是由两种或两种以上疫苗混合而制成的疫苗，如麻疹腮腺炎风疹联合减毒活疫苗、23 价肺炎球菌多糖疫苗。

表 2-9　死疫苗与减毒活疫苗的区别

区别要点	灭活疫苗（死疫苗）	减毒活疫苗
制剂	杀死的病原体	活的、弱毒或无毒的病原体
接种剂量及次数	量大、2～3 次	量小、多为 1 次
副作用	大	小
免疫效果	较差、0.5～2 年	较好、3～5 年
稳定性及保存	稳定、易保存、有效期约 1 年	不稳定、难保存、4℃冰箱保存数周
常用疫苗	霍乱疫苗、伤寒疫苗、百日咳疫苗、斑疹伤寒疫苗、流行性脑脊髓膜炎疫苗、流行性乙型脑炎疫苗、狂犬病疫苗、流行性感冒疫苗、甲肝疫苗	卡介苗、麻疹疫苗、风疹疫苗、腮腺炎疫苗、水痘疫苗、脊髓灰质炎疫苗、甲肝疫苗

（3）计划免疫及注意事项：计划免疫是根据疫情监测和人群免疫状况分析，按规定的免疫程序有计划地进行人群免疫接种，以提高人群免疫水平，达到控制和消灭传染病的目的。实施计划免疫需制订合适的免疫程序。我国国家免疫规划疫苗儿童免疫程序见表 2-10。

表 2-10　我国国家免疫规划疫苗儿童免疫程序（2021 版）

可预防疾病	疫苗种类	接种途径	剂量	英文缩写	出生时	1月	2月	3月	4月	5月	6月	7月	8月	9月	18月	2岁	3岁	4岁	5岁	6岁
乙型病毒性肝炎	乙肝疫苗	肌内注射	10 或 20μg	HepB	1	2					3									
结核病 [1]	卡介苗	皮内注射	0.1ml	BCG	1															
脊髓灰质炎	脊灰灭活疫苗	肌内注射	0.5ml	IPV			1	2												
	脊灰减毒活疫苗	口服	1 粒或 2 滴	bOPV					3									4		
百日咳、白喉、破伤风	百白破疫苗	肌内注射	0.5ml	DTaP				1	2	3					4					
	白破疫苗	肌内注射	0.5ml	DT																5
麻疹、风疹、流行性腮腺炎	麻腮风疫苗	皮下注射	0.5ml	MMR									1		2					
流行性乙型脑炎 [2]	乙脑减毒活疫苗	皮下注射	0.5ml	JE-L									1			2				
	乙脑灭活疫苗	肌内注射	0.5ml	JE-I									1、2			3				4
流行性脑脊髓膜炎	A 群流脑多糖疫苗	皮下注射	0.5ml	MPSV-A							1			2						
	A 群 C 群流脑多糖疫苗	皮下注射	0.5ml	MPSV-AC													3			4
甲型病毒性肝炎 [3]	甲肝减毒活疫苗	皮下注射	0.5 或 1.0ml	HepA-L											1					
	甲肝灭活疫苗	肌内注射	0.5ml	HepA-I											1	2				

注：1. 主要指结核性脑膜炎、粟粒性肺结核等。

　　2. 选择乙脑减毒活疫苗接种时，采用两剂次接种程序，选择乙脑灭活疫苗接种时，采用四剂次接种程序；乙脑灭活疫苗第 1、2 剂间隔 7 ～ 10 天。

　　3. 选择甲肝减毒活疫苗接种时，采用一剂次接种程序，选择甲肝灭活疫苗接种时，采用两剂次接种程序。

疫苗接种后有时会发生不同程度的局部或全身反应，一般症状较轻，1 ～ 2 天后即恢复正常，个别反应剧烈，甚至出现过敏性休克、接种后脑炎等。为避免意外，有下列情况者不宜作免疫接种：①免疫功能缺陷，特别是细胞免疫功能低下者；②高热、严重心血管疾病、肝肾疾病、活动性肺结核、活动性风湿热、急性传染病、甲状腺功能亢进、严重高血压、糖尿病及正在应用免疫抑制剂者；③妊娠期及月经期；④湿疹及其他严重皮肤病患者不宜作皮肤划痕接种。

2. 人工被动免疫

（1）概念和特点：人工被动免疫是指给机体直接输入抗体或细胞因子，使之获得特异性免疫力的方法。特点：①注入机体的物质是抗体或细胞因子；②免疫力出现快，抗体进入机体立即生效；③免疫力维持时间短，一般 2 ～ 3 周；④常用于传染病的紧急预防和治疗。

（2）常用生物制品

1）抗毒素：是用类毒素多次给马注射，待其产生大量抗体（抗毒素）后，取其血清并提纯而制成的特异性抗体制剂，常用的有破伤风抗毒素（TAT）、白喉抗毒素等。抗毒素主要用于细菌外毒素所致疾病的紧急预防和特异性治疗。原则上要求早期、足量使用，使用前须皮试，避免发生超敏反应。

2）非特异性免疫球蛋白：包括正常人血浆丙种球蛋白（IgG、IgM）和健康产妇胎盘丙种球蛋白（IgG）。前者是从正常人血浆中提取，后者是从健康产妇胎盘血中提取。常用于麻疹、脊髓灰质炎、甲型肝炎等疾病的潜伏期治疗或紧急预防。另外，丙种球蛋白缺乏症的患者需长期注射此制剂，以维持抵抗力。

3）特异性免疫球蛋白：从某传染病恢复期患者的血浆中提取的特异性免疫球蛋白，或从接种疫苗、类毒素者血浆中提取的高效价抗体，如用于紧急预防乙型肝炎病毒感染的 HBIg。

4）细胞免疫制剂：如转移因子、胸腺肽、免疫核糖核酸、干扰素等，多用于治疗病毒感染（如乙型肝炎、尖锐湿疣等）及肿瘤。

考点： 人工主动免疫与人工被动免疫的区别

（二）免疫治疗

应用免疫学理论与方法治疗相关疾病的一种生物治疗策略，包括免疫调节和免疫重建。

1. **免疫调节**　是用人为措施调节机体的免疫功能状态，使免疫功能增强或减弱。生物应答调节剂是一类具有广泛免疫生物学活性的制剂，包括细胞因子、活化的免疫细胞、单克隆抗体及其偶联物、分子疫苗等，主要用于肿瘤的生物治疗。免疫抑制剂是一类对机体免疫功能具有非特异性抑制作用的药物，如环磷酰胺、甲氨蝶呤、糖皮质激素等。常用的免疫治疗制剂，见表 2-11。

表 2-11　常用免疫治疗制剂

药物类型	生物应答调节剂	免疫抑制剂
合成药物	左旋咪唑、西咪替丁	糖皮质激素、环磷酰胺、硫唑嘌呤
微生物制剂	卡介苗、短小棒状杆菌	环孢素 A、他克莫司
生物制品	细胞因子、免疫核糖核酸、胸腺肽	抗淋巴细胞血清、抗全 T 细胞血清、单克隆抗体
中草药	猪苓、灵芝	雷公藤等

2. **免疫重建**　是将免疫功能正常个体的造血干细胞或淋巴干细胞移植给免疫功能缺陷患者，使后者的免疫功能得到恢复。其主要包括骨髓移植、胚胎肝移植、脐血干细胞移植，常用于治疗免疫缺陷病、再生障碍性贫血及白血病等。

自测题

一、名词解释

1. 抗原　2. 抗原表位　3. 佐剂　4. 免疫细胞　5. APC　6. 补体　7. 抗体　8. 免疫球蛋白　9. ADCC　10. 适应性免疫应答　11. 固有免疫应答　12. 体液免疫　13. 细胞免疫　14. 免疫耐受　15. 超敏反应　16. 人工被动免疫　17. 人工主动免疫　18. 抗毒素　19. 类毒素　20. 疫苗

二、选择题（A 型题）

1. 抗原的特异性由下列哪一项决定（　　　）
　A. 抗原的物理性状
　B. 抗原分子表面的特殊化学基团
　C. 抗原分子质量的大小
　D. 抗原内部结构的复杂性
　E. 半抗原与载体结合的程度

2. 存在于不同种属之间的共同抗原是（　　　）
　A. 异种抗原　　　　B. 同种异型抗原
　C. 自身抗原　　　　D. 嗜异性抗原
　E. 半抗原

3. 下列哪种物质对人体不是抗原（　　　）
　A. 病原微生物　　　B. 细菌外毒素
　C. 马血清　　　　　D. 自身的组织细胞
　E. 血型不符的红细胞

4. 同种器官移植排斥反应由下列哪一种抗原引起（　　　）
　A. 异种抗原　　　　B. 同种异型抗原
　C. 自身抗原　　　　D. 嗜异性抗原

E. 同型抗原

5. 既能介导体液免疫应答，又有抗原提呈功能的细胞是（　　　）
　A. B 细胞　　　　　　B. T 细胞
　C. NK 细胞　　　　　D. 粒细胞
　E. 巨噬细胞

6. 能识别抗原并产生特异性免疫应答的细胞是（　　　）
　A. 树突状细胞和巨噬细胞
　B. T 细胞和 NK 细胞
　C. B 细胞和 NK 细胞
　D. T 细胞和 B 细胞
　E. 单核细胞和巨噬细胞

7. T 细胞和 B 细胞均有的表面标志是（　　　）
　A. 抗原受体　　　　B. TCR
　C. BCR　　　　　　D. CD2
　E. CD5

8. $CD4^+$ T 细胞具有的表面标志是（　　　）
　A. TCR + BCR　　　B. TCR + CD3 + CD4
　C. BCR + CD3 + CD4　D. TCR + CD4 + CD8
　E. CD4 + CD8

9. 具有摄取、加工处理和抗原提呈功能的细胞是（　　　）
　A. Th1 细胞　　　　B. Tc 细胞
　C. NK 细胞　　　　D. 浆细胞
　E. 巨噬细胞

10. 具有 IgG Fc 受体的细胞是（　　）
    A. 红细胞　　　　　　　B. T 细胞
    C. NK 细胞　　　　　　D. 肥大细胞
    E. 嗜碱粒细胞

11. 下列哪种说法正确（　　）
    A. Ig 都是 Ab，Ab 不一定是 Ig
    B. Ig 和 Ab 不相同也无关
    C. Ab 与 Ig 完全相同
    D. Ab 都是 Ig，Ig 不一定都是 Ab
    E. Ab 都是 Ig，而 Ig 也是 Ab

12. 抗体分子的抗原结合部位在（　　）
    A. Fab 段　　　　　　　B. Fc 段
    C. 铰链区　　　　　　　D. C 区
    E. pFc′ 段

13. 发挥体液免疫效应的物质是（　　）
    A. IL　　　　　　　　　B. 补体
    C. IFN　　　　　　　　D. Ab
    E. 溶菌酶

14. 能特异性杀伤靶细胞的是（　　）
    A. 效应 Th1 细胞　　　　B. 效应 Tc 细胞
    C. 单核细胞　　　　　　D. 巨噬细胞
    E. NK 细胞

15. 在特异性免疫应答的感应阶段，巨噬细胞的主要作用是（　　）
    A. 免疫调节　　　　　　B. 活化 NK 细胞
    C. 分泌细胞因子　　　　D. 提呈抗原
    E. 激活补体

16. 吞噬细胞的吞噬过程不包括下述哪项（　　）
    A. 接触　　　　　　　　B. 特异性识别
    C. 吞噬　　　　　　　　D. 杀菌
    E. 排出残渣

17. 机体抵抗病原体入侵的第一道防线是（　　）
    A. 完整的皮肤与黏膜屏障
    B. 血脑屏障
    C. 胎盘屏障
    D. 吞噬细胞
    E. 补体

18. 下述哪种疾病与 IgE 有关（　　）
    A. 接触性皮炎　　　　　B. 传染性超敏反应
    C. 输血反应　　　　　　D. 药物过敏性休克
    E. 急性肾小球肾炎

19. 由 T 细胞介导的超敏反应的类型是（　　）
    A. Ⅰ型超敏反应　　　　B. Ⅱ型超敏反应
    C. Ⅲ型超敏反应　　　　D. Ⅳ型超敏反应
    E. Ⅴ型超敏反应

20. 脱敏疗法能用于预防（　　）
    A. 血清病　　　　　　　B. 血清过敏性休克

C. 食物过敏　　　　　　D. 青霉素过敏
E. 过敏性鼻炎

21. 超敏反应的防治原则应除外（　　）
    A. 发现变应原并避免与其接触
    B. 特异性脱敏
    C. 药物治疗
    D. 大量输液
    E. 仔细询问患者，寻找过敏原

22. 关于玻片凝集试验，错误的叙述是（　　）
    A. 常用于定性试验
    B. 常用已知抗体检测未知抗原
    C. 鉴定血型常用
    D. 可用于鉴定细菌
    E. 阳性结果是出现白色沉淀物

23. ELISA 双抗体夹心法通常用于检测（　　）
    A. 大分子抗原　　　　　B. 抗体
    C. 酶标抗体　　　　　　D. 酶底物
    E. 酶标抗原

24. 检查类风湿因子常用（　　）
    A. 斑点金免疫层析试验
    B. ELISA
    C. 肥达试验
    D. 直接凝集试验
    E. 间接凝集试验

25. 注射前必须皮试，宜早期足量使用的生物制品是（　　）
    A. 死疫苗　　　　　　　B. 减毒活疫苗
    C. 类毒素　　　　　　　D. 抗毒素血清
    E. 亚单位疫苗

三、简答题

1. 对人体来说，为什么动物免疫血清既是抗体又是抗原？
2. 举例说明医药学上的重要抗原。
3. 人体的中枢和外周免疫器官包括哪些？简述其主要功能。
4. 简述 T 细胞亚群及功能。
5. 比较五类 Ig 的特性。
6. 简述免疫球蛋白的生物学作用。
7. 比较固有免疫应答与适应性免疫应答的特点。
8. 简述适应性免疫应答的基本过程。
9. 简述抗体产生的规律。
10. 比较体液免疫与细胞免疫的生物学效应。
11. 以青霉素过敏性休克为例，说明Ⅰ型超敏反应的发生机制。
12. 列表比较人工主动免疫与人工被动免疫的区别。
13. 简述免疫标记技术常用方法。

（岳长青　侯桂荣）

第3章

常见细菌

细菌中的绝大多数对人类是有益的，有些甚至是必需的，如利用细菌制备维生素、抗生素、疫苗等，也有少部分病原菌却隐藏在我们生活中引起各种疾病，如化脓性疾病、大叶性肺炎、食物中毒、细菌性痢疾、破伤风等。

第1节　化脓性球菌

化脓性球菌又叫病原性球菌，是一类能够感染人体并引起化脓性炎症的球菌总称，主要包括革兰氏阳性的葡萄球菌、链球菌、肺炎链球菌及革兰氏阴性的脑膜炎球菌、淋球菌。

一、葡萄球菌属

葡萄球菌属因常堆积成葡萄串状而得名，是最常见的化脓性细菌，80%以上的化脓性疾病由它引起。医务人员的带菌率可高达70%，是医院内感染的重要传染源。

案例3-1

患者，王某，男性，10岁，进食后出现恶心、呕吐、腹痛、腹泻而就诊，1h前在学校进课间餐后突发疾病，同班有8名同学出现相似的症状。取呕吐物及剩余食物进行微生物学检查，镜下见革兰氏阳性菌，球形，葡萄串状排列。普通培养基取呕吐物及剩余食物培养可见圆形、中等大小、金黄色菌落。

问题：1. 患者可能感染哪种微生物引起疾病？

　　　　2. 本病如何预防？

（一）生物学性状

1. **形态与染色**　球形，直径0.8～1.0μm，典型者排列成葡萄串状（图3-1），在脓汁或液体培养基中常成双或短链状排列。革兰氏染色阳性，衰老、死亡或被中性粒细胞吞噬后的菌体常转为革兰氏阴性。

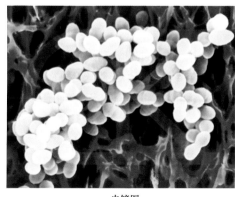
电镜图

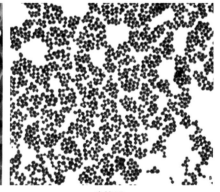
光镜图

图3-1　葡萄球菌

考点：葡萄球菌的形态特点

2. 培养和生化反应 在普通培养基上生长良好，最适生长温度为 35～37℃，最适 pH 7.4，需氧或兼性厌氧。耐盐性强，能在含 10%～15% NaCl 培养基中生长。液体培养基中均匀浑浊生长。普通琼脂平板上形成圆形、凸起、边缘整齐、表面光滑、湿润、不透明的菌落。不同菌株可产生金黄色、白色、柠檬色的脂溶性色素，有助于鉴别细菌。在血琼脂平板上，有的菌株菌落周围形成明显的全透明溶血环（β溶血）。触酶试验阳性，多数菌株能分解葡萄糖、麦芽糖和蔗糖，产酸不产气。致病性菌株能分解甘露醇。

3. 抗原构造 有 30 多种，其中最重要者为葡萄球菌 A 蛋白（SPA），SPA 是存在于细胞壁的一种表面蛋白，90% 以上金黄色葡萄球菌有此抗原。其次，还有荚膜抗原、多糖抗原等。

4. 分类 根据色素和生化反应不同分为：金黄色葡萄球菌、表皮葡萄球菌和腐生葡萄球菌 3 种，其主要生物学性状，见表 3-1。

表 3-1 3 种葡萄球菌的主要生物学性状

性状	金黄色葡萄球菌	表皮葡萄球菌	腐生葡萄球菌
色素	金黄色	白色	白色或柠檬色
凝固酶	+	-	-
甘露醇发酵	+	-	-
α 溶血素	+	-	-
耐热核酸酶	+	-	-
葡萄球菌 A 蛋白	+	-	-
致病性	强	弱或无	无

5. 抵抗力 在无芽孢细菌中抵抗力最强，在干燥的脓汁、痰液中可存活数月，加热 80℃、30min 才被杀死。对碱性染料敏感，如 1：200 000～1：100 000 甲紫溶液可抑制其生长，故常用 2%～4% 的甲紫治疗皮肤黏膜感染。随着抗生素的广泛使用，耐药菌株逐年增多。目前，金黄色葡萄球菌对青霉素 G 的耐药菌株已达 90% 以上，尤其是耐甲氧西林金黄色葡萄球菌（MRSA）已成为医院内感染最常见的致病菌。

考点：葡萄球菌的培养、抵抗力有何特点

（二）致病性

1. 致病物质

（1）血浆凝固酶：能使人或兔血浆发生凝固，是鉴别葡萄球菌有无致病性的重要指标。血浆凝固酶有两种：一是分泌至菌体外，能使纤维蛋白原变成纤维蛋白，沉积在病灶周围的游离凝固酶；二是结合于菌体表面的能使血浆纤维蛋白沉积于菌体表面的结合凝固酶。二者均能阻止吞噬细胞对细菌的吞噬与杀灭，保护细菌免受体液中杀菌物质的破坏，从而导致化脓性感染。脓汁黏稠，病灶与周围组织界线分明，不易扩散。

（2）葡萄球菌溶血素：是损伤细胞膜的外毒素，能溶解多种哺乳动物的红细胞，对白细胞、血小板和多种组织细胞均有损伤作用。还能使局部小血管收缩，导致局部组织缺血或坏死。

（3）杀白细胞素：攻击中性粒细胞和巨噬细胞，使细菌能抵抗宿主吞噬细胞吞噬，增强葡萄球菌的侵袭力。

（4）肠毒素：约 50% 临床分离的金黄色葡萄球菌可产生肠毒素，为外毒素，耐热，100℃、30min 不被破坏，能抵抗胃液中蛋白酶的水解作用。食入肠毒素可引起以腹泻等消化道症状为主的食物中毒。

（5）表皮剥脱毒素：又称表皮溶解毒素，为外毒素，具有免疫原性。表皮剥脱毒素可使表皮与真皮分离，引起烫伤样皮肤综合征，亦称剥脱性皮炎。

（6）毒性休克综合征毒素 -1（TSST-1）：可增加宿主机体对内毒素的敏感性，使毛细血管通透性增强，可引起机体多个器官系统的功能紊乱或毒性休克综合征。

考点：葡萄球菌肠毒素的特点

2. 所致疾病

（1）化脓性感染

1）皮肤软组织感染：如毛囊炎、疖、痈、睑腺炎、甲沟炎、伤口化脓等。

2）内脏器官感染：金黄色葡萄球菌进入血液，并随血流播散，可引起肺炎、中耳炎、胸膜炎等。

3）全身感染：若外力挤压疖、痈或切开未成熟脓肿可导致细菌扩散，引起败血症、脓毒血症等。

（2）毒素性疾病：一般由金黄色葡萄球菌产生的相关外毒素引起。

1）食物中毒：由肠毒素引起。食入被肠毒素污染的食物 1 ～ 6h 后出现剧烈恶心、呕吐、腹痛、腹泻等急性胃肠炎症状。发病 1 ～ 2d 可自行恢复，预后良好。

2）烫伤样皮肤综合征：由产生表皮剥脱毒素的金黄色葡萄球菌引起。初起皮肤出现弥漫性红斑，48h 内表皮起皱，继而形成水疱，最后表皮上层脱落。

3）毒性休克综合征：由产生 TSST-1 的金黄色葡萄球菌引起。表现为突发的高热、呕吐、腹泻、皮肤猩红热样皮疹。严重者可出现低血压及心肾衰竭，导致休克。

4）葡萄球菌性肠炎（假膜性肠炎）：由于长期使用广谱抗生素等，导致严重菌群失调，杀灭肠道中不耐药的优势菌群，使耐药的金黄色葡萄球菌大量繁殖产生肠毒素，引起以腹泻为主的临床症状，病理特点是肠黏膜覆盖一层炎性假膜。

（三）微生物学检查

1. 标本采集　根据不同疾病采取不同标本，如脓汁、血液、呕吐物、粪便等。

2. 直接涂片镜检　取标本直接涂片，革兰氏染色后油镜下观察，发现革兰氏阳性球菌，葡萄串状排列，可作初步诊断。

3. 分离培养和鉴定　将脓汁标本接种血琼脂平板（血液标本需先增菌），培养后挑取可疑菌落涂片革兰氏染色，根据菌体形态、染色性、菌落特征、血浆凝固酶试验、甘露醇发酵试验及耐热核酸酶试验等进行鉴定。

4. 肠毒素检查　目前主要采用免疫学检测肠毒素，其中 ELISA 较多见，可检测到纳克水平的肠毒素，且能在 30min 内完成。

5. 药品的微生物学检查　《中国药典》中明确规定了非无菌药品微生物限量标准，即口腔黏膜给药制剂，呼吸道吸入给药，耳用、皮肤给药，泌尿生殖道及直肠给药制剂中，不得检出金黄色葡萄球菌。

（四）防治原则

1. 讲究卫生，保持皮肤清洁，创伤应及时消毒处理，严格无菌操作，防止医院内交叉感染。

2. 加强食品卫生监督管理，防止食物中毒。

3. 治疗选用敏感药物，合理规则使用抗生素，防止耐药菌株形成。

考点：葡萄球菌可引起的疾病

二、链球菌属

链球菌属是引起化脓性感染的另一大类常见细菌。

（一）生物学性状

1. 形态与染色　球形或椭圆形，链状排列，长短不一，链的长短与菌种、生长环境有关，幼龄菌大多可见到透明质酸形成的荚膜，革兰氏染色阳性（图 3-2）。

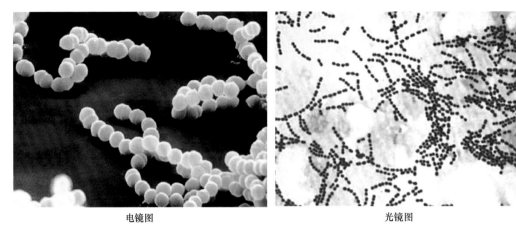

电镜图   光镜图

图 3-2　链球菌

2. 培养与生化反应　营养要求高，需要在含血清或血液的培养基才能生长。在血平板上形成灰白、凸起的细小菌落，不同菌株的菌落周围可出现不同的溶血现象，如透明溶血（β 溶血）、草绿色溶血（α 溶血）和不溶血。需氧或兼性厌氧，少数为专性厌氧。最适生长温度为 35 ～ 37℃，最适 pH 为 7.4 ～ 7.6。在液体培养基中形成絮状沉淀于管底，在血平板上可形成圆形、灰白色、表面光滑、透明或半透明的细小菌落。不同菌株溶血情况不一。能分解葡萄糖，一般不分解菊糖，不被胆汁溶解。

3. 抗原构造　链球菌抗原构造较复杂，主要有多糖抗原（C 抗原）、蛋白质抗原（表面抗原）、核蛋白抗原（P 抗原）等。

4. 分类　根据溶血现象可将链球菌分为甲型溶血性链球菌、乙型溶血性链球菌和丙型链球菌 3 种，其致病性及溶血现象也不同（表 3-2）。根据抗原结构分类：按细胞壁中多糖抗原不同，可分为 20 群，对人致病的球菌 90% 属于 A 群。A 群链球菌根据 M 抗原不同可分成 100 多个型。

表 3-2　链球菌的溶血现象及致病性

类别	名称	溶血现象	致病性
甲型溶血性链球菌	α 溶血	草绿色溶血环	条件致病菌
乙型溶血性链球菌	β 溶血	宽大透明溶血环	致病性强
丙型链球菌	γ 溶血	无溶血环	一般无致病性

5. 抵抗力　本菌抵抗力不强，加热 60℃、30min 死亡；在干燥尘埃中可存活数月；对一般消毒剂敏感；对青霉素、红霉素、氯霉素、四环素和磺胺药等均敏感，青霉素是链球菌的首选药物，极少产生耐药性。

考点：链球菌的生物学性状

（二）致病性

主要致病菌是 A 群链球菌，其较强的侵袭力取决于是否能产生多种胞外酶及毒素。

1. 致病物质

（1）与侵袭力有关的物质

1）脂磷壁酸：围绕在 M 蛋白外层，是该菌定居在机体皮肤和呼吸道黏膜等表面的主要侵袭因素。

2）M 蛋白：具有抗吞噬作用及抗吞噬细胞内的杀菌作用。M 蛋白与心肌、肾小球基底膜有共同抗原，能刺激机体产生特异性抗体，损伤心脏、肾脏等组织，引起超敏反应。

3）侵袭性酶：①链激酶，又称溶纤维蛋白酶，能使血液中的纤维蛋白酶原转化成纤维蛋白酶，可溶解血块或阻止血液凝固；②链道酶，又称 DNA 酶，能降解脓液中高黏性 DNA，使脓液稀薄，有利于细菌扩散；③透明质酸酶，又称扩散因子，能分解细胞间质的透明质酸，使细菌易在组织中扩散。以上 3 种酶致机体化脓性感染：脓汁稀薄，病灶与周围组织界线不清，容易扩散。

（2）外毒素

1）链球菌溶血素：有溶解红细胞，破坏白细胞、血小板及毒害心肌的作用，按对氧的稳定性分为溶血素 O 和溶血素 S 两种：①链球菌溶血素 O（SLO），对氧敏感，遇氧时失去溶血活性；抗原性强，85% ～ 90% 的链球菌感染者，于感染后 2 ～ 3 周至病后数月到 1 年内可检出 SLO 的抗体，风湿热患者血清中 SLO 抗体效价明显升高。因此，测定 SLO 抗体效价可作为链球菌感染和风湿热的辅助诊断。②链球菌溶血素 S（SLS），无免疫原性，对氧稳定，血平板所见透明溶血环是由 SLS 所引起。

2）致热外毒素：又称红疹毒素或猩红热毒素，是人类猩红热的主要致病物质，化学成分是蛋白质，对热稳定，对机体具有致热作用和细胞毒作用，引起发热和皮疹。

2. 所致疾病

（1）乙型溶血性链球菌所致疾病：链球菌可引起人类多种疾病，其中 A 族链球菌占 90% 以上，可分为化脓性感染、超敏反应性疾病等。

1）化脓性感染：①局部皮肤及皮下组织感染，如丹毒、淋巴管炎、蜂窝织炎、痈、脓疱疮等；②其他系统感染，如扁桃体炎、咽炎、鼻窦炎、中耳炎及产褥热等。

2）中毒性疾病：如猩红热，是由产生致热外毒素的 A 族链球菌引起的呼吸道传染病。临床特征为发热、全身弥漫性鲜红色皮疹及皮疹退后明显的脱屑。

3）超敏反应性疾病：主要有风湿热和急性肾小球肾炎。风湿热临床表现以关节炎、心肌炎为主。致病机制：①链球菌的某些抗原和心肌有共同抗原，机体针对链球菌产生的抗体与其发生交叉反应，属Ⅱ型超敏反应；② M 蛋白和相应抗体形成的免疫复合物沉积于心瓣膜和关节滑膜腔上造成，属Ⅲ型超敏反应，而急性肾小球肾炎多见于儿童和少年，临床表现为蛋白尿、水肿和高血压。

考点：A 群链球菌的致病物质、所致疾病

（2）甲型溶血性链球菌所致疾病：甲型溶血性链球菌是人类口腔、鼻咽部的正常菌群。当口腔内有伤口，如拔牙、摘除扁桃体时，细菌可乘机侵入血流引起菌血症。若心脏瓣膜已有缺陷或损伤，本菌可在损伤部位繁殖，引起亚急性细菌性心内膜炎。

（三）微生物学检查

1. 标本　根据不同疾病采取不同的标本，可取脓液、咽拭子、血液等。

2. 直接涂片镜检　脓液标本可直接涂片，革兰氏染色后镜检，发现典型链状排列的革兰氏阳性球菌可初步诊断。

3. 分离培养和鉴定　将标本接种于血琼脂平板，培养后挑取可疑菌落涂片染色镜检，根据菌体形态、染色性、菌落特点、溶血性及有关试验进行鉴定。

4. 血清学试验　抗链球菌溶血素 O 试验，简称抗 O 试验，用于风湿热的辅助诊断。风湿热患者血清中抗 O 抗体比正常人显著增高，大多在 250U，活动性风湿热患者一般超过 400U。

考点：抗 O 试验的意义

（四）防治原则

1. 讲究卫生，及时治疗患者和带菌者，控制或减少传染源。

2. 早期彻底治疗咽炎、扁桃体炎，防止风湿热、急性肾小球肾炎的发生。

3. 治疗链球菌感染的首选药物为青霉素。

三、肺炎链球菌

肺炎链球菌简称肺炎球菌，常寄居于正常人的鼻咽腔中，一般不致病，少数菌株可以引起大叶性肺炎等疾病。

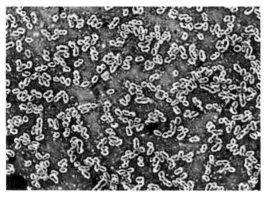

图 3-3　肺炎链球菌

（一）生物学性状

1. 形态与染色　菌体呈矛头状，宽端相对，尖端相背，多成双排列，在痰液、脓汁、肺组织病变中亦可呈单个或短链状。在机体内或含血清培养基中可形成较厚的荚膜，此为本菌的重要特征，革兰氏染色阳性（图 3-3）。

2. 培养特性　营养要求较高，在含血液或血清的培养基中生长，兼性厌氧。最适合生长温度为 35～37℃，pH 为 7.4～7.8。在血平板上生长的菌落细小、圆形、光滑、扁平、透明或半透明，直径 0.5～1.5mm，菌落周围有狭窄的草绿色溶血环。

3. 抗原构造

（1）荚膜多糖抗原：根据抗原的不同，可将肺炎链球菌分为 90 个血清型，其中 1～3 型致病力最强。

（2）C 多糖：为一种特异性抗原，存在于细胞壁上，可被血清中一种称为 C 反应蛋白的 β 球蛋白所沉淀，对活动性风湿热及急性炎症疾病的诊断有一定意义。

4. 抵抗力　较弱，56℃、15～30min 即被杀死。对一般消毒剂、肥皂等敏感，在 3% 苯酚或 0.1% 升汞溶液中 1～2min 即死亡。干燥痰中抵抗力较强，在干痰中可存活 1～2 个月。对青霉素、红霉素、林可霉素等敏感。

（二）致病性与免疫性

1. 致病物质　本菌的致病物质主要是荚膜。此外，该菌产生的溶血素 O、紫癜形成因子及神经氨酸酶等物质也与致病性有关。

2. 所致疾病　作为正常菌群寄居在人体上呼吸道，一般不致病，当机体免疫力减弱时，尤其在呼吸道病毒感染后或婴幼儿、老年体弱者易引起大叶性肺炎。患者出现发热、咳嗽、胸痛、咳铁锈色痰。可继发胸膜炎、脓胸，也可引起支气管肺炎、中耳炎、乳突炎、鼻窦炎、心内膜炎、脑膜炎及败血症等。

3. 免疫性　病后可建立较牢固的特异性免疫，其免疫机制是产生抗荚膜多糖抗体，增强吞噬功能。

（三）微生物学检查

根据不同疾病采取不同标本，如痰液、脓液、血液、脑脊液等。可直接涂片镜检，如发现成双排列、有荚膜的革兰氏阳性球菌，即可作出初步诊断。

（四）防治原则

锻炼身体，增强体质，提高机体免疫力；对体弱者用荚膜多糖菌苗接种进行特异性预防；患者可用青霉素、林可霉素、头孢菌素等进行治疗。

考点：肺炎链球菌生物学性状

四、脑膜炎奈瑟菌

脑膜炎奈瑟菌俗称脑膜炎球菌，是流行性脑脊髓膜炎的病原菌。

（一）生物学性状

1. 形态与染色 肾形或豆形，凹面相对，成双排列，有菌毛，革兰氏阴性。在患者脑脊液中细菌大多位于中性粒细胞内，形态典型，具有早期诊断的价值。新分离菌株多有荚膜和菌毛（图3-4）。

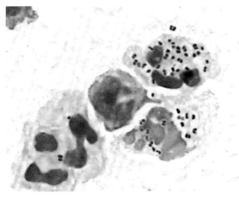

图 3-4 脑膜炎奈瑟菌

2. 培养特性 营养要求高，常用巧克力培养基，在含有血清、腹水等的培养基中才能生长，分解糖类产酸、不产气。专性需氧，初次分离需 5% ～ 10% CO_2。在巧克力平板上形成圆形、隆起、光滑、无色透明似露滴状的细小菌落。因产生自溶酶，超过48h即死亡。

3. 抗原构造 脑膜炎球菌的抗原主要有荚膜多糖群特异性抗原、外膜蛋白型特异性抗原、脂多糖抗原和核蛋白抗原。

4. 抵抗力 很弱，对热、寒冷、干燥及常用消毒剂均敏感。室温中 3h 死亡，可产生自溶酶，所以标本应注意保温、保湿，最好床边接种。对青霉素、磺胺药均敏感，但易产生耐药性。

（二）致病性与免疫性

1. 致病物质 荚膜：具有抗吞噬作用，能增强细菌对机体的侵袭力；菌毛：能使细菌黏附在呼吸道上皮细胞表面，有利于细菌在机体体内附着、定居和繁殖；内毒素：是主要致病物质。内毒素作用于小血管或毛细血管，引起血栓、出血。

2. 所致疾病 流行性脑脊髓膜炎（流脑）。传染源是患者和带菌者。该菌可寄生于正常人的鼻咽腔，流行期间人群中带菌率可高达 70%。主要通过呼吸道或接触到被污染的物品传播，冬春季流行，易感者多为 15 岁以下儿童。脑膜炎球菌首先侵入鼻咽部繁殖。发病轻重与机体免疫力强弱有关，机体免疫力强者，多无症状或只表现为上呼吸道炎症，只有少数机体免疫力低下者，细菌大量繁殖后入血引起菌血症或败血症，患者突然出现寒战、高热、恶心、呕吐、皮肤黏膜出血点或瘀斑。重者可因细菌突破血脑屏障引起脑脊髓膜化脓性炎症，出现剧烈头痛、喷射性呕吐、颈项强直等脑膜刺激症状，甚至可出现中毒性休克、DIC 或死亡。

3. 免疫性 以体液免疫为主。6 个月内的婴儿通过母体获得 IgG，很少发生感染。

（三）微生物学检查

1. 标本 可取脑脊液、血液或刺破出血瘀斑取渗出物作涂片或培养。带菌者检查可取鼻咽拭子。标本注意保暖、保湿，并立即送检。

2. 直接涂片镜检 取标本涂片，革兰氏染色后镜检。如在中性粒细胞内、外有革兰氏染色阴性双球菌时，可初步诊断。

3. 分离培养与鉴定 血液与脑脊液，先增菌再接种到巧克力平板上，提供 5% ～ 10% CO_2 进行培养，挑取可疑菌落涂片镜检，并做生化反应及玻片凝集试验进行鉴定。

4. 快速诊断法 脑膜炎患者脑脊液及血清中存在脑膜炎奈瑟菌可溶性抗原，因此，可采用已知的抗体检测有无相应的抗原。常用对流免疫电泳和 SPA 协同凝集试验。

（四）防治原则

对患者做到早发现、早隔离、早治疗；对易感儿童注射纯化流脑群特异性多糖菌苗进行特异性预防；流脑流行期间可口服磺胺药物预防；治疗流脑首选磺胺，也可用青霉素、氯霉素或氨苄西林等。

考点：脑膜炎奈瑟菌的生物学性状

五、淋病奈瑟菌

淋病奈瑟菌俗称淋球菌，是淋病的病原体，淋病是我国目前发病人数最多的性传播疾病。淋病

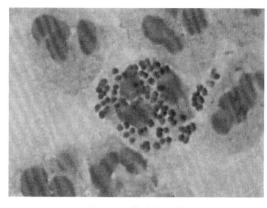

图 3-5　淋病奈瑟菌

奈瑟菌主要侵犯人类泌尿生殖道黏膜，引起化脓性炎症。

（一）生物学性状

1. 形态与染色　形态与脑膜炎奈瑟菌相似，圆形或卵圆形，常成双排列，革兰氏染色阴性。急性期标本中本菌常位于中性粒细胞内，慢性期则多位于中性粒细胞外。有菌毛，分离初期有荚膜（图 3-5）。

2. 培养特性　营养要求高，常用巧克力培养基，专性需氧。最适生长温度为 35 ～ 36℃，最适 pH 7.5，初次分离需 5% ～ 10% CO_2。在巧克力平板上形成圆形、隆起、光滑、半透明、灰白色的细小菌落。

3. 抗原构造　主要有菌毛蛋白抗原、脂多糖抗原和外膜蛋白抗原。

4. 抵抗力　抵抗力弱，对热、寒冷、干燥及常用消毒剂极敏感。对青霉素、磺胺和链霉素等均敏感，但耐药菌株越来越多。

（二）致病性

1. 致病物质　菌毛：增强细菌与易感细胞的黏附作用；脂多糖：可使上皮细胞坏死、脱落，引起急性炎症反应；外膜蛋白：可损伤吞噬细胞，抵抗吞噬；IgA1 蛋白酶：破坏黏膜表面特异性 IgA1 抗体，使细菌黏附于黏膜细胞表面。

2. 所致疾病　淋病。淋病是发病率最高的性传播疾病，人是其唯一宿主，传染源为患者和带菌者，经性接触传染，也可经患者分泌物污染的衣物、毛巾、浴盆等间接传染，引起男、女泌尿生殖道化脓性感染。潜伏期 2 ～ 5 天，感染初期表现为男性前尿道炎、女性尿道炎与宫颈炎，患者出现尿频、尿急、尿痛，尿道、宫颈有脓性分泌物。如不及时治疗可扩散到生殖系统，引起慢性感染和不孕症。新生儿可通过产道感染，引起淋病性眼结膜炎（脓漏眼）。

（三）微生物学检查

1. 标本　采取泌尿生殖道、眼结膜脓性分泌物作标本，注意保湿、保温，尽快送检。

2. 直接涂片镜检　标本直接涂片，革兰氏染色镜检。如观察到中性粒细胞内大量成双排列的革兰氏阴性球菌时，具有诊断意义。

3. 分离培养与鉴定　将标本划线接种于预温的巧克力色琼脂平板上，提供 5% ～ 10% CO_2 培养，培养 24 ～ 48h，挑选可疑菌落涂片染色镜检，进一步鉴定可作氧化酶试验、糖发酵试验、免疫荧光试验等。

4. 核酸检测　采用聚合酶链反应（PCR）检测淋病奈瑟菌的核酸序列。

（四）防治原则

预防淋病应取缔娼妓、防止不正当的两性关系；婴儿出生时，不论产妇有无淋病，都应以 1% 硝酸银滴眼；治疗可使用青霉素、新青霉素等药物，在治疗淋病患者的同时，还应该治疗其性伙伴。因近年耐药菌株增加，须根据药敏试验来指导临床用药。

考点：淋病的传染途径及防治原则

第2节　肠道杆菌

肠道杆菌是一大群生物学性状相似的革兰氏阴性杆菌，常寄居于人和动物肠道中，随粪便排出体外，广泛分布于土壤和水中。多数为正常菌群，但当人体免疫力降低或侵入肠外部位时，可成为条件致病菌而引起感染。少数为致病菌，如致病性大肠埃希菌、沙门菌、志贺菌等。

> **链接**　　　　　　　　　　　　人类的"第二基因组"
>
> 　　人体肠道是微生物栖息的良好场所，肠道菌群微生物数量庞大，可编码上百万个与物质代谢转化有关的基因，合成人体必需的一些营养物质，参与人体的营养吸收、物质代谢、免疫防御等重要生理过程。

肠道杆菌具有下列共同特性。

1. 形态与结构　中等大小的革兰氏阴性杆菌，散在排列，无芽孢，多数有菌毛和周鞭毛，少数有荚膜。

2. 培养特性　兼性厌氧或需氧，营养要求不高，在普通琼脂平板上可形成中等大小、湿润光滑的灰白色菌落，在液体培养基中呈均匀浑浊生长。

3. 生化反应　生化反应活泼，能分解多种糖类和蛋白质，产生不同的代谢产物，以此可鉴别细菌，如乳糖发酵试验可初步鉴别肠道致病菌与非致病菌。肠道致病菌不分解乳糖，菌落无色；非致病菌则分解乳糖产酸，形成有色菌落。

4. 抗原构造　复杂，主要有 3 种：菌体抗原（O 抗原）、鞭毛抗原（H 抗原）和荚膜抗原，常用于肠道杆菌的分群和分型。

5. 抵抗力　抵抗力不强，加热 60℃、30min 即死亡。易被一般消毒剂杀灭，常用氯进行饮水消毒。

考点： 肠道杆菌的共同特性

一、埃希菌属

埃希菌属的细菌一般为人和动物肠道中的正常菌群，对机体有营养作用，能合成维生素 B 和维生素 K。当宿主免疫力下降或该菌侵入肠外组织或器官时，可引起肠外感染。但某些菌株本身即具有较强的毒力，可引起肠内感染，其中大肠埃希菌是最常见的菌种。

（一）生物学性状

中等大小革兰氏阴性杆菌（图 3-6），有周鞭毛，多数有菌毛。在肠道选择培养基上生长时，能分解乳糖产酸，形成有颜色的不透明菌落。大肠埃希菌有 O、H、K 3 种抗原成分，与分类有关。

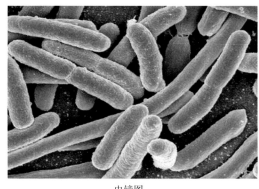
电镜图

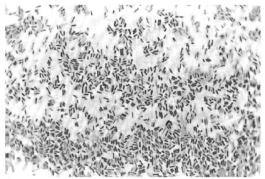
光镜图

图 3-6　大肠埃希菌

（二）致病性

1. 致病物质

（1）黏附素：使细菌紧密黏附在肠道和泌尿道上皮细胞上。

（2）肠毒素：为外毒素，有耐热和不耐热 2 种。可使肠黏膜细胞过度分泌，导致腹泻。

（3）内毒素：有毒性作用及抗宿主防御作用。

（4）K 抗原：有抗吞噬作用。

2. 所致疾病

（1）肠外感染：以化脓性炎症和泌尿系统感染多见。婴幼儿、老年人或免疫功能低下者可引起败血症。

（2）肠内感染：大肠埃希菌的某些血清型可引起人类腹泻，与食入污染的食品和饮水有关，5岁以下婴幼儿和旅游者易感。根据致病机制不同分为 5 种类型（表 3-3）。

表 3-3　肠内感染的大肠埃希菌

类型	作用部位	致病因素	临床症状
肠产毒性大肠埃希菌（ETEC）	小肠	肠毒素、黏附素	水样便，恶心，呕吐，腹痛，低热
肠致病性大肠埃希菌（EPEC）	小肠	黏附破坏肠黏膜机构	严重水样腹泻，恶心，呕吐，发热
肠侵袭性大肠埃希菌（EIEC）	大肠	侵袭破坏结肠黏膜上皮细胞	水样便，继以少量血便，腹痛，发热
肠出血性大肠埃希菌（EHEC）	大肠	志贺毒素	水样便，出血性结肠炎，剧烈腹痛
肠集聚性大肠埃希菌（EAEC）	小肠	黏附素和毒素	持续性水样腹泻，呕吐，脱水，低热

考点：致病性大肠埃希菌的分类

（三）药学及卫生细菌学意义

肠道中的大肠埃希菌不断随粪便排出体外，可污染周围环境、水源和食品。大肠埃希菌被《中国药典》列为药品微生物检查的控制菌之一。在卫生细菌学上，常以细菌总数和大肠菌群数作为饮食被污染的指标。

1. 药学意义　《中国药典》明确规定了非无菌药品的微生物限量标准，即口服给药、口腔黏膜给药及呼吸道吸入给药制剂中，不得检出大肠埃希菌（1g、1ml 或 10cm^2）。

2. 细菌总数　我国规定每毫升饮水、汽水、果汁中，细菌总数不得超过 100 个。

3. 大肠菌群数　我国规定，每升饮用水中大肠菌群数不得超过 3 个；每 100ml 饮料、果汁中大肠菌群数不得超过 5 个。

考点：大肠埃希菌的药学和卫生学意义

二、志 贺 菌 属

志贺菌属是细菌性痢疾的病原体，又称痢疾杆菌。细菌性痢疾是一种较常见疾病。

案例 3-2

患者，男性，20 岁，在外食用小吃后出现恶心、呕吐、腹痛、腹泻、发热、乏力、里急后重，排脓血黏液便。大便常规检查：黏液便，红细胞、白细胞满视野，可见巨噬细胞。

问题：1. 患者应取什么标本进行检查？

　　　2. 用药时应注意什么？

考点：肠道杆菌中无动力的细菌

（一）生物学性状

1. 形态与染色　革兰氏阴性杆菌（图 3-7），有菌毛，无鞭毛、荚膜和芽孢。

2. 培养特性　营养要求不高。不分解乳糖，在 SS 平板等选择培养基上，呈无色半透明菌落。

3. 抗原构造　有 O 抗原和 K 抗原。依据 O 抗原不同可将志贺菌属分为四个群，我国以 B 群即福氏痢疾杆菌多见。

4. 抵抗力　抵抗力弱，加热 60℃，10min 即可杀死。对酸和一般消毒剂敏感，故粪便标本应及时送检，但在污染的物品和果蔬上可存活 10 ～ 20 天。

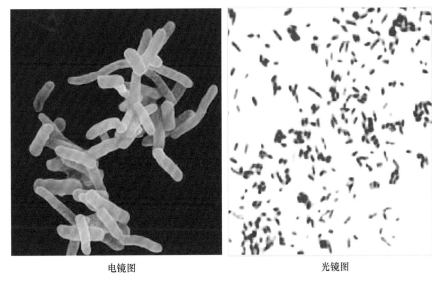

电镜图   光镜图

图 3-7 志贺菌

考点: 志贺菌属的主要致病物质

（二）致病性

1. 致病物质 主要是侵袭力和内毒素，有些菌株可产生外毒素。

（1）侵袭力：菌毛可使痢疾杆菌黏附并侵袭结肠黏膜上皮细胞进行生长繁殖。此外，K 抗原也与侵袭力有关。

（2）内毒素：①作用于肠壁黏膜，使其通透性增高，促进毒素的吸收，导致发热、意识障碍、中毒性休克等；②破坏肠黏膜，引起炎症、溃疡，出现典型的脓血黏液便；③作用于肠壁自主神经系统，造成肠蠕动失调和痉挛，导致腹痛、里急后重等症状。

（3）外毒素：称志贺毒素，具有 3 种生物学活性。①神经毒性：引起神经麻痹；②细胞毒性：使细胞变性坏死；③肠毒性：引起水样腹泻。

考点: 志贺菌属的传播途径和所致疾病

2. 所致疾病 细菌性痢疾，夏秋季多见。传染源主要是患者和带菌者，通过污染的食物和饮水等经口感染。志贺菌引起的感染一般仅局限于肠道，不入侵血流。

（1）急性菌痢：起病急，有高热、腹痛、腹泻、里急后重及脓血黏液便等症状。

（2）中毒性菌痢：儿童多见。起病急，常在腹痛、腹泻出现之前，出现严重的全身中毒症状，如高热、谵妄、惊厥、昏迷等，病情凶险，病死率高。

（3）慢性菌痢：病情反复发作，迁延不愈，病程超过 2 个月，多因急性菌痢治疗不彻底或症状不典型误诊所致。部分患者可成为带菌者。

3. 免疫力 病后免疫力主要来自于消化道黏膜表面的抗体（SIgA），免疫力短暂。

（三）微生物学检查

1. 标本采集 应在使用抗生素前，取新鲜粪便脓血或黏液部分，避免与尿混合，立即送检。若不能及时送检，应将标本保存于 30% 甘油缓冲盐水中。中毒性菌痢患者可取肛拭子。

2. 分离培养和鉴定 将标本接种于肠道选择培养基，37℃培养 18 ～ 24h 后，挑取无色半透明可疑菌落，进一步做生化反应和血清学试验进行鉴定。

3. 快速诊断法 可用免疫荧光菌球法，协同凝集试验、PCR（聚合酶链反应）等。

考点: 送检患者标本时的注意事项

（四）防治原则

1. 早期诊断、隔离和彻底治疗患者。

2. 加强饮食卫生管理，防蝇灭蝇。流行季节口服减毒活疫苗进行特异性预防。

3. 治疗用磺胺、诺氟沙星、链霉素、庆大霉素等。

三、沙门菌属

沙门菌属种类繁多，其中乙型副伤寒沙门菌是《中国药典》规定的药品微生物检查的控制菌之一。沙门菌属只有少数对人致病，如伤寒沙门菌、甲型副伤寒沙门菌、肖氏沙门菌和希氏沙门菌等。有些还可引起食物中毒或败血症，如猪霍乱沙门菌、鼠伤寒沙门菌和肠炎沙门菌等。

案例 3-3

患者，男性，40 岁，持续高热 1 周。近日体温有所下降，但出现腹泻，且全身中毒症状明显。查体：肝脾大、皮肤见玫瑰疹。化验：白细胞减少，中性粒细胞占 60%。细菌血培养阴性。

问题：1. 患者可能感染了哪种疾病？

2. 应如何用药？

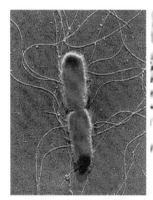

电镜图　　　　光镜图

图 3-8　沙门菌

（一）生物学性状

1. **形态结构与染色**　多数有周鞭毛和菌毛，无荚膜和芽孢（图 3-8）。

2. **培养特性与生化反应**　兼性厌氧，营养要求不高。不发酵乳糖，在肠道选择鉴别培养基上形成无色半透明菌落，可与肠道非致病菌相区别。多数菌种硫化氢试验阳性。

3. **抗原构造**　主要有 O 抗原和 H 抗原，少数具有表面抗原（毒力抗原 Vi）。

4. **抵抗力**　不强，65℃ 15min 可被杀死，但在水中可存活 2～3 周，粪便中 1 个月仍具传染性，在冷冻土壤中可过冬，对一般消毒剂敏感。

（二）致病性

1. 致病物质

（1）侵袭力：以菌毛吸附于小肠黏膜上皮细胞，Vi 抗原具有抗吞噬作用。

（2）内毒素：是主要致病物质。可引起体温升高、白细胞减少，严重者可导致全身中毒症状和休克。

（3）肠毒素：引起水样腹泻。

考点：沙门菌属的致病物质

2. 所致疾病

（1）肠热症：包括伤寒和副伤寒。传染源为患者或带菌者，潜伏期为 1～2 周。伤寒的病程长，为 3～4 周，症状较重；副伤寒病程较短，症状较轻。

伤寒病程第 1 周，病菌经口感染后侵入小肠壁及肠系膜淋巴结中大量繁殖，经胸导管入血，引起第一次菌血症，患者有发热、乏力、全身酸痛等症状。到病程的第 2～3 周，细菌随血流到达全身脏器，于骨髓、肝、肾、胆囊中大量繁殖后，再次入血引起第二次菌血症。此时患者出现持续高热、相对缓脉、皮肤玫瑰疹、肝脾大、白细胞减少等全身中毒症状。肾脏中的细菌可随尿液排出，胆囊中的细菌随胆汁排入肠道后，一部分随粪便排出，另一部分则再次侵入肠壁淋巴组织，引起迟发型超敏反应，造成局部组织坏死、溃疡。此时若饮食不当，可引起肠出血和肠穿孔。伤寒和副伤寒的发病机理和临床表现，见图 3-9。若无并发症，病程 3 周后随着免疫功能的增强，病情开始好转，第 4 周进入恢复期，患者逐渐康复。

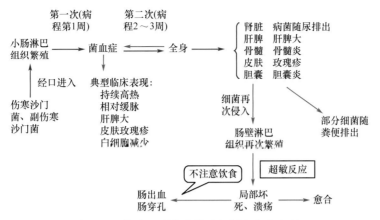

图 3-9　伤寒和副伤寒发病机制和临床表现

伤寒病愈后，部分患者可自粪便或尿液继续排菌 3 周至 3 个月，称恢复期带菌者。少数人排菌可达 1 年以上，称无症状带菌者，成为重要的传染源，不宜从事餐饮工作。

（2）食物中毒：是最常见的沙门菌感染。由于食入大量被猪霍乱沙门菌、鼠伤寒沙门菌、肠炎沙门菌等污染的食物而引起胃肠炎。起病急，潜伏期为 6～24h，主要症状为发热、恶心、呕吐、腹痛、水样腹泻等症状。病程短，2～4 天可自愈。

（3）败血症：多见于儿童或免疫力低下的成人，常由猪霍乱沙门菌、丙型副伤寒沙门菌、鼠伤寒沙门菌、肠炎沙门菌等穿过肠黏膜入血引起，症状严重，患者表现为高热、寒战、贫血等症状。

考点： 沙门菌属的感染途径及所致疾病

3. **免疫性**　肠热症病后可获得牢固的免疫力，很少再感染。因为沙门菌为细胞内寄生菌，特异性细胞免疫起主要防御作用。胃肠炎的恢复与肠道局部抗体（SIgA）有关。

考点： 肠热症疾病不同时期标本的采集

（三）微生物学检查

1. **标本采集**　肠热症随着病程的发展，细菌出现的部位不同，可根据不同病程采集标本。病程第 1 周取外周血，第 2～3 周取粪便或尿液，第 1～3 周取骨髓。食物中毒者取可疑食物、呕吐物或粪便，败血症者取血液。

2. **分离培养和鉴定**　将标本接种于选择或鉴别培养基上，37℃孵育 24h，挑取可疑无色半透明的乳糖不发酵型菌落，进行生化反应或血清学试验。亦可采用 ELISA 法、对流免疫电泳、PCR 技术等进行早期快速诊断。

3. **血清学试验**　常用肥达反应辅助诊断伤寒或副伤寒。用已知的伤寒沙门菌的 O 抗原、H 抗原和甲、乙副伤寒沙门菌的 H 抗原作为诊断菌液，与可疑患者血清做定量凝集试验，以测定受检者血清中有无相应抗体及其效价。正常值为：伤寒沙门菌 O 抗体的凝集效价＜1∶80，H 抗体的凝集效价＜1∶160，副伤寒沙门菌 H 抗体的凝集效价＜1∶80。

分析结果时，应注意动态观察，若抗体效价呈现递增，或恢复期效价比初次检查效价高出 4 倍以上时，具有诊断价值。

4. 伤寒带菌者的检出　一般先在血清中检测可疑者的 Vi 抗体进行筛选，若效价 ≥ 1：10，再取粪便进行分离培养，以确定是否为伤寒带菌者。

5. 药品的微生物学检查　《中国药典》（2020 年版）中明确规定的非无菌药品微生物限量标准中，口服给药制剂中若含有未经提取的动植物来源的成分及矿物质，不得检出沙门菌。

考点：肥达反应的意义

（四）防治原则

1. 控制传染源，早发现、早隔离、早治疗患者及带菌者。

2. 切断传播途径，应加强饮水和食品卫生管理。可接种伤寒荚膜多糖疫苗进行特异性预防。

3. 治疗伤寒可用环丙沙星、氨苄西林或复方三甲氧烯胺等。

四、变形菌属

变形菌分布广泛，多形性，有周鞭毛，运动活泼，在培养基上常呈扩散生长，称为迁徙生长现象。具有尿素酶，能迅速分解尿素，借此可与其他肠道杆菌相鉴别。本属菌有 O 抗原和 H 抗原。因普通变形杆菌的 X19、X2 及 XK 菌株的菌体抗原（O 抗原），与立克次体某些菌株有共同抗原，故可以变形杆菌为抗原，与被检血清进行凝集反应，用于诊断立克次体感染，此反应称为外斐（Weil-Felix）反应。

本属菌为条件致病菌，常引起继发感染，如泌尿系统感染、创伤感染等，还可引起食物中毒和婴幼儿腹泻。治疗一般采用氨苄西林、头孢霉素、庆大霉素、卡那霉素等，但易产生耐药性。

第3节　弧　菌　属

弧菌属是一大群菌体弯曲成弧状、运动活泼的革兰氏阴性细菌。广泛分布于自然界，水面居多。弧菌属种类多，但与人类感染有关的主要有霍乱弧菌和副溶血性弧菌，分别引起霍乱和食物中毒。

一、霍乱弧菌

霍乱弧菌引起霍乱，属烈性消化道传染病，起病急，传播快，病死率高。每年在全球造成近 10 万人死亡，是我国法定的甲类传染病。

（一）生物学特性

1. 形态与染色　霍乱弧菌呈弧形或逗点状，大小为（1～3）μm×（0.5～0.8）μm，革兰氏染色阴性，镜下呈鱼群状排列（图 3-10）。有菌毛，有单鞭毛，运动活泼。用悬滴法检查患者米泔水样粪便标本，可见细菌呈穿梭状或流星样运动。

2. 培养特性　兼性厌氧，营养要求不高，普通培养基上生长良好。耐碱不耐酸，在 pH8.4～9.2 的碱性蛋白胨水中形成菌膜，在碱性琼脂平板上形成较大的无色透明、圆形扁平似水滴状菌落。

3. 抗原结构与分型　霍乱弧菌有 O 抗原和 H 抗原。根据 O 抗原的不同可分为 200 多个血清群，其中 O1 群和 O139 群能产生霍乱毒素。O1 群有两个生物型，古典生物型和埃托生物型。

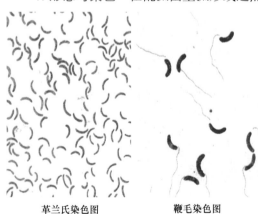

革兰氏染色图　　　鞭毛染色图

图 3-10　霍乱弧菌

4. 抵抗力　对热、日光、干燥、酸及一般消毒剂敏感。100℃煮沸 1 ～ 2min 可被杀死。可用 1 ：4 漂白粉水溶液对患者呕吐物或排泄物进行消毒。埃托生物型在自然界中的生存能力较强，水中可存活 2 周以上。

考点：霍乱弧菌培养的最适酸碱度

（二）致病性与免疫性

1. 致病物质

（1）鞭毛和菌毛：霍乱弧菌借助活泼的鞭毛运动，穿过肠黏膜表面的黏液层，借助菌毛黏附在小肠黏膜细胞表面。

（2）霍乱肠毒素：致泻作用强，由 A 亚单位和 B 亚单位组成。B 亚单位与肠黏膜表面相应的受体结合后，将 A 亚单位导入肠黏膜细胞内，激活腺苷酸环化酶，使 ATP 不断转化为 cAMP（环磷酸腺苷），胞内 cAMP 水平升高，刺激肠黏膜上皮细胞分泌功能亢进，引起严重的呕吐和腹泻。

考点：霍乱弧菌的致病物质

2. 所致疾病　霍乱是一种烈性消化道传染病，人类是唯一的易感者。传染源是患者和带菌者，主要由污染的水源或食物经口引起感染。病菌到达小肠后，黏附在肠黏膜细胞表面迅速繁殖，产生霍乱肠毒素，引起剧烈的腹泻、呕吐，患者排泄物呈米泔水样。由于短期内丢失大量水和电解质，造成水、电解质和酸碱平衡紊乱，患者出现典型的脱水症状，若不能及时救治，可因酸中毒、微循环障碍和低血容量休克而死亡。

3. 免疫性　病后可获得牢固免疫力，主要是肠黏膜局部免疫（SIgA）发挥重要作用。

考点：霍乱弧菌的感染途径、所致疾病

（三）微生物学检查

1. 标本采集　采取患者米泔水样粪便、肛拭子或呕吐物。粪尿不能混合，最好就地接种，不能及时接种，应置于保存液中。送检标本要严密包装，专人运送。

2. 直接镜检　用悬滴法检查细菌，镜下呈穿梭样运动。革兰氏染色可见鱼群状排列的革兰氏阴性弧菌。

3. 分离培养鉴定　先在碱性蛋白胨水中增菌培养，再接种到选择培养基上分离培养，选择可疑菌落做生化反应和免疫学试验进行鉴定。

（四）防治原则

1. 控制传染源　及时发现、隔离、治疗患者和带菌者。

2. 切断传播途径　讲究个人卫生和环境卫生，加强水源、食品及粪便管理；加强海关检疫；接种霍乱疫苗，提高人群免疫力。

3. 及时补充液体和电解质是治疗霍乱的关键措施　以预防低血容量性休克和酸中毒，同时使用多西环素、红霉素、环丙沙星和呋喃唑酮等药物清除细菌。

二、副溶血性弧菌

副溶血性弧菌是一种嗜盐性弧菌，分布于近海岸的海水及鱼、贝类等海产品中，是我国沿海地区细菌性食物中毒的主要病因。

本菌呈弧形、棒状等多形态，革兰氏染色阴性。有单鞭毛，运动活泼。需在含 3.5% 的 NaCl、pH7.5 ～ 8.5 的培养基上才能生长。对热和酸敏感，90℃、1min 即被杀死，1% 的乙酸作用 1min 即死亡，但在海水中可存活 40 天以上。人因食用被本菌污染的海产品或盐腌食品如咸菜、咸蛋等被感染，引起食物中毒。病症表现为恶心、呕吐、腹痛、腹泻和低热等。

预防应注意食品卫生，对牡蛎、贝类等海产品、盐腌制品应煮熟后食用，凉拌食品须清洗干净，并用食醋杀菌。目前无有效疫苗预防。治疗可选用多西环素、米诺环素、诺氟沙星等药物。

第4节 厌氧性细菌

厌氧性细菌是一大群必须在无氧环境中才能生长繁殖的细菌。根据能否形成芽孢分为两大类：厌氧芽孢梭菌和无芽孢厌氧菌。

厌氧芽孢梭菌革兰氏染色阳性，能形成芽孢，直径多大于菌体横径，使菌体膨大呈梭状，故名芽孢梭菌。多为腐物寄生菌，是药品微生物污染检查的控制菌之一。少数可致病，能引起人类疾病的主要有破伤风梭菌、产气荚膜梭菌和肉毒梭菌。

一、破伤风梭菌

破伤风梭菌是引起破伤风的病原体，大量存在于土壤、人和动物肠道内。

（一）生物学性状

破伤风梭菌为革兰氏染色阳性杆菌，菌体细长，芽孢圆形，直径比菌体宽，位于菌体顶端，使细菌呈鼓槌状，为本菌的典型形态特征（图3-11）。有周鞭毛，无荚膜。

本菌为专性厌氧菌，可用庖肉培养基培养。芽孢抵抗力强，在土壤中可存活数十年，100℃水中煮沸1h、高压蒸汽灭菌30min、5%的苯酚作用15h可将芽孢杀死。

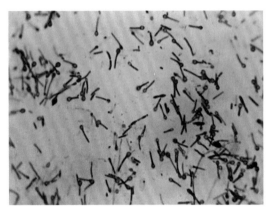

图 3-11 破伤风梭菌

（二）致病性与免疫性

1. 致病条件 破伤风梭菌广泛存在于土壤中，主要经伤口感染。感染的重要条件是伤口局部形成厌氧微环境，如伤口窄而深；有泥土或异物污染；创面组织坏死、局部缺血；同时伴有需氧菌或兼性厌氧菌混合感染等。

考点：破伤风梭菌致病的条件

2. **致病物质及所致疾病**

（1）致病物质：破伤风梭菌能产生破伤风痉挛毒素和溶血毒素。其中，破伤风痉挛毒素为毒性强烈的外毒素，是主要致病物质，具有免疫原性，经甲醛脱毒后成为类毒素，可用于破伤风的预防接种。

（2）所致疾病：破伤风痉挛毒素为神经毒素，对脑干神经和脊髓前角神经细胞有高度的亲和力。毒素经神经纤维间隙或经血液、淋巴到达中枢神经系统，通过阻断抑制性神经冲动的传导，使骨骼肌伸肌与屈肌同时强直收缩，导致骨骼肌痉挛，引起破伤风特有的苦笑面容、牙关紧闭、颈项强直、角弓反张等症状（图3-12），严重者可因呼吸肌痉挛窒息而死亡。新生儿感染后可发生新生儿破伤风，一般在出生后4～7天发病，俗称七日风或脐风。破伤风的潜伏期一般为1～2周，潜伏期越短，病死率越高。

3. **免疫性** 机体对破伤风的免疫主要靠体液免疫，即抗毒素对毒素的中和作用。

图 3-12 破伤风症状——角弓反张

案例 3-4

患者，王某，男性，45岁，10天前下地干活时不慎被铁钉扎伤，当时疼痛，流血不多，未经任何处理。而后红肿，近2天患者感觉乏力、头痛、两侧咬肌酸胀，颜面部肌肉阵发性抽搐，身体不自主后仰。

问题： 1.患者可能感染哪种微生物？

2.本病可用哪种生物制品进行预防？

（三）微生物学检查

临床上根据患者的典型症状及询问病史即可作出诊断。必要时可进行厌氧培养。

（四）防治原则

破伤风一旦发生，治疗效果不佳，故预防极为重要。

1. 正确处理伤口　及时清创扩创，用3%过氧化氢溶液冲洗消毒伤口。

2. 人工主动免疫　对3～6个月的儿童接种百白破联合疫苗，对军人和其他易受伤人群可接种破伤风类毒素。

3. 人工被动免疫　对伤口深且污染严重者可注射破伤风抗毒素（TAT）作紧急预防。注射前应做皮试，以防过敏反应发生，必要时可采用脱敏疗法。

4. 治疗　破伤风外毒素一旦与神经细胞受体结合，TAT即不能中和其毒性作用。因此，对破伤风患者应早期足量注射TAT，同时使用青霉素和甲硝唑清除细菌。

考点： 破伤风的防治原则

二、产气荚膜梭菌

产气荚膜梭菌广泛存在于土壤、人和动物的消化道中，是引起气性坏疽的主要病原体，污染食品后可引起食物中毒。

（一）生物学性状

产气荚膜梭菌为粗大的革兰氏阳性杆菌，芽孢呈椭圆形，直径略小于菌体，位于菌体中央或次极端。无鞭毛，在机体内可形成明显荚膜（图3-13）。能分解多种糖类产酸产气。将其接种于含牛奶的培养基中，因分解乳糖产酸使酪蛋白凝固，同时又产生大量气体，将凝固的酪蛋白冲成蜂窝状，此现象气势凶猛，称"汹涌发酵"，可用于细菌鉴别。

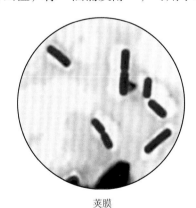

荚膜　　　　　　　　　　　芽孢

图3-13　产气荚膜梭菌（光镜图）

（二）致病性

1. 致病物质　产气荚膜梭菌能产生十余种毒素和侵袭性酶。其中，α毒素（卵磷脂酶）毒性强，能分解细胞膜上的磷脂，溶解红细胞或组织细胞，导致出血、水肿和组织坏死，在引起气性坏疽中起主要作用。

2. 所致疾病

（1）气性坏疽：多见于创伤感染，致病条件与破伤风梭菌相同。细菌在伤口中生长繁殖，产生毒素和侵袭性酶类，损伤组织细胞，分解组织中的糖类产生大量气体，引起局部组织水肿、气肿、出血和坏死，并伴有恶臭。临床表现为局部组织剧烈疼痛，水气夹杂，触摸患者皮肤有捻发感。若毒性物质被吸收入血，可引起毒血症、休克甚至死亡。

（2）食物中毒：因食入产肠毒素菌株污染的食物（主要为肉类食品）引起。潜伏期短，约10h，临床表现为腹痛、腹胀、水样腹泻等，1～2天可自愈。

（三）防治原则

及时清创、扩创，避免厌氧微环境形成。治疗原则是对感染局部尽早施行手术，切除坏死组织；使用大剂量青霉素杀灭病原菌；有条件者可使用多价抗血清，也可采用高压氧舱疗法，抑制厌氧菌的生长。

三、肉毒梭菌

肉毒梭菌广泛分布于土壤和动物粪便中，在厌氧环境下，细菌能产生毒性极强的肉毒毒素，食入被本菌污染的食物后，可引起食物中毒，出现神经中毒症状。

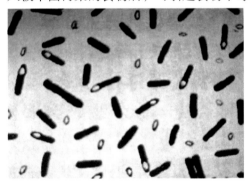

（一）生物学性状

肉毒梭菌为革兰氏阳性大杆菌，散在分布，芽孢呈椭圆形，直径大于菌体，位于次极端，使细菌呈网球拍状（图3-14）。有鞭毛，无荚膜，芽孢抵抗力很强。专性厌氧，常用庖肉培养基培养。

（二）致病性

1. 致病物质　主要是肉毒毒素，不耐热，煮沸1min即可被破坏，但对酸和消化酶的抵抗力较强，在胃液中24h不被破坏，故可被胃肠吸收。肉毒毒素为嗜神经毒素，

图3-14　肉毒梭菌

能选择性作用于外周胆碱能神经，导致肌肉迟缓性麻痹。

2. 所致疾病　食物中毒。食入被肉毒毒素污染的食物（如罐头、腊肠、发酵豆制品、甜面酱等）而引起。起病急，但临床表现胃肠道症状少见，以神经系统症状为主，表现为迟缓性瘫痪。患者先有乏力、头痛，接着出现复视、斜视、眼睑下垂等眼肌麻痹症状，吞咽和咀嚼困难，严重者可因呼吸肌和心肌麻痹而死亡。婴儿若食入肉毒梭菌污染的食物（如蜂蜜），可引起婴儿肉毒中毒，表现为便闭，吮吸和啼哭无力及吞咽困难。此外，因美容或治疗而超剂量使用肉毒毒素，可导致医源性肉毒中毒。

（三）防治原则

加强食品卫生的监督管理；食品低温保存，进食前加热煮沸以破坏毒素。治疗应尽早注射多价肉毒抗毒素，加强护理和对症治疗。

四、无芽孢厌氧菌

无芽孢厌氧菌为人体正常菌群，主要分布于体表、口腔、上呼吸道、肠道及泌尿生殖道等部位。数量上占有绝对优势，是其他非厌氧性细菌的10～1000倍。正常情况下对人体无害，但在特定状态下，转为条件致病菌可引起内源性感染。所致疾病虽不如厌氧芽孢梭菌严重，但其感染非常广泛，占临床厌氧菌感染的90%，且感染类型多，对多种抗生素不敏感，细菌学诊断较困难。因此，临床应给予充分重视。

无芽孢厌氧菌包括革兰氏阳性杆菌（丙酸杆菌属、双歧杆菌属、真杆菌属）和球菌（消化链球菌属），革兰氏阴性杆菌（脆弱类杆菌、产黑色素类杆菌、核梭杆菌等）和球菌（韦荣菌属）。临床上以脆弱类杆菌和消化链球菌引起的感染最为多见。

（一）致病性

1. 致病条件　①寄居部位改变；②机体的免疫力下降；③菌群失调；④局部厌氧微环境的形成。

2. 致病物质　主要有菌毛和荚膜，侵袭性酶（如透明质酸酶、胶原酶）和内毒素。

3. 所致疾病　为内源性感染，可发生于全身各组织器官，如腹腔、口腔、女性生殖道及盆腔、呼吸道、中枢神经、皮肤及软组织感染，亦可入血引起菌血症和败血症。

4. 感染特征　呈慢性感染，无特定病型，大多为化脓性感染，形成局部脓肿或组织坏死；分泌物或脓汁黏稠，呈血色或棕黑色，有恶臭；分泌物直接涂片可见细菌，但普通培养无细菌生长。

（二）防治原则

目前尚无特异性预防方法。外科清创引流是治疗厌氧菌感染的重要措施，手术时严格无菌操作，防止体内无芽孢厌氧菌污染创口。治疗可用甲硝唑、克林霉素、哌拉西林等药物。因脆弱类杆菌对青霉素、头孢菌素常产生耐药，可进行药敏试验指导临床选药。

第5节　分枝杆菌属

分枝杆菌属是一类菌体细长、略为弯曲的杆菌，因有分枝生长现象而得名。本属细菌细胞壁中含有大量脂质，革兰氏染色不容易着色。通过加温或延长染色时间着色后，因能抵抗盐酸乙醇的脱色，又称抗酸杆菌。分枝杆菌属种类繁多，对人致病的主要有结核分枝杆菌和麻风分枝杆菌。

一、结核分枝杆菌

结核分枝杆菌俗称结核杆菌，是引起结核病的病原体。可侵犯全身多器官，以肺部感染最多见，占各类结核病的 80% 以上。

链接
世界防治结核病日

每年的 3 月 24 日为世界防治结核病日。结核病目前是全世界尤其是发展中国家危害非常严重的慢性传染病，也是严重威胁我国人民身体健康的慢性传染病之一。世界卫生组织（WHO）称近年来结核病在全球有卷土重来之势。据 WHO 发布的报告，2018 年全世界结核病新发患者1000 万，病死人数 124 万。中国是全球 30 个结核病高负担国家之一，每年新发结核病患者约90 万例。

（一）生物学性状

1. 形态与染色　细长略为弯曲的杆菌，大小为（1.0 ～ 4.0）μm×0.4μm，常聚集成团束状，有分枝生长趋势。无芽孢和鞭毛，电镜下可见微荚膜。革兰氏染色阳性，但不易着色，常用齐 - 尼抗酸染色，结核分枝杆菌被染成红色，其他非抗酸菌及细胞杂质被染成蓝色（图 3-15）。

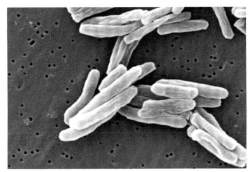
电镜图
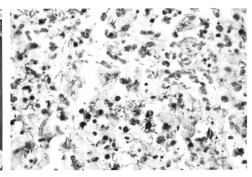
光镜图

图 3-15　结核分枝杆菌

2. 培养特性　专性需氧，最适 pH 为 6.5 ～ 6.8。营养要求高，常用营养丰富的罗氏培养基培养。该菌生长缓慢，繁殖一代需要 18 ～ 24h，培养 3 ～ 4 周才出现肉眼可见的菌落。菌落干燥坚

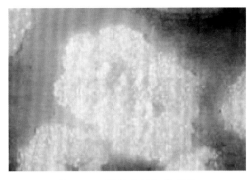

图 3-16　结核分枝杆菌菌落

硬，表面粗糙呈颗粒状，乳酪色或米黄色，形似菜花状（图 3-16）。在液体培养基中培养 1～2 周后可形成菌膜。由于抗结核药物的应用，患者标本中常培养出 L 型细菌，革兰氏染色阳性，称为莫赫颗粒。

3. 抵抗力　较强。耐干燥，在干燥的痰液中可存活 6～8 个月，黏附于尘埃上可保持传染性 8～10 天。耐酸碱，在 3% 盐酸溶液、6% 硫酸溶液或 4% 氢氧化钠溶液中 30min 仍具有活力，因此，常以酸、碱杀死标本中的杂菌，消化标本中的黏稠物质，以提高检出率。对孔雀绿等染料有抵抗力，故培养基中加入后可抑制杂菌生长，有利于结核分枝杆菌的分离培养。对湿热、紫外线及 75% 乙醇溶液敏感，加热 60℃、30min，日光直接照射 2～3h 或 75% 乙醇溶液作用 2min 即死亡。

4. 变异性　结核分枝杆菌可发生形态、菌落、毒力及耐药性变异，如卡介苗（BCG），就是将有毒的牛型结核杆菌经过 13 年 230 次传代，细菌发生了毒力变异后获得的减毒活疫苗，广泛用于结核病的预防接种。结核分枝杆菌对异烟肼、链霉素和利福平等药物易产生耐药性变异，多重耐药性近年有上升趋势。

考点：结核分枝杆菌的毒力变异和耐药性变异

（二）致病性

1. 致病物质　结核分枝杆菌不含内毒素，也不产生外毒素和侵袭性酶。其致病性主要与菌体成分有关，包括脂质、蛋白质和荚膜。

（1）脂质：含量高，约占细胞壁干重的 60%，是结核分枝杆菌的主要毒力因子，包括磷脂、索状因子、蜡质 D、分枝菌酸和硫酸脑苷脂等。磷脂可刺激单核细胞增生，形成结核结节和干酪样坏死；索状因子可引起慢性肉芽肿；蜡质 D 可诱导机体产生迟发型（Ⅳ型）超敏反应；分枝菌酸可减弱杀菌物质对结核分枝杆菌的杀伤作用，还与抗酸性有关；硫酸脑苷脂有助于细菌在吞噬细胞内长期存活。

（2）蛋白质：与致病有关的主要是结核菌素。结核菌素与蜡质 D 结合后可诱发迟发型超敏反应，导致组织坏死，并参与结核结节的形成。

（3）荚膜：具有黏附作用、抗吞噬作用和抗体液杀菌物质的作用。

2. 所致疾病　结核分枝杆菌可经多途径传播：主要通过呼吸道传播，也可经消化道或破损的皮肤黏膜传播，引起肺结核、肠结核和皮肤结核等，以肺结核最常见。根据侵入细菌的毒力、数量和机体免疫状态不同，肺结核可分为原发感染和继发感染。

（1）原发感染：初次感染，多见于儿童。结核分枝杆菌经呼吸道侵入肺泡后被巨噬细胞吞噬，在细胞内生长繁殖，导致吞噬细胞裂解死亡，释放大量细菌，在肺泡内引起炎症，称为原发病灶。初次感染的机体由于缺乏特异性免疫，结核分枝杆菌可经淋巴管扩散至肺门淋巴结，引起淋巴管炎和肺门淋巴结肿大。原发病灶、淋巴管炎及肺门淋巴结肿大合称为原发综合征。感染 3～6 周后，随着机体特异性免疫的建立，原发感染大多形成纤维化和钙化而自愈，但病灶内仍有细菌潜伏，可引起结核复发和内源性感染。少数免疫力低下者，细菌可经血和淋巴管扩散至骨、关节、肾脏和脑膜等部位，引起全身粟粒性结核或结核性脑膜炎等。

（2）继发感染：再次感染，多见于成人或较大儿童。感染多为原发病灶内潜伏的细菌，在机体免疫力下降时引起的内源性感染，也可为再次从外界侵入的细菌引起。由于此时机体已建立起抗结核的特异性免疫，病变一般不累及邻近淋巴结。临床表现为慢性肉芽肿性炎症，形成结核结节、干酪样坏死，病灶多局限。少数干酪样坏死液化形成空洞，释放大量细菌致痰中，是重要的传染源。

案例 3-5

患者，男性，32 岁，主诉午后低热月余。近日出现咳嗽、咯血，伴有食欲低下、全身乏力，就诊入院。查体：晨起体温 36.5℃，午后 37.8℃，脉搏 80 次 / 分。左侧颈扣及淋巴结肿大，直径约 3cm，左肺闻及湿啰音，右肺未闻及异常。X 线检查：左肺上叶底部可见直径约 2cm 密度增高的阴影区。

问题：1. 患者可能感染哪种微生物？

2. 该病预防可接种什么疫苗？

（三）免疫性

1. 有菌免疫　结核分枝杆菌为胞内寄生菌，故机体抗结核的免疫以细胞免疫为主。因这种免疫力的维持依赖于结核分枝杆菌持续存在于体内，即有菌时才有免疫力，一旦体内病菌被消除，免疫力也随之消失，故这种免疫称为有菌免疫（传染性免疫）。机体对结核分枝杆菌产生保护性细胞免疫的同时，也诱导机体发生了迟发型超敏反应。

2. 结核菌素试验　用结核菌素进行皮肤试验，测定机体对结核分枝杆菌是否发生了迟发型超敏反应，可用来间接判断受试者对结核分枝杆菌有无免疫力。

（1）原理：人感染结核分枝杆菌后，产生免疫力的同时也会发生迟发型超敏反应，局部表现为红肿、硬结。没有感染过结核分枝杆菌的机体不会发生迟发型超敏反应。

（2）试剂：结核菌素纯蛋白衍生物（TB-PPD）。

（3）方法：在受试者前臂掌侧皮内注射 0.1ml TB-PPD，48 ～ 72h 后观察结果。注意局部有无硬结，不可单独以红肿为判断标准。

（4）结果及意义：①阴性反应，注射部位红肿硬结 < 5mm。表明未感染过结核分枝杆菌，对结核分枝杆菌无免疫力。②阳性反应，红肿硬结在 5 ～ 15mm。表明机体感染过结核分枝杆菌或接种过卡介苗（BCG），对结核分枝杆菌有一定免疫力。③强阳性反应，硬结 ≥ 15mm，表明机体可能有活动性结核病，应进一步追查病灶。

（5）应用：①选择卡介苗接种对象，测定卡介苗接种后的免疫效果，阴性者应补种；②婴幼儿（未接种过卡介苗）结核病的辅助诊断；③检测机体细胞免疫功能及状态。④结核病的流行病学调查。

考点：结核菌素试验的原理、方法、意义和临床应用

（四）微生物学检查

1. 标本采集和集菌　根据感染部位采集不同标本，如痰液、胸腔积液、粪便、尿液、脓汁、脑脊液、腹水等标本。无菌采取的标本可直接离心沉淀集菌。咳痰或粪便等含杂菌多的标本，需先用酸碱处理后，再用离心沉淀法浓缩集菌。

2. 检查方法　标本直接涂片后进行抗酸染色镜检，查找结核分枝杆菌，必要时可做人工培养、生化反应和动物实验进行鉴定。PCR 扩增技术通过鉴定结核分枝杆菌 DNA，1 ～ 2 天可得出结果，用于结核病的早期快速诊断。

（五）防治原则

1. 预防　接种卡介苗。我国规定新生儿出生后 24h 内必须接种卡介苗，7 岁时复种一次。1 周岁以上儿童应先做结核菌素试验，阴性者均应接种。卡介苗接种后免疫力可维持 3 ～ 5 年。

考点：卡介苗预防接种的内容

2. 治疗　控制结核病流行的关键是早期发现、隔离活动性肺结核患者，给予有效药物治疗。治疗应把握"早期、适量、联合、全程、规律"的原则，联合用药可提高疗效并减少耐药性。目前治

疗结核的一线药物有异烟肼、利福平、链霉素、吡嗪酰胺、乙胺丁醇和氨硫脲。

二、麻风分枝杆菌

麻风分枝杆菌是引起麻风病的病原体。麻风病是一种古老的慢性传染病，曾在世界流行。2014年全球有 21.4 万麻风新发病例。

（一）生物学特性

麻风分枝杆菌为胞内感染菌，与结核分枝杆菌在形态、染色性等方面相似，在细胞中常呈束状排列。当细胞内含有大量麻风分枝杆菌时，细胞质呈泡沫状，可与结核分枝杆菌相区别。麻风分枝杆菌至今不能人工培养获得，对干燥和低温抵抗力强，但对紫外线和湿热敏感。

（二）致病性与免疫性

麻风患者是麻风病唯一的传染源。病菌主要经患者鼻咽部分泌物和破损的皮肤黏膜排出，乳汁、泪液、精液及阴道分泌物中也可排出病菌。主要传播方式是通过破损的皮肤黏膜、呼吸道和密切接触等感染。该病潜伏期长、发病缓慢、病程长，迁延不愈。主要侵犯皮肤、黏膜和外周神经组织，晚期还可侵入深部组织和内脏器官。在皮肤黏膜下形成红斑或结节，称麻风结节，面部结节融合，表现为"狮面"。根据临床表现等麻风可分为瘤型麻风和结核样型麻风。

考点：麻风的主要传播途径

（三）微生物学检查

麻风分枝杆菌至今不能人工培养获得，可从患者鼻黏膜或皮肤病变处取材涂片，抗酸染色后镜检，也可用金胺染色荧光显微镜检查，以提高麻风分枝杆菌阳性检出率。此外，病理活检也可诊断。

（四）防治原则

麻风病目前尚无特异性预防方法。早发现、早隔离、早治疗是主要措施。治疗药物主要有砜类、利福平、氯法齐明等。为防止耐药性产生，应采用多种药物联合治疗。

第 6 节　其他病原菌

其他病原菌种类繁多，现将几种重要的病原菌归纳如下（表 3-4）。

表 3-4　其他病原性细菌

菌种	主要生物学特性	致病因素	所致疾病	防治措施
流感嗜血杆菌	G⁻ 小杆菌，有菌毛、荚膜。培养需生长因子 X、V 因子。抵抗力弱	荚膜、菌毛、内毒素	原发感染以小儿多见，成人多为继发感染如慢性支气管炎等	接种荚膜多糖疫苗进行特异性预防；治疗可用磺胺、青霉素、链霉素等
百日咳鲍特菌	G⁻ 短小杆菌，有荚膜和菌毛，鲍-金培养基上生长良好。抵抗力较弱	荚膜、菌毛、多种毒素	呼吸道飞沫传播，引起百日咳	接种百白破联合疫苗进行特异性预防；治疗首选红霉素、罗红霉素等
白喉棒状杆菌	G⁺ 棒状杆菌，菌体内有异染颗粒。吕氏培养基上生长迅速，对日光和干燥抵抗力强	白喉外毒素	经呼吸道传播，引起白喉，儿童更易感	人工主动免疫：百白破联合疫苗或类毒素；紧急预防和治疗：白喉抗毒素；治疗用青霉素或红霉素
嗜肺军团菌	G⁻ 杆菌，形态易变，有鞭毛、菌毛、微荚膜，水中存活时间长	多种酶与毒素、菌毛、微荚膜	经呼吸道传播，引起军团菌病或医院感染	无特异性疫苗。加强水源管理及供水系统的消毒；治疗首选红霉素
铜绿假单胞菌	G⁻ 小杆菌，有荚膜、鞭毛、菌毛，产生水溶性绿色素，抵抗力强，易耐药	内毒素、菌毛、荚膜、外毒素	医院感染常见菌，引起各种继发感染，如皮肤感染、中耳炎、败血症等	药品微生物检查的控制菌之一；应严格无菌操作；已研制出多种疫苗，治疗可选哌拉西林、头孢他啶等

续表

菌种	主要生物学特性	致病因素	所致疾病	防治措施
幽门螺杆菌	G⁻菌，呈螺旋形、S形、海鸥状，有鞭毛。快速脲酶试验强阳性，为鉴定该菌的依据	脲酶、鞭毛、菌毛、内毒素等	口—口或粪—口途径传播，与慢性胃炎、胃溃疡、胃癌的发病有关	疫苗研制中；治疗以胶体铋剂或质子泵抑制剂，加两种抗生素如阿莫西林、克林霉素或甲硝唑联合治疗
空肠弯曲菌	G⁻菌体细长，弯曲呈弧形、S形、螺形或海鸥状，有鞭毛，抵抗力弱	鞭毛、菌毛、外毒素、内毒素	经接触或消化道感染引起婴幼儿细菌性肠炎、成人食物中毒	无特异性疫苗，注意饮食卫生，加强粪便管理；治疗可用红霉素、氨基糖苷类
布鲁菌属	G⁻短小杆菌，专性需氧，抵抗力较强	内毒素、荚膜	经接触、皮肤、消化道等多途径传播，引起布鲁菌病（波浪热）	防治家畜布鲁菌病，切断传播途径，疫区接种疫苗；急性感染是利福平与多西环素联合使用
炭疽芽孢杆菌	G⁺粗大杆菌，两端平截，竹节状排列，有荚膜，芽孢小于菌体宽度，位于中央	荚膜和炭疽毒素	经皮肤、消化道、呼吸道等多途径传播，引起炭疽病	控制家畜感染和牧场污染，加强动物检疫，特异性预防用炭疽疫苗；青霉素 G 为首选药物
鼠疫耶尔森菌	G⁻卵圆形短小杆菌，有荚膜，亚甲蓝染色后两极浓染，抵抗力弱	V/W抗原、荚膜外膜蛋白、鼠毒素等	鼠蚤是传播媒介，先在鼠类之间传播，人被鼠蚤叮咬，引起人间鼠疫	灭蚤灭鼠，加强国防国境、海关检疫，接种活疫苗；治疗常用链霉素、加磺胺或四环素

自 测 题

一、选择题（A 型题）

1. 葡萄球菌生物学性状除外的是（   ）
   A. 球形　　　　　　　　B. 革兰氏染色阳性
   C. 产生水溶性色素　　　D. 耐盐性强
   E. 排列呈葡萄状

2. 关于脑膜炎球菌，哪项是错误的（   ）
   A. 肾形
   B. 产生自溶酶
   C. 可引起流行性脑脊髓膜炎
   D. 营养要求不高
   E. 初次分离需 5% ～ 10% CO₂

3. 肺炎链球菌的致病因素主要是（   ）
   A. 内毒素　　　　　　　B. 外毒素
   C. 荚膜　　　　　　　　D. 菌毛
   E. 侵袭性酶

4. 链球菌感染后引起的变态反应性疾病是（   ）
   A. 产褥热　　　　　　　B. 风湿热
   C. 猩红热　　　　　　　D. 波状热
   E. 出血热

5. 链球菌不能引起下列哪种疾病（   ）
   A. 脓疱疮　　　　　　　B. 猩红热
   C. 淋病　　　　　　　　D. 淋巴管炎
   E. 风湿热

6. 乙型溶血性链球菌感染后，病灶扩散趋势明显主要是因为（   ）
   A. 溶血毒素和杀白细胞素
   B. 透明质酸酶、链道酶、链激酶
   C. 红疹毒素和链激酶
   D. 链激酶、溶血毒素、链道酶

E. 血浆凝固酶

7. 通过性接触传播的细菌是（   ）
   A. 链球菌　　　　　　　B. 金黄色葡萄球菌
   C. 肺炎链球菌　　　　　D. 脑膜炎奈瑟菌
   E. 淋病奈瑟菌

8. 葡萄球菌引起的食物中毒与下列哪种毒素有关（   ）
   A. 杀白细胞素　　　　　B. 肠毒素
   C. 内毒素　　　　　　　D. 毒性休克综合征毒素 -1
   E. 表皮剥脱毒素

9. 一般情况下不致病，且能合成维生素 B、维生素 K 的细菌是（   ）
   A. 变形杆菌　　　　　　B. 大肠埃希菌
   C. 伤寒沙门菌　　　　　D. 痢疾志贺菌
   E. 产气荚膜杆菌

10. 鉴别肠道杆菌致病菌与非致病菌的生化反应是（   ）
    A. 吲哚试验　　　　　　B. 葡萄糖发酵试验
    C. 菊糖发酵试验　　　　D. 乳糖发酵试验
    E. 甘露醇发酵试验

11. 下列无动力的细菌是（   ）
    A. 霍乱弧菌　　　　　　B. 伤寒沙门菌
    C. 痢疾志贺菌　　　　　D. 大肠埃希菌
    E. 变形杆菌

12. 卫生细菌学上，水和食品中检出哪种细菌表示有粪便污染（   ）
    A. 葡萄球菌　　　　　　B. 变形杆菌
    C. 沙门菌　　　　　　　D. 志贺菌
    E. 大肠埃希菌

13. 具有 Vi 抗原的细菌是（   ）
    A. 大肠埃希菌　　　　　B. 伤寒沙门菌

C. 志贺菌　　　　　　　　D. 脑膜炎奈瑟菌

E. 变形杆菌

14. 可产生菌血症的细菌是（　　）

A. 志贺菌　　　　　　　　B. 白喉棒状杆菌

C. 肉毒梭菌　　　　　　　D. 伤寒沙门菌

E. 破伤风杆菌

15. 疑似肠热症患者，做病原体分离培养采集标本时，发病1周应取（　　）

A. 血液　　　　　　　　　B. 尿液

C. 粪便　　　　　　　　　D. 胆汁

E. 骨髓

16. 诊断伤寒和副伤寒常用的血清学试验是（　　）

A. 外斐反应　　　　　　　B. OT 试验

C. 抗 O 试验　　　　　　　D. 胶乳凝集试验

E. 肥达反应

17. 下列哪种培养基有利于霍乱弧菌生长（　　）

A. 含有 10% ～ 15%NaCl 的培养基

B. 含有 3% ～ 5%NaCl 的培养基

C. 血琼脂培养基

D. pH7.2 ～ 7.6 蛋白胨水培养基

E. pH8.4 ～ 9.2 蛋白胨水培养基

18. 将患者米泔水样粪便作悬滴在光镜下观察，呈穿梭状运动的细菌最有可能是（　　）

A. 致病性大肠埃希菌　　B. 伤寒沙门菌

C. 霍乱弧菌　　　　　　　D. 痢疾志贺菌

E. 以上都不是

19. 霍乱弧菌是革兰氏阴性菌，其主要致病物质是（　　）

A. 内毒素　　　　　　　　B. 侵袭性酶

C. 荚膜　　　　　　　　　D. 外毒素

E. 芽孢

20. 破伤风杆菌的特异性预防可采用（　　）

A. 抗生素　　　　　　　　B. 维生素

C. 细菌素　　　　　　　　D. 类毒素

E. 抗毒素

21. 能引起气性坏疽的细菌是（　　）

A. 沙门菌　　　　　　　　B. 产气荚膜梭菌

C. 肉毒梭菌　　　　　　　D. 破伤风梭菌

E. 无芽孢厌氧菌

22. 肉毒梭菌所致食物中毒的主要表现是（　　）

A. 胃肠道症状　　　　　　B. 败血症

C. 肌肉麻痹　　　　　　　D. 肌肉痉挛

E. 化脓性感染

23. 需在专性厌氧条件下生长繁殖的细菌是（　　）

A. 破伤风梭菌　　　　　　B. 炭疽芽孢杆菌

C. 葡萄球菌　　　　　　　D. 志贺菌

E. 白喉棒状杆菌

24. 下列哪种细菌不能产生肠毒素（　　）

A. 金黄色葡萄球菌　　　　B. 霍乱弧菌

C. 产气荚膜梭菌　　　　　D. 肉毒梭菌

E. 某些大肠埃希菌

25. 结核分枝杆菌最常见的传播途径是（　　）

A. 呼吸道传播　　　　　　B. 消化道传播

C. 接触传播　　　　　　　D. 创伤传播

E. 以上均不是

26. 结核分枝杆菌的主要致病物质是（　　）

A. 内毒素　　　　　　　　B. 外毒素

C. 侵袭性酶类　　　　　　D. 鞭毛

E. 菌体成分

27. 结核菌素试验的原理是（　　）

A. Ⅰ型超敏反应　　　　　B. Ⅱ型超敏反应

C. Ⅲ型超敏反应　　　　　D. Ⅳ型超敏反应

E. Ⅴ型超敏反应

28. 属于有菌免疫的传染病是（　　）

A. 破伤风　　　　　　　　B. 霍乱

C. 结核　　　　　　　　　D. 白喉

E. 百日咳

29. 卡介苗的制备原理是利用了细菌的（　　）

A. 形态变异　　　　　　　B. 毒力变异

C. 耐药性变异　　　　　　D. 结构变异

E. 菌落变异

二、简答题

1. 葡萄球菌、链球菌引起的局部化脓性炎症各有何特点？为什么？

2. 简述白喉棒状杆菌、嗜肺军团菌、鼠疫耶尔森菌、布鲁菌和炭疽芽孢杆菌等的生物学特性、致病性及预防措施。

（张仙芝　李　慧）

第 **4** 章

其他原核细胞型微生物

第1节 放 线 菌

放线菌是一类菌落多呈放射状生长，革兰氏染色阳性，以孢子繁殖的多核单细胞原核细胞型微生物。临床常用的抗生素约 70% 由放线菌产生，如链霉素、红霉素、四环素等。近年来筛选到许多新的生化药物，多数是放线菌的产物，包括抗癌剂、酶抑制剂、免疫抑制剂等。放线菌还是许多酶制剂、维生素的产生菌。少数放线菌能引起人类、动植物疾病或病害，主要有诺卡菌属和放线菌属，如人畜皮肤病、肺炎等。

考点：放线菌的概念及应用

一、生物学特性

（一）形态结构

放线菌由菌丝和孢子两部分组成。

考点：放线菌的形态结构

1. **菌丝** 孢子发芽形成丝状分枝的管状结构，直径 1μm 左右。在营养生长阶段，菌丝内无隔膜，通常呈多核的单细胞状态。

菌丝不断延伸和分枝形成网状结构，称为菌丝体。根据菌丝体形态与功能的不同，可分为基内菌丝、气生菌丝和孢子丝 3 部分（图 4-1）。

（1）基内菌丝：放线菌孢子在固体基质表面萌发后，向基质表面和内部伸长并吸收营养物质的菌丝为基内菌丝，又称营养菌丝或一级菌丝。直径 0.4 ～ 1.2μm，一般颜色较淡，有的无色，有的产生黄、橙、红、紫、蓝、绿等水溶性或脂溶性色素。

（2）气生菌丝：当基内菌丝发育到一定阶段，长出培养基表面伸向空气的菌丝为气生菌

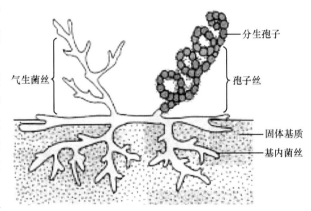

图 4-1 放线菌形态构造

丝，又称二级菌丝。一般颜色较深，直径较基内菌丝略粗，为 1.0 ～ 1.4μm，呈直或弯曲状而有分枝，有的可产生色素。

（3）孢子丝：气生菌丝生长发育到一定阶段，在其上部分化出可形成孢子的菌丝称孢子丝，又称繁殖菌丝。

孢子丝的形态多样，有直形、波曲状、钩状、螺旋状，螺旋状的孢子丝较常见。孢子丝的形状及在气生菌丝上的排列方式随菌种的不同而不同（图 4-2）。孢子丝生长到一定阶段就产生成串的分生孢子。放线菌孢子丝的形态可作为放线菌分类和鉴定的重要依据。

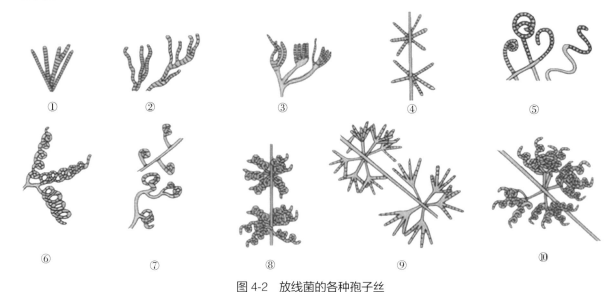

图 4-2 放线菌的各种孢子丝

①垂直；②波曲；③丛生；④单轮生无螺旋；⑤松环钩状简单螺旋；⑥松螺旋；⑦紧螺旋；⑧单轮生有螺旋；
⑨双轮生无螺旋；⑩双轮生有螺旋

2. 孢子　放线菌的孢子主要是分生孢子，少数放线菌可形成孢囊孢子等。

（1）分生孢子：是通过横隔分裂来完成的，形成方式主要有两种：一种是细胞膜内陷，形成圆形或椭圆形的孢子。另一种是细胞壁和细胞膜同时内陷，最后形成横隔，将孢子丝断裂成一串孢子，多为杆状或柱状。

（2）孢囊孢子：链孢囊菌属和游动放线菌属等少数放线菌可在气生菌丝或营养菌丝上形成孢子囊，而后在囊内形成孢囊孢子，孢子囊成熟后，释放出大量孢囊孢子。

放线菌孢子的形态多样，有球形、卵形、柱形、腊肠状或瓜子状等。孢子的类型、形状、着生位置、排列方式、表面结构特征等都是重要的分类依据。

放线菌孢子颜色十分丰富，如白色、灰色、橙黄色、红色、蓝色等。成熟孢子的颜色在一定条件下较稳定，所以孢子的颜色也可以作为菌种鉴定的依据。

（二）生长繁殖

1. 培养条件　多数放线菌为需氧菌，适宜酸碱度 pH 7.5 ～ 8.5，最适温度 28 ～ 30℃，寄生菌则适宜在 37 ～ 40℃生长。营养要求不高，但培养基中需加入足量的淀粉和多种无机盐。放线菌的培养有固体培养和液体培养两种方式。固体培养可以积累大量的孢子，液体培养则可获得大量的菌丝体及代谢产物。在抗生素生产中，一般采用液体培养。

2. 繁殖方式　放线菌主要通过形成无性孢子的方式繁殖，在液体培养条件下很少形成孢子，主要以菌丝断裂的方式繁殖。

放线菌生长到一定阶段，一部分气生菌丝形成孢子丝，孢子丝成熟便分化形成许多孢子，孢子在适宜条件下吸水萌发，生出 1 ～ 3 个芽管，芽管进一步生长分枝形成基内菌丝，基内菌丝发育到一定阶段，向外部空间生长形成气生菌丝，如此反复循环，构成了放线菌的生活史（图 4-3）。

考点：放线菌的繁殖方式

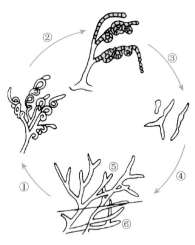

图 4-3　放线菌生活史图

①气生菌丝形成孢子丝；②孢子丝分化成孢子；③孢子萌发生出芽管；④芽管生长分枝形成菌丝体；⑤气生菌丝；⑥基内菌丝

3. 菌落特征　放线菌的菌落由菌丝体构成，是由菌丝相互缠绕而形成的形态结构，在固体培养基表面，用放大镜观察，可以看到菌落周围具有放射状菌丝，菌落大小介于细菌与霉菌之间。菌落生长缓慢，形成需 3～7 天，多为圆形，边缘有辐射状，表面是紧密的绒状物，干燥、坚实、多皱，产生孢子后表面呈现絮状、粉末状或颗粒状（图 4-4）。其菌丝和孢子都有各种色素，使培养基的底部和表面都有不同的颜色，正面是气生菌丝和孢子的颜色，背面是基内菌丝和水溶性色素的颜色。基内菌丝生长在培养基内，着生牢固，接种针不容易将菌丝挑起。

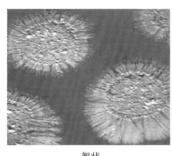

絮状　　　　　　　　　　粉末状　　　　　　　　　　颗粒状

图 4-4　放线菌菌落

　　在液体培养基中，对放线菌进行室内摇瓶培养时，常可见到在液面与瓶壁交界处粘贴着一圈菌苔，但是不会使培养液变浑浊，其中悬浮着许多球状菌丝团，一些大型菌丝团则沉在瓶底等。

考点：放线菌的菌落特征

二、致病性放线菌

（一）诺卡菌属

　　诺卡菌属广泛分布于土壤中，能产生多种抗生素，如对结核分枝杆菌和麻风分枝杆菌有特效的利福霉素、对革兰氏阳性细菌有作用的瑞斯托菌素等。对人体致病的主要有星形诺卡菌和巴西诺卡菌。星形诺卡菌致病力最强，在我国最常见。

　　1. 生物学性状　诺卡菌属在培养基上形成典型的菌丝体，剧烈弯曲如树根或不弯曲，具有长菌丝，多数无气生菌丝，少数在营养菌丝表面覆盖极薄的一层气生菌丝。此属的突出特点是在培养15～96h 内，菌丝体产生横隔膜，分枝的菌丝体突然全部断裂成长短相近的杆状、球状或带叉的杆状体，每个杆状体内至少有一个核，可复制并形成新的菌丝体。革兰氏染色阳性，部分诺卡菌具有抗酸性，仅用 1% 盐酸乙醇延长脱色时间即可变为抗酸阴性，此点可与结核分枝杆菌相鉴别。

　　诺卡菌属多为需氧性腐生菌，少数为厌氧性寄生菌。能同化各种碳水化合物，有的能利用碳氢化合物、纤维素等，于 22℃或 37℃条件下均可生长，繁殖速度缓慢，一般 1 周以上长出黄、白色的菌落，菌落形态与结构多样，一般比链霉菌菌落小，表面多皱，致密干燥或呈蜡样，一触即碎，或如面团，有的菌落平滑或凸出，无光泽或发亮呈水浸样。

　　2. 致病性与免疫性　诺卡菌属致病主要靠外源性感染。人类被诺卡菌感染主要见于免疫力低下者。代表致病菌为星形诺卡菌、巴西诺卡菌。①星形诺卡菌：通过呼吸道或伤口侵入机体，引起化脓性感染或坏死，引起肺炎、肺脓肿等，产生类似肺结核症状，尤其是抵抗力低下（如白血病）的患者，也可经血行播散引起脑膜炎或脑脓肿。经皮肤创伤感染，侵入皮下引起慢性肉芽肿并形成瘘管；②巴西诺卡菌：主要侵入皮下组织引起慢性肉芽肿，多发生于腿部和足，故又称足分枝菌病。一般不扩散，在局部表现为脓肿和多发性瘘管。

　　3. 防治原则　诺卡菌的感染无特异性预防方法，对脓肿和瘘管等可手术清创，切除坏死的组织，各种感染可用抗生素或磺胺类药物、环丝氨酸等治疗，一般治疗不少于 6 周。

（二）放线菌属

　　放线菌属在自然界分布广泛，常寄生于人和动物口腔、上呼吸道、胃肠道和泌尿生殖道，为正常菌群。引起牛腭肿病的牛型放线菌是此属的典型代表，对人致病的放线菌主要是衣氏放线菌，它寄生于人体，可引发人后腭骨肿瘤和肺部感染。

1. **生物学性状** 菌丝纤细，直径 0.5～0.8μm，只有营养菌丝，不形成孢子，革兰氏染色阳性。培养比较困难，在血琼脂平板上培养 4～6 天，形成微小圆形菌落，直径小于 1mm，表面粗糙，呈灰白色或淡黄色。在患者的病灶和脓液中可找到肉眼可见的黄色小颗粒，称为硫黄样颗粒，将硫黄样颗粒压片进行革兰氏染色镜检，可见呈放射状排列的菊花状。

2. **致病性** 放线菌属为人体的正常菌群。在机体抵抗力减弱、口腔卫生不良、拔牙或黏膜受损时引起内源性感染，导致软组织的化脓性炎症，若无继发感染则多呈慢性肉芽肿。感染多是慢性无痛性过程，并常伴有多发性瘘管形成，即放线菌病。临床分为面颈部、胸部、盆腔和中枢神经系统放线菌病，其中以面颈部最为常见，多有口腔炎、拔牙史。

3. **防治原则** 放线菌感染一般不在人与人或人与动物之间传播。注意口腔卫生，及时治疗口腔疾病是预防放线菌病的主要方法。对放线菌患者的治疗可采取外科手术切除脓肿瘘管，同时用大剂量青霉素、红霉素、克林霉素或磺胺药做较长时间治疗。

考点： 诺卡菌属与放线菌属的致病性和防治原则

三、常见的放线菌属

放线菌有 170 多个属，常见的有链霉菌属、小单孢菌属、诺卡菌属和放线菌属。

（一）链霉菌属

链霉菌属是放线菌类的一个大属，有 1000 多种，其中 50% 以上能产生抗生素，产生抗生素的放线菌中 90% 由链霉菌属产生。常用的抗生素如抗菌药链霉素和土霉素、抗肿瘤药博莱霉素和丝裂霉素、抗真菌药制霉菌素、抗结核药卡那霉素等，均为链霉菌的次级代谢产物。有些菌种还可以产生蛋白酶、葡萄糖异构酶等。

（二）小单孢菌属

小单孢菌属产生的抗生素仅次于链霉菌，如庆大霉素就是由绛红小单孢菌和棘孢小单孢菌产生，有的能产生利福霉素、卤霉素等抗生素。此属放线菌产生抗生素的潜力较大，而且有的小单孢菌种还产生维生素 B_{12} 等，因此具有较大的开发潜力。

（三）诺卡菌属

诺卡菌属广泛分布于土壤中，能产生 30 多种抗生素，如对结核分枝杆菌和麻风分枝杆菌有特效的利福霉素、对革兰氏阳性细菌有作用的瑞斯托菌素等。

（四）放线菌属

放线菌属（*Actinomyces*）在自然界分布广泛，能产生 150 多种抗生素，如绛红霉素对肿瘤、真菌等有一定的作用，创新霉素对细菌引起的尿路感染有一定疗效。

第 2 节 衣 原 体

衣原体是专性寄生在原核细胞内，有细胞结构但无自主产能代谢系统的，对抗生素敏感的一类原核生物。广泛寄生于人类、哺乳动物及鸟类，仅少数有致病性。能引起人类疾病的有沙眼衣原体、鹦鹉热衣原体、肺炎衣原体。沙眼衣原体包括沙眼生物变种、淋巴肉芽肿生物变种和鼠生物变种，主要引起沙眼、泌尿生殖系统疾病、淋巴肉芽肿及婴幼儿肺炎。

链接
第一个发现沙眼衣原体的人——汤飞凡

中国微生物学家汤飞凡（1897—1958），于 1955 年首次分离培养出沙眼衣原体，成为世界上分离培养沙眼衣原体的第一人。这一研究成果推动了世界范围的沙眼研究工作。

一、生物学特性

（一）形态染色与培养特性

衣原体为专性原核细胞内寄生，有细胞壁，但无肽聚糖，含有 DNA 和 RNA，有独特的发育周期（图4-5）。光学显微镜下可见两种不同的形态：①原体，小而致密，直径为 0.2 ~ 0.4μm，呈球形，无繁殖能力，有高度感染性。②始体，球形或卵球形，直径为 0.5 ~ 1.0μm，大而疏松的网状体，以二分裂方式繁殖，无感染性。革兰氏染色阴性，用吉姆萨染色，原体为紫红色，始体为深蓝色。

考点：衣原体的发育周期

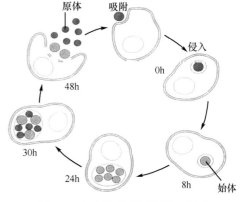

图 4-5　衣原体的生活周期示意图

（二）抵抗力

衣原体耐冷不耐热，56 ~ 60℃仅能存活 5 ~ 10min，在 –60℃可保存 5 年，液氮内可保存 10 年以上。2% 氢氧化钠或 1% 的盐酸 2 ~ 3min，75% 乙醇溶液 1min 即可灭活。紫外线照射可迅速灭活，用 0.1% 甲醛溶液或 0.5% 石炭酸溶液经 24h 可被杀死。对四环素、氯霉素、多西环素和红霉素等抗生素敏感。

二、致 病 性

1. 致病物质　主要是外膜蛋白、毒性代谢产物和内毒素样物质。

2. 所致疾病　衣原体引起的疾病主要有以下 5 种。

（1）沙眼：主要通过眼—眼或眼—手—眼传播。沙眼衣原体感染眼结膜上皮细胞后，在其中生长繁殖并在细胞质中形成包涵体，引起局部炎症。早期的症状表现为流泪、黏液脓性分泌物、结膜充血、滤泡和乳头增生，晚期最终出现结膜瘢痕、眼睑内翻、倒睫等。晚期可引起角膜血管翳，导致角膜损害、失明（图4-6）。沙眼居致盲病因的首位。

考点：沙眼的传播途径及临床表现

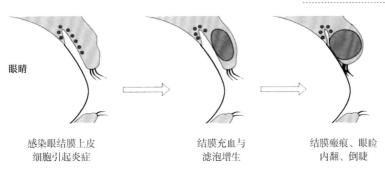

感染眼结膜上皮　　　　结膜充血与　　　　结膜瘢痕、眼睑
细胞引起炎症　　　　　滤泡增生　　　　　内翻、倒睫

图 4-6　沙眼的病理过程示意图

（2）包涵体结膜炎：包括婴儿结膜炎及成人结膜炎两种，前者为新生儿经产道感染，引起急性化脓性结膜炎（包涵体脓漏眼）。后者可经两性接触、经手—眼途径或污染的游泳池水感染，引起滤泡性结膜炎（游泳池结膜炎）。

（3）泌尿生殖道感染：经性接触传播，由沙眼衣原体变种 D-K 血清型引起。男性多为非淋菌性尿道炎，可侵犯腹股沟淋巴结，合并附睾炎、直肠炎等。女性也可引起尿道炎、宫颈炎、输卵管炎等，可导致女性的不孕不育或异位妊娠等严重并发症。

（4）性病淋巴肉芽肿：由沙眼衣原体变种性病淋巴肉芽肿（LGV）生物型引起。主要通过两性接触传播。衣原体侵犯男性腹股沟淋巴结，引起化脓性淋巴结炎和慢性淋巴肉芽肿，常形成瘘管。女性可侵犯会阴、肛门、直肠，引起会阴 - 肛门 - 直肠组织狭窄。

（5）呼吸道感染：由肺炎衣原体及鹦鹉热衣原体引起。肺炎衣原体引起急性呼吸道感染、肺炎、支气管炎和鼻窦炎等。鹦鹉热衣原体感染的临床表现多为非典型性肺炎，以发热、头痛、干咳为主要症状，且可并发心肌炎。

三、防治原则

沙眼衣原体的预防重点是注意个人卫生，避免直接或者间接的接触传染。泌尿生殖道衣原体应广泛开展性传播疾病防治知识的宣传，鹦鹉热衣原体应加强鸟类与禽类的管理与检疫。目前尚无疫苗预防，常用多西环素、罗红霉素、阿奇霉素等抗生素治疗。

第3节 支　原　体

支原体是没有细胞壁的原核细胞型微生物，高度多形性，能通过细菌滤器，是能在无生命人工培养基中生长繁殖的最小原核细胞型微生物。广泛分布于自然界及人和动物体内，大多不致病，对人致病的支原体主要有肺炎支原体、解脲支原体、人型支原体、生殖器支原体等。

一、生物学特性

（一）形态及染色

支原体菌体一般在 0.3～0.5μm，无细胞壁，高度多形性：球形、丝状和分枝状等（图4-7）。革兰氏染色为阴性，但不易着色，一般以吉萨姆染色为佳，染成淡紫色。

（二）培养特性

对营养物质的要求高于一般细菌，大部分的支原体适宜的 pH 为 7.6～8.0，在 37℃ 微氧环境中生长最佳。繁殖方式多样，除二分裂繁殖外，还有分节、断裂、出芽或分枝等方式。在含 10%～20% 人或动物血清培养基中生长缓慢，长成典型的油煎蛋样菌落（图4-8）。

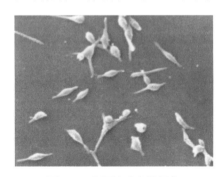
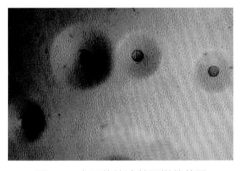

图 4-7　支原体（电镜图）　　　　图 4-8　支原体的油煎蛋样菌落图

（三）抵抗力

对热、干燥的抵抗力弱，对化学消毒剂敏感，但对结晶紫、醋酸铊有抵抗力；对影响细胞壁合成的抗生素如青霉素天然耐受，对干扰蛋白质合成的抗生素如多西环素、交沙霉素、左氧氟沙星、红霉素等敏感。

考点： 支原体的形态特征及抵抗力特点

二、致　病　性

（一）致病物质

致病物质有神经毒素、过氧化氢等。解脲支原体可分解尿素放出大量的氨。

（二）所致疾病

肺炎支原体经呼吸道传播，引起人类上呼吸道感染、原发性非典型肺炎、支气管炎等，多发于夏末秋初，患者可表现为咳嗽、发热、头痛等症状，X 线检查肺部有明显浸润，个别伴有心血管、神经症状和皮疹；解脲支原体通过性接触传播，引起非淋菌性尿道炎、前列腺炎、尿路结石等；其他支原体致病性，见表 4-1。

表 4-1　其他致病支原体的感染部位与所致疾病

其他支原体	感染部位	所致疾病
人型支原体	呼吸道	附睾炎、盆腔炎、产褥热、慢性羊膜炎、新生儿肺炎、脑炎
解脲支原体	呼吸道、生殖道	非淋菌性尿道炎、前列腺炎、尿路结石
生殖支原体	生殖道	尿道炎、宫颈炎、子宫内膜炎、盆腔炎、不育
发酵支原体	呼吸道、生殖道	流感样疾病、肺炎；可能与艾滋病的发展有关

三、防治原则

治疗肺炎支原体的感染多采用大环内酯类药物，如罗红霉素、克林霉素、阿奇霉素等，或使用喹诺酮类药物，如氧氟沙星等。对于解脲支原体需加强宣教，切断传播途径。感染者可用四环素类、喹诺酮类药物等治疗。

第 4 节　立克次体

立克次体是由小杆状或球菌状的多形体微生物组成，仅在宿主细胞内繁殖。介于细菌与病毒之间，存在于细胞质内或游离于蚤、虱、蜱和螨的肠管中，可传播至人或其他动物，引起人畜共患病。通过吸血节肢动物蚤、虱、蜱、螨等的叮咬侵入人体。与人类疾病有关的立克次体主要有：普氏立克次体、莫氏立克次体、恙虫病立克次体、Q 热立克次体，可引起的疾病有流行性斑疹伤寒、地方性斑疹伤寒、恙虫病、Q 热等。

一、生物学特性

（一）形态及染色

立克次体大小在（0.3 ～ 0.6）μm×（0.8 ～ 2.0）μm，一般不能通过细菌滤器，在光学显微镜下清晰可见。形态呈多形性，以球杆状为主。革兰氏染色阴性，但不易着色，常用吉姆萨染色法，被染成蓝紫色（图 4-9），有细胞壁，无核仁及核膜，无鞭毛。

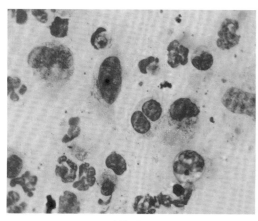

光镜图　　　　　　　　　电镜图

图 4-9　立克次体形态

（二）培养特性

以二分裂方式进行繁殖，但繁殖速度较细菌慢，一般 9 ～ 12h 繁殖一代。大多数不能用人工培养基培养，须用鸡胚、敏感动物及动物组织细胞来培养。

（三）抵抗力

对热、光照、干燥及化学药剂抵抗力差，56℃，30min 即可被杀死，100℃很快死亡，对一般消毒剂及四环素、氯霉素、红霉素、青霉素等抗生素敏感。

二、致病性与免疫性

（一）致病性

致病物质主要为内毒素和磷脂酶，可引起细胞肿胀、坏死、微循环障碍、DIC 及血栓的形成。常见对人致病的立克次体种类与致病特点见表 4-2。

表 4-2 对人致病的立克次体的致病特点

病原体	媒介昆虫	传播方式	所致疾病	临床表现
普氏立克次体	人虱	人虱叮咬	流行性斑疹伤寒	高热、肌肉痛，皮疹，伴神经系统、心血管系统或其他实质脏器损害的症状
莫氏立克次体	鼠蚤	鼠蚤叮咬	地方性斑疹伤寒	与流行性斑疹伤寒相似，但症状较轻，病程较短
恙虫病立克次体（东方体）	恙螨	恙螨幼虫叮咬	恙虫病	高热、叮咬部位有焦痂、皮疹、全身淋巴结肿大、心血管系统以及肝、脾、肺等损害症状

（二）免疫性

立克次体感染后可获得持久免疫力，以细胞免疫为主。

考点： 我国常见的立克次体的致病特点

三、微生物学检查

变形杆菌的某些菌株与某些立克次体之间有共同抗原，以变形杆菌为抗原与被检血清进行的凝集反应称为外斐反应，用于诊断立克次体感染。

四、防治原则

预防立克次体病的关键是灭虱、灭蚤、灭鼠、灭螨等。注意个人卫生，改进环境卫生，加强防护。斑疹伤寒可接种疫苗进行特异性预防，免疫力维持一年左右。治疗用氯霉素、四环素等广谱抗生素。

第5节 螺旋体

螺旋体是一类细长、柔软、弯曲呈螺旋状、运动活泼的原核细胞型微生物。全长 3 ~ 500μm，具有细菌的所有内部结构。介于细菌与原虫之间，螺旋体广泛分布在自然界和动物体内，种类很多，对人致病的主要有钩端螺旋体属、密螺旋体属和疏螺旋体属等。

一、钩端螺旋体属

钩端螺旋体（钩体）是钩端螺旋体病（钩体病）的病原体。钩端螺旋体病是全球性分布的人畜共患病，我国以南方各省多见。该病目前是我国重点防控的 13 种传染病之一。

（一）生物学性状

1. **形态与染色** 钩体呈细长丝状，有 12 ~ 18 个螺旋，菌体的一端或两端弯曲成钩状。革兰氏染色阴性，常用镀银染色法将菌体染成金黄色或者棕褐色。在暗视野显微镜下，可见形如细小闪亮的珍珠串，沿长轴旋转运动，有较强的穿透力。电镜观察到的结构包括圆柱形菌体、轴丝和外膜三部分，外膜具有免疫原性（图 4-10）。

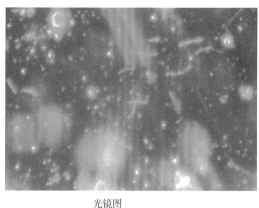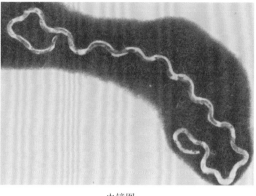

光镜图　　　　　　　　　　　　　　　　　电镜图

图 4-10　钩端螺旋体

2. 培养特性　需氧或微需氧，营养要求较高，常用含有 10% 兔血清的柯氏培养基培养。最适 pH7.2 ～ 7.4，最适生长温度为 28 ～ 30℃，生长缓慢，在液体培养基中分裂一次约需 8h。

3. 抵抗力　抵抗力较弱，对热、酸和消毒剂均敏感，60℃ 1min 即死亡，0.2% 甲酚皂、1% 苯酚、1% 漂白粉处理 10 ～ 30min 可被杀灭。在酸碱度适中的湿土或水中可存活数月，钩端螺旋体病是我国洪涝、地震等自然灾害中重点监控的四种传染病之一。钩体对青霉素高度敏感，对庆大霉素、四环素、多西环素、吉他霉素均较敏感。

（二）致病性与免疫性

1. 致病物质　内毒素是钩体主要的致病物质，还有黏附素和溶血素。

2. 所致疾病　钩体病是由各种型别钩体引起的自然疫源性急性传染病。黑线姬鼠、猪、牛为主要储存宿主，也是主要传染源，患者主要是疫区人群。

动物感染钩体后，钩体在感染动物体内长期生存并持续从尿液中排出，污染土壤和水源而形成自然疫源地。人类接触污染的水或者湿土，钩体能通过皮肤黏膜侵入人体，经淋巴系统或直接进入血流引起钩体病，出现如发热、头痛、肌痛、眼结膜充血、浅表淋巴结肿大等全身中毒症状。钩体还可侵犯肺、肝、肾及神经系统等，造成更广泛的损害。

临床症状及表现差异较大，临床特点为早期有钩体败血症，中期为各脏器损害和功能障碍，后期为各种变态反应并发症，重症患者有明显的肝、肾、中枢神经系统损害和肺弥漫性出血，危及生命。

考点：钩端螺旋体的致病特点

3. 免疫性　病后，可获得对同型钩体的持久免疫力，主要为体液免疫。

（三）防治原则

钩体病的预防以防鼠、灭鼠为主。加强对带菌家畜的管理，保护好水源。夏季和早秋是该病流行的季节，应避免与疫水接触。疫区人群可进行多价钩体灭活疫苗接种。对患者要做到早发现、早治疗，治疗首选青霉素，如过敏可选用庆大霉素或多西环素。

二、密螺旋体属

密螺旋体属分为致病性与非致病性两大类，梅毒螺旋体是苍白密螺旋体苍白亚种。梅毒螺旋体是梅毒的病原体，梅毒是危害比较严重的性传播疾病。

（一）生物学性状

1. 形态与染色　菌体细长，（4 ～ 14）μm×0.2μm，由 8 ～ 14 个整齐规则、固定不变、折光性强的螺旋构成，两端尖直，活动性较强。因其透明不易着色，用吉姆萨染色可染成桃红色。革兰氏染色呈阴性，常用镀银染色法染成棕褐色，检查常用暗视野显微镜悬滴法（图 4-11）。

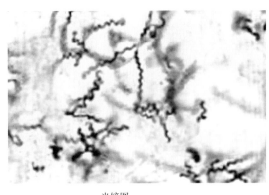
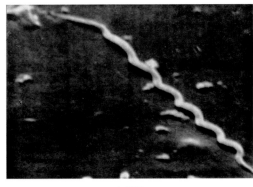

光镜图　　　　　　　　　　　　　　　　　　电镜图

图 4-11　梅毒螺旋体

2. 培养特性　人工培养较困难且易失去毒力，用动物接种或细胞培养（在微需氧条件下 33℃ 培养）可保持毒力并生长繁殖。

3. 抵抗力　极弱，离开人体不易生存，煮沸、干燥、日光、肥皂水和普通消毒剂均可迅速将其杀灭，但其耐寒力强，4℃可存活 3 天，–78℃保存数年仍具有传染性，对青霉素、四环素、砷剂等敏感。

（二）致病性与免疫性

1. 致病物质　主要为荚膜样物质、黏附因子和透明质酸酶。

2. 所致疾病　梅毒螺旋体只引起人类疾病，梅毒患者是唯一的传染源。一般梅毒分为两种：先天性梅毒和后天获得性梅毒。

（1）先天性梅毒：又称胎传梅毒，梅毒螺旋体通过胎盘所致的胎儿先天感染，常为全身受累，包括早期先天性梅毒（小于 2 岁）、晚期先天性梅毒（大于 2 岁）及先天性潜伏梅毒（未经治疗，无临床症状，梅毒血清反应阳性）。特点是不发生硬性下疳，早期病变较后天性梅毒重，骨骼及感觉器官受累多，而心血管受累少。

（2）后天获得性梅毒（性接触传播）表现复杂，依其传染过程可分为 3 期。

Ⅰ期梅毒：梅毒螺旋体侵入皮肤黏膜约 3 周后，出现无痛性硬结及溃疡，称硬性下疳，下疳多发生于外生殖器，其溃疡渗出物含有大量梅毒螺旋体，传染性极强。

Ⅱ期梅毒：主要表现为全身皮肤及黏膜出现铜红色皮疹，即梅毒疹，全身淋巴结肿大，有时亦累及骨、关节、眼及其他器官。在梅毒疹及淋巴结中有大量螺旋体。

Ⅲ期梅毒：又称晚期梅毒，病变表现为全身组织和器官慢性炎症损伤、皮肤黏膜的溃疡性损害或内脏器官的肉芽肿样病变（如梅毒瘤）。严重者在经过 10 ～ 15 年后引起心血管及中枢神经系统损害，导致动脉瘤、脊髓痨及全身麻痹等，危及生命。

3. 免疫性　梅毒的免疫是有菌免疫，以细胞免疫为主，体液免疫只有一定的辅助作用，当螺旋体从体内清除后仍可再感染梅毒，造成复发。

考点：梅毒的传播途径及疾病发展

（三）防治原则

目前尚无疫苗预防，加强性卫生教育是减少梅毒发病的有效措施。应早发现、早治疗，青霉素是治疗梅毒最好的药物，如苄星青霉素、普鲁卡因青霉素。对青霉素过敏者可用盐酸四环素和多西环素。

三、疏螺旋体属

对人致病的主要有伯氏疏螺旋体、回归热疏螺旋体、奋森螺旋体。

螺旋体两端尖直，有 3 ～ 10 个稀疏且不规则的螺旋，运动活泼，革兰氏染色呈阴性。营养要求较高，微需氧或需氧，5%～10% CO_2 培养良好，抵抗力弱，60℃加热 1～3min 即死亡，0.2% 甲酚皂或 1% 苯酚溶液处理 5～10min 即死亡，对青霉素等敏感。

伯氏疏螺旋体是莱姆病的病原体，莱姆病是 1977 年在美国康涅狄格州莱姆镇首次发现的，莱姆病是自然疫源性传染病。储存宿主是鼠、兔等野生动物及家畜。主要传播媒介是硬蜱，通过叮咬的方式传染给人，经过 3～30 天的潜伏期，在叮咬部位出现一个或数个慢性移行性红斑，伴有头痛、发热、肌肉和关节痛等症状。

回归热螺旋体可引起回归热，是一种以反复周期性急起急退的以高热为临床特征的急性传染病。根据回归热病原体及其传播媒介昆虫的不同，可分为：虱传回归热（流行性回归热）和蜱传回归热（地方性回归热）。

自 测 题

一、名词解释
1. 放线菌　2. 基内菌丝　3. 气生菌丝　4. 孢子丝
5. 支原体　6. 衣原体　7. 立克次体　8. 螺旋体

二、选择题（A 型题）
1. 放线菌菌丝中能从培养基中吸收营养物质的是（　　）
　A. 气生菌丝　　　　B. 基内菌丝
　C. 螺旋孢子丝　　　D. 轮生孢子丝
　E. 孢子梗
2. 抗生素中约 70% 来自（　　）
　A. 细菌　　　　　　B. 放线菌
　C. 青霉菌　　　　　D. 真菌
　E. 病毒
3. 在自然界，放线菌主要的繁殖方式是（　　）
　A. 形成有性孢子　　B. 形成无性孢子
　C. 菌丝体断裂　　　D. 有性接合
　E. 二分裂
4. 放线菌的菌落特征是（　　）
　A. 表面较光滑　　　B. 菌落边缘整齐
　C. 容易挑起　　　　D. 菌落透明
　E. 菌落质地致密牢固
5. 对放线菌的错误描述是（　　）
　A. 革兰氏染色阳性　B. 能引起内源性感染
　C. 是原核多细胞微生物　D. 分枝生长与霉菌相似
　E. 以孢子进行繁殖
6. 硫黄样颗粒是以下哪种微生物感染形成的（　　）
　A. 放线菌　　　　　B. 立克次体
　C. 螺旋体　　　　　D. 衣原体
　E. 支原体
7. 星形诺卡菌引起人的主要疾病是（　　）
　A. 肺炎　　　　　　B. 脑膜炎
　C. 脑脓肿　　　　　D. 败血症
　E. 腹膜炎

8. 首先成功分离培养出沙眼衣原体的学者是（　　）
　A. 李斯特　　　　　B. 汤飞凡
　C. 巴斯德　　　　　D. 郭霍
　E. 琴纳
9. 具有特殊发育周期的微生物是（　　）
　A. 支原体　　　　　B. 衣原体
　C. 立克次体　　　　D. 螺旋体
　E. 放线菌
10. 在衣原体发育周期中，无感染性的是（　　）
　A. 原体　　　　　　B. 始体
　C. 中间体　　　　　D. 核糖体
　E. 包涵体
11. 与立克次体有共同抗原成分的细菌是（　　）
　A. 痢疾志贺菌　　　B. 大肠埃希菌
　C. 铜绿假单胞菌　　D. 变形杆菌
　E. 产气杆菌
12. 经螨传播的立克次体病是（　　）
　A. Q 热　　　　　　B. 流行性斑疹伤寒
　C. 地方性斑疹伤寒　D. 斑点热
　E. 恙虫病
13. 立克次体与病毒的共同特点是（　　）
　A. 对抗生素不敏感　B. 以二分裂方式繁殖
　C. 无细胞壁和细胞膜　D. 专性细胞内寄生
　E. 以节肢动物为媒介进行传播
14. 能在无生命培养基上繁殖的最小微生物是（　　）
　A. 病毒　　　　　　B. 衣原体
　C. 支原体　　　　　D. 立克次体
　E. 螺旋体

三、简答题
1. 简述放线菌的培养条件和菌落特征。
2. 简述放线菌的繁殖方式和生活史。
3. 简述放线菌在医药方面的用途。

（任 奕 杨 鹏）

第**5**章

真　菌

真菌是一类无叶绿素、有细胞壁、能吸收营养的真核细胞型微生物。通常以有性和无性两种方式产生孢子进行繁殖，为丝状且有分枝的体细胞结构。

真菌分布广泛、种类繁多，目前已经发现了 10 余万种真菌。多数真菌对人类有益，如可食用、酿酒、制醋、生产抗生素和酶制剂等。少数对人类致病，与人类疾病有关的真菌有 400 余种，可引起人类感染性、中毒性及超敏反应性疾病，有些真菌毒素与肿瘤的发生有关。

第 1 节　生物学特性

一、形态与结构

真菌的形态多种多样，大小差别较大，按其结构可分为单细胞真菌（酵母菌）和多细胞真菌（霉菌、蕈菌）。

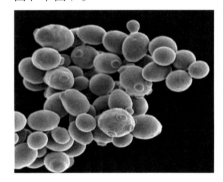

图 5-1　酵母菌（光镜图）

（一）单细胞真菌

单细胞真菌又称酵母菌（图 5-1），通常呈球形或椭球形，多以出芽方式繁殖。常见的有酵母型真菌和类酵母型真菌。酵母型真菌在显微镜下可见椭球形的单个细胞。类酵母型真菌则在生长繁殖过程中，其子细胞连成长链，细胞间连接处较狭窄，形似菌丝，称为假菌丝。

酵母菌的细胞壁由葡聚糖、甲壳素、蛋白质等构成，不含肽聚糖，因此青霉素等药物对其无毒性作用。其细胞质中有线粒体、内质网、高尔基体等结构，有高分化程度的细胞核。

（二）多细胞真菌

多细胞真菌又称丝状真菌或丝状菌，由菌丝和孢子两部分组成。不同真菌的菌丝与孢子的形态各不相同，是对真菌进行鉴别的重要依据。

（1）菌丝：真菌的孢子在外界环境适宜的情况下，会长出嫩芽，因其中空呈管状，称为芽管。随着真菌的逐渐生长，芽管也继续伸长呈长丝状，称为菌丝。菌丝分枝，交织成团，称为菌丝体。

按照结构可以将菌丝分为有隔菌丝和无隔菌丝：①有隔菌丝即菌丝在一定的间距形成横隔，将菌丝分为许多个单独的细胞；②无隔菌丝即横隔消失，一根菌丝即为一个细胞，其中含多个细胞核（图 5-2）。

按照功能不同可将菌丝分为营养菌丝、气生菌丝、生殖菌丝。①营养菌丝：又称基内菌丝，在培养基内生长，主要负责吸取营养；②气生菌丝：指露出培养基表面，向空气中生长的菌丝；③生殖菌丝：是指能

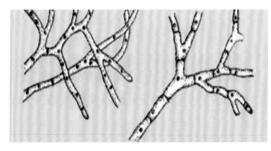

图 5-2　真菌的无隔菌丝和有隔菌丝

产生孢子，负责真菌繁殖功能的菌丝，由气生菌丝发育而来。

　　菌丝的形态多样，如螺旋状、鹿角状、结节状、球拍状、梳状等（图5-3），是对霉菌进行鉴别和分类的依据之一。

螺旋状菌丝　　　　　鹿角状菌丝　　　　　结节状菌丝　　　　　球拍状菌丝　　　　　梳状菌丝

图 5-3　真菌菌丝

　　（2）孢子：是霉菌的繁殖器官，为生殖菌丝发育到一定阶段产生的圆形或卵圆形的结构。霉菌的孢子与细菌的芽孢不同，其抵抗力不强，在60℃、1h可以被杀死。

　　霉菌的孢子分有性孢子和无性孢子两种。

　　1）有性孢子：是由同一个菌体或两个不同菌体上的两个细胞融合，再经过减数分裂形成的，经过了基因物质的交换，如卵孢子、接合孢子、子囊孢子、担孢子。大多数非致病性霉菌产生有性孢子。

　　2）无性孢子：无菌丝融合和基因物质交换的过程，是由菌丝直接分裂或出芽形成的，如关节孢子、厚垣孢子、孢子囊孢子、分生孢子、芽生孢子。大多数致病性霉菌具有无性孢子（图5-4）。

A. 厚垣孢子　　　　B. 关节孢子　　　　C. 孢子囊孢子

D. 小分生孢子　　　E. 大、小分生孢子　　　F. 芽生孢子

图 5-4　霉菌的无性孢子

二、生长繁殖

（一）酵母菌

　　1. 酵母菌的繁殖方式　无性繁殖和有性繁殖交替进行。不同种类的酵母菌出现的无性繁殖世代与有性繁殖世代所占的比例各不相同。

　　大多数酵母菌的主要繁殖方式为无性繁殖，主要包括芽殖、裂殖、无性孢子繁殖等。芽殖是酵母菌无性繁殖的主要方式，成熟的酵母菌细胞，先长出一个小芽，芽细胞长到一定程度后脱离母细胞继续生长，形成新的个体。

　　部分酵母菌的繁殖方式为有性繁殖。在营养状况不良时，一些可进行有性生殖的酵母菌会形成子囊孢子，在条件适合时再萌发。

　　2. 酵母菌的培养　酵母菌为兼性厌氧菌，营养要求不高，常用沙保培养基进行培养，约48h即可生长出菌落。

　　酵母菌菌落有两类。①酵母型菌落：菌落柔软致密，光滑湿润。在显微镜下观察可见芽生孢子，无菌丝，如新型隐球菌的菌落。②类酵母型菌落：某些单细胞真菌出芽后，芽管延长呈藕节状细胞链的假菌丝，伸入培养基内，外观与酵母型菌落相似，称类酵母型菌落，如白假丝酵母菌的菌落。

（二）霉菌

　　1. 霉菌的繁殖方式　霉菌可通过产生无性孢子和有性孢子进行繁殖。一般霉菌在生长的初始阶段先进行无性繁殖，后期在菌丝上产生有性孢子进行有性繁殖。

2. 霉菌的培养 营养要求不高，常用沙保培养基培养，多数病原性霉菌生长缓慢，培养 1 ～ 4 周才出现典型的菌落。在沙保培养基上，霉菌菌落为丝状菌落，由疏松的菌丝体和孢子组成。菌落呈棉絮状，绒毛状或粉末状，菌落正反面可呈现不同的颜色。丝状菌落的这些特征，是真菌鉴定与分类的依据。

三、抵 抗 力

真菌对热的抵抗力不强，60 ～ 70℃、1h 菌丝与孢子均能被杀死，但对干燥、日光、紫外线及一般消毒剂有较强的耐受力。对 2% 苯酚、1% 升汞及 10% 甲醛等较敏感。对常用的抗生素及磺胺药物均不敏感。灰黄霉素、制霉菌素、两性霉素 B、克霉唑、伊曲康唑等对多种真菌有抑制作用。

第 2 节　常见真菌

一、病原性真菌

（一）浅部感染真菌

浅部感染真菌，如皮肤癣菌，包括毛癣菌属、表皮癣菌属和小孢子菌属，经直接接触或间接接触传播，感染人体，但仅侵入已死亡的皮肤组织或角质层、甲及毛发等，在其中繁殖，通过机械刺激和代谢产物的作用，引起局部组织病变，如体癣、甲癣、头癣等。

（二）深部感染真菌

深部感染真菌，如曲霉菌、毛霉菌、申克孢子丝菌、组织胞浆菌、副球孢子菌和皮炎芽生菌等，可侵犯人体皮下组织、黏膜和内脏，常引起侵犯部位慢性肉芽肿样炎症、溃疡和组织坏死等。感染途径通常是血液传播和接触传播。

（三）机会感染真菌

1. 新型隐球菌 又称溶组织酵母菌。革兰氏染色阳性，球形，5 ～ 11μm（图 5-5），常存在于鸽粪中，人吸入被鸽粪污染的空气后，引起隐性感染或肺炎，当机体免疫力降低时，可向全身播散，引起慢性脑膜炎、脑炎等，亦可入侵骨骼、肌肉、淋巴结等多器官，引起慢性炎症和脓肿。

2. 白假丝酵母菌 又称白色念珠菌，革兰氏染色呈阳性，直径 4 ～ 6μm，属类酵母型真菌，可以产生假菌丝（图 5-6）。该菌通常作为正常微生物群存在于人体的口腔、鼻咽腔、肠道及女性的阴道黏膜上皮细胞表面。当机体大量使用广谱抗生素造成菌群失调时，可引起皮肤黏膜感染，严重的可引起内脏和中枢神经系统感染。常见的有婴幼儿鹅口疮，主要表现为口腔内膜表面形成白色斑膜；女性阴道炎，导致阴道分泌物增多呈豆腐渣样；肺炎和脑膜炎等相对少见。

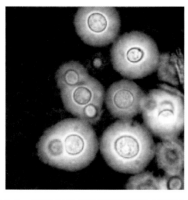

图 5-5　墨汁负染的新型隐球菌（光镜图）

图 5-6　白假丝酵母菌（光镜图）

（四）真菌毒素

由真菌产生的具有生物活性的小分子化合物，主要污染粮食及其制品、水果、蔬菜及饲料等，如镰刀菌、黄曲霉菌等在粮食中生长可产生毒素，人在食用后可导致急、慢性中毒，称为真菌中毒症。表现为肝肾功能损害，血液系统和神经系统的损害。

多种真菌毒素与肿瘤的发生有关，如黄曲霉毒素，其毒性很强，小剂量即具有强致癌作用，可引起原发性肝癌。此外，棒状曲霉、黑曲霉、烟曲霉等也可产生类似黄曲霉毒素的致癌物质。2020版《中国药典》制定易霉变中药材及饮片真菌毒素限量标准，如蜂房、土鳖虫等增加了黄曲霉毒素的限量要求。

少数蕈菌能产生毒素，人或动物食用后，可引起食物中毒，严重者可致死。主要表现有肠胃炎型、神经精神型、溶血型、肝脏损害型及呼吸与循环衰竭型等。

（五）真菌性疾病的防治原则

1. 预防　真菌性疾病尚无特异性预防方法。癣病的预防主要是注意个人卫生、公共卫生。要注意保持皮肤清洁、干燥及黏膜的完整性。避免直接或间接与患者接触以切断传播途经。预防深部真菌感染，去除诱因，合理使用抗生素。

2. 治疗　癣病治疗以局部治疗为主，可用克霉唑等外用药，疗效不佳时，口服抗真菌药物。深部真菌感染的治疗，根据感染的部位不同选择药物，可口服抗真菌药物治疗，如两性霉素 B、制霉菌素、氟康唑等。

考点：真菌感染的防治原则

二、与药学有关的真菌

（一）酵母菌

把酵母菌经高温干燥可制成酵母粉，治疗消化不良，并能促进代谢，增强食欲。酵母菌还可用于生产脂肪酸、甘油、甘露醇等药物，也作为生产单细胞蛋白的原料。

（二）霉菌

霉菌能产生许多药物如抗生素、维生素、酶和有机酸等。其中青霉素是产黄青霉菌的代谢产物，对革兰氏阳性细菌有较强的杀伤作用，对人体细胞无毒副作用，是人类历史上发现的第一种抗生素。灰黄霉素则由荨麻青霉产生，对真菌有良好的杀伤作用，可用于抑制皮肤癣菌的生长繁殖。头孢菌素则由青霉素 C 和青霉素 V 经化学加工后制备而成。

（三）蕈菌

许多蕈菌具有一定的药用价值，如灵芝、猴头、茯苓、银耳等。这些蕈菌除了含有蛋白质、氨基酸、维生素、真菌多糖等，还具有抗癌、抗衰老、增强免疫力等功效。

自 测 题

一、名词解释

1. 真菌　2. 菌丝　3. 孢子

二、选择题（A 型题）

1. 新型隐球菌常用的染色方法是（　　）

　　A. 革兰氏染色　　　　　B. 抗酸染色

　　C. 镀银染色　　　　　　D. 墨汁染色

　　E. 瑞氏染色

2. 由黄曲霉菌和寄生曲霉菌所产生的黄曲霉毒素损害人体的主要器官是（　　）

　　A. 肾　　　　　　　　　B. 肝脏

　　C. 造血器官　　　　　　D. 中枢神经系统

　　E. 免疫系统

3. 白假丝酵母菌不能引起的疾病是（　　）

　　A. 阴道炎　　　　　　　B. 肺炎

　　C. 脑膜炎　　　　　　　D. 鹅口疮

　　E. 体癣

4. 皮肤癣菌感染为（　　）

　　A. 原发性肝癌　　　　　B. 各种癣症

C. 鹅口疮   D. 真菌超敏反应性疾病   A. 皮肤丝状菌   B. 白假丝酵母菌

E. 真菌中毒   C. 新型隐球菌   D. 酵母菌

5. 真菌区别于细菌的本质是（   ）   E. 黄曲霉菌

A. 具有真正的细胞核   B. 有单细胞或多细胞   7. 下列与原发性肝癌发病有关的是（   ）

C. 有多种繁殖方式   D. 对抗生素不敏感   A. 青霉素   B. 灰黄霉素

E. 细胞壁中无肽聚糖   C. 黄褐霉素   D. 串珠镰刀菌毒素

6. 致病性真菌不包括（   ）   E. 黄曲霉毒素

（贾   静）

第 **6** 章

病毒概述

病毒（virus）是由 RNA 或 DNA 及蛋白质等组成的、专营细胞内感染、以复制方式增殖的一大类结构简单的微生物。

病毒可寄生于人类、动物、植物、细菌等生物体内，引起各类疾病。人类的传染病中约有 75% 是由病毒引起的。病毒性疾病传播迅速，后遗症严重，致死率高，并且目前还没有特效药物，对人类的健康危害极大。

考点：病毒的概念

第 1 节　病毒的基本性状

一、病毒的大小和形态

（一）病毒的大小

病毒个体微小，测量单位是纳米（nm）。各种病毒的大小相差悬殊，一般分为大、中、小 3 型。大型病毒直径为 200～300nm，这类病毒在光学显微镜下勉强可见，如痘类病毒；中型病毒直径为 80～150nm，如流行性感冒病毒；小型病毒直径为 18～30nm，如口蹄疫病毒。多数病毒小于 150nm，须用电子显微镜放大才能看到。

（二）病毒的形态

病毒的形态随病毒的种类而异，有球形、砖形、弹状、杆状、蝌蚪形等，大多数病毒呈球形，痘类病毒呈砖形，狂犬病毒呈弹状，植物病毒呈杆状，噬菌体呈蝌蚪形。常见病毒形态，见图 6-1。

考点：病毒的测量单位及常见形态

DNA病毒

RNA病毒

图 6-1　常见病毒的形态与结构

二、病毒的结构和组成

病毒无细胞结构，是一类非细胞生物，故称为病毒体、病毒粒子、病毒颗粒等。其化学成分主要由核酸（DNA 或 RNA）与蛋白质组成。病毒结构非常简单，基本结构是核心和衣壳，又称核衣壳（裸露病毒）。有的病毒仅有核衣壳，有的病毒在外表面有包膜包裹，称为包膜病毒，包膜表面还有刺突（图6-2）。

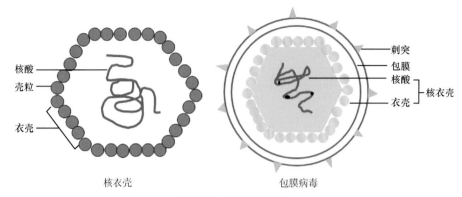

核酸

壳粒

衣壳

核衣壳

刺突
包膜
核酸
衣壳 } 核衣壳

包膜病毒

图6-2　病毒体结构

（一）核心

病毒的核心位于病毒中心，主要成分为核酸（DNA 或 RNA），是病毒的基因组，携带病毒的全部遗传信息，决定病毒的各种生物学特性。一种病毒仅有一种核酸，根据其核酸类型可将病毒分为 DNA 病毒和 RNA 病毒。另外，部分病毒的核心还含有少量功能性蛋白，如 DNA 聚合酶和逆转录酶等。

（二）衣壳

病毒衣壳的化学成分是蛋白质，由一定数量的蛋白质壳粒组成，包绕在病毒的核心外围。不同病毒衣壳的蛋白质壳粒数量和排列方式不同，造成了病毒的多样性。病毒衣壳的类型主要有 3 种，即二十面体对称、螺旋对称和复合对称（图6-3）。

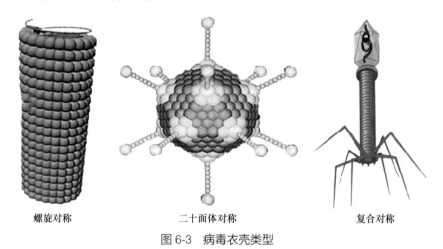

螺旋对称　　　　　　　二十面体对称　　　　　　复合对称

图6-3　病毒衣壳类型

衣壳的功能：①决定病毒形态；②保护病毒核酸免受核酸酶或其他理化因素的破坏；③能与特定细胞的受体结合，决定病毒对宿主细胞的亲嗜性；④具有抗原性，诱导机体产生免疫应答。

（三）包膜

某些病毒粒子具有脂蛋白或糖蛋白成分的外层膜状结构叫包膜，是病毒以出芽方式释放时获得的宿主的细胞膜或核膜，其主要成分是宿主的脂蛋白和病毒编码的糖蛋白。

包膜的功能：①保护核衣壳，维持病毒的结构完整性；②与宿主细胞膜具有亲嗜性，可帮助病毒穿入宿主细胞；③包膜表面的糖蛋白有抗原性，可诱导机体产生免疫应答。

考点： 病毒的结构与组成

三、病毒的增殖

（一）病毒的增殖

病毒缺乏细胞结构，没有独立代谢的酶系统和细胞器，必须借助活的易感细胞提供原料、能量等，才能完成病毒的增殖。病毒的增殖方式为复制。

病毒颗粒侵入宿主细胞直至细胞释放子代病毒颗粒的全过程称为病毒的复制，包括吸附、穿入、脱壳、生物合成、组装与释放等步骤（图 6-4）。

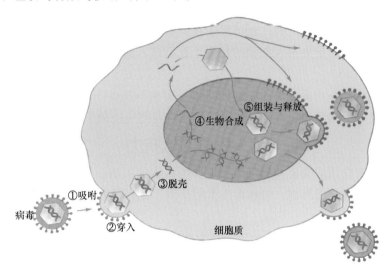

图 6-4 双链 DNA 病毒增殖过程

1. 吸附　是指病毒附着于敏感细胞的表面，它是感染的起始期。病毒进入宿主后，首先因随机碰撞或静电作用与细胞结合。接着，病毒的表面结构与细胞表面的特异性受体结合，完成特异性吸附。

2. 穿入　是指病毒核酸或感染性核衣壳穿过细胞膜进入细胞质，开始病毒感染的阶段，有胞饮、融合、直接穿入三种方式。

3. 脱壳　是指病毒侵入宿主细胞后，脱去衣壳，暴露病毒核酸的过程。

4. 生物合成　是指病毒核酸在宿主细胞质内，合成病毒核酸和衣壳蛋白质的过程。DNA 病毒的生物合成，遵循遗传中心法则，即 DNA → RNA →蛋白质，如 HBV。RNA 病毒的生物合成顺序为 RNA →蛋白质，如冠状病毒。

5. 组装与释放　组装是指子代病毒核酸与蛋白质衣壳组装成完整病毒颗粒的过程。释放是指完整的病毒颗粒从宿主细胞内游离出来的过程，主要是破胞释放和出芽释放。

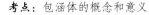

考点：病毒的复制的概念与过程

（二）包涵体

有些病毒感染细胞后，在增殖过程中，会导致细胞质或细胞核内出现圆形或卵圆形，嗜碱性或嗜酸性的斑块结构称为包涵体。包涵体是细胞被病毒感染后留下的痕迹，一般由完整的病毒颗粒或尚未组装的病毒亚基聚集而成。有的位于细胞质中，有的在细胞核中。包涵体在光学显微镜下可见，通过检查病毒包涵体，可以辅助诊断某些病毒性疾病，如狂犬病毒在神经细胞内增殖后形成的内基小体（图 6-5）。

考点：包涵体的概念和意义

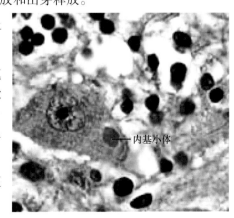

内基小体

图 6-5 狂犬病毒内基小体（光镜图）

（三）病毒的培养

对病毒进行实验和研究，制备病毒疫苗，进行特异性诊断，需要对病毒进行人工培养。而病毒是严格细胞内寄生的非细胞生物，因此病毒的培养必须提供活的易感细胞。常用的病毒培养方法有动物接种、鸡胚培养、细胞培养。

四、病毒的干扰现象

当两种病毒同时或先后感染同一宿主细胞时，可发生一种病毒抑制另一种病毒复制增殖的现象，称为病毒的干扰现象。

干扰现象可发生在异种病毒之间，也可发生在同种、同型或同株之间。干扰现象无特异性，干扰与被干扰也不固定，通常是先进入细胞的病毒干扰后进入的病毒，死病毒干扰活病毒，缺陷病毒干扰完整病毒。

病毒之间的干扰现象一方面可使某些感染终止，宿主不发病；另一方面，在预防接种时，应避免同时使用具有干扰现象的两种病毒疫苗，以防降低疫苗的免疫效果。

五、病毒的抵抗力

病毒受理化等因素作用而失去其感染能力，称为病毒的灭活。某些被灭活的病毒仍具有免疫原性。了解理化因素等对病毒的影响，对病毒疫苗的研制，制订预防病毒感染的措施等有重要意义。

（一）温度与酸碱度

病毒耐冷不耐热，常用低温（-70℃）、液氮温度（-196℃）及冷冻真空干燥保存病毒。加热60℃ 30min，多数病毒（除肝炎病毒外）可被灭活。多数病毒在 pH5～9 的范围内较稳定，否则可被迅速灭活。

（二）脂溶剂

乙醚、三氯甲烷、丙酮等脂溶剂可以溶解破坏病毒包膜中的脂质成分，故包膜病毒对脂溶剂敏感。无包膜病毒因不含脂质成分，对脂溶剂不敏感。

（三）消毒剂

病毒对氧化剂、醇类、醛类、烷化剂等消毒剂敏感。常用的有 H_2O_2、乙醇、过氧乙酸等。甲醛可在破坏病毒感染性的同时，保留其免疫原性，因此常用来制备病毒的灭活疫苗。

（四）其他因素

病毒对抗生素不敏感，但对干扰素敏感。有些中草药如板蓝根、大青叶等对某些病毒有一定的抑制作用。电离辐射（X 射线、γ 射线、紫外线）均可灭活病毒。对 50% 甘油有耐受力，常用 50% 甘油盐水保存送检的病毒材料。

考点：病毒的抵抗力

第 2 节　病毒的致病性与感染

病毒与人类的关系非常密切，人类传染病多由病毒引起。因此，研究病毒各方面性能与特点，可推动医药行业的发展，为保障人类身体健康做出贡献。

一、病毒的传播方式和途径

（一）水平传播

水平传播指病毒在人群不同个体之间的传播方式，也包括从动物到人的传播。常见的传播途径有：①消化道传播，如甲型肝炎病毒；②呼吸道传播，如新型冠状病毒；③接触传播，包括直接或间接接触而引起的感染，如 HIV；④血源传播，如 HBV；⑤媒介昆虫叮咬及动物咬伤传播，如乙脑病毒。

（二）垂直传播

垂直传播是病毒感染特点之一，指母体的病毒经胎盘或产道传播给子代的方式。目前已知能经垂直传播的病毒有十余种，如风疹细胞、巨细胞病毒、人类免疫缺陷病毒、乙型肝炎病毒等。常见病毒的感染方式与途径，见表6-1。

考点： 水平传播和垂直传播的概念及方式

表 6-1　常见病毒的感染方式与途径

传播方式	感染方式	病毒种类
水平传播	呼吸道传播	流感病毒、冠状病毒、麻疹病毒、腮腺炎病毒等
	消化道传播	脊髓灰质炎病毒、甲型肝炎病毒、其他肠道病毒等
	接触传播	腺病毒、人类免疫缺陷病毒、单纯疱疹病毒、人乳头瘤病毒等
	血源传播	乙型肝炎病毒、人类免疫缺陷病毒、巨细胞病毒等
	虫媒或动物咬伤传播	流行性乙型脑炎病毒、狂犬病毒、出血热病毒等
垂直传播	胎盘、产道	乙型肝炎病毒、人类免疫缺陷病毒、风疹病毒、巨细胞病毒等

二、病毒的感染类型

不同种类病毒的致病能力强弱程度不一，不同机体免疫能力强弱程度不同，造成了病毒侵入机体后，表现出不同的感染类型，主要有以下几种：

（一）隐性感染

当侵入机体的病毒数量少、致病能力弱，而机体抵抗力强时，机体不表现明显的临床症状，称隐性感染或亚临床感染。隐性感染可使机体获得特异性免疫力，同时也可使机体成为重要的传染源。

（二）显性感染

当侵入机体的病毒数量多，致病能力强，而机体抵抗力弱时，机体表现出明显的临床症状，称显性感染。根据症状出现早晚和持续时间长短，显性感染又可分为急性感染和持续性感染。

1. 急性感染　病毒侵入机体后，潜伏期短，起病急，病程短（数月或数周），病情较重，病愈后机体内病毒消失，如流行性感冒和急性甲型肝炎等。

2. 持续性感染　病毒感染后在体内存在的时间较长，数月、数年甚至终身携带病毒，可出现症状，也可不出现症状。按照病程又可分为三种：

（1）慢性感染：急性感染或隐性感染后，病毒未被完全清除，而是在体内持续存在，可不断排出体外。患者症状时有时无，病程可达数月至数年之久，如由乙型肝炎病毒引起的慢性乙型肝炎等。

（2）潜伏感染：某些病毒在急性或隐性感染后，长期潜伏于特定的组织细胞内，不增殖，也不出现临床症状，在某些条件下，潜伏的病毒被激活增殖，急性发作而出现临床症状，如单纯疱疹病毒引起的唇疱疹等。

（3）慢发病毒感染：病毒感染后，经数年或数十年的潜伏期，一旦发病出现症状，多为亚急性进行性加重，最终导致死亡，如人类免疫缺陷病毒感染引起的获得性免疫缺陷综合征等。

考点： 病毒感染的类型

三、病毒的致病机制

病毒在进入机体后，主要通过以下两种方式造成对机体的损伤：一是病毒寄生在宿主细胞内直接损伤宿主细胞，二是病毒作为异种抗原诱发机体的免疫应答，从而造成免疫病理损伤。

（一）病毒对宿主细胞的直接损伤

1. 杀细胞效应　无包膜的病毒在宿主细胞内增殖，导致宿主细胞溶解死亡。机制：①病毒感染时，利用宿主细胞的原料、能量等合成了自身核酸及蛋白质成分，干扰了宿主细胞核酸和蛋白质的合成；②病毒蛋白直接或间接发挥毒性作用，破坏宿主细胞；③引起宿主细胞溶酶体膜通透性改变，释放溶酶体酶，使细胞自溶；④病毒激活宿主死亡基因，导致细胞凋亡。

2. 改变宿主细胞膜　包膜病毒在宿主细胞内增殖后，以出芽方式释放出胞时，引起宿主细胞膜的改变。机制：①细胞膜膜理性改变，导致感染细胞与周围未感染细胞融合，形成多核巨细胞，病毒可借此扩散；②细胞膜出现新抗原，引起机体免疫应答，导致免疫病理损伤；③引起细胞膜通透性异常。

3. 细胞转化　多见于 DNA 病毒和逆转录病毒。病毒核酸整合到宿主细胞 DNA 中，导致宿主细胞遗传性发生改变，甚至成为肿瘤细胞。

考点：病毒的致病机制

（二）病毒感染引起的免疫病理损伤

1. 有的病毒可直接杀伤人体免疫细胞，导致机体免疫功能缺失，如 HIV。

2. 细胞免疫是机体抗病毒免疫的主要免疫应答方式。机体在杀伤病毒时通常连同被感染细胞一起杀灭，造成Ⅳ型超敏反应，引起机体组织损伤。

3. 机体产生抗体清除病毒的同时，可引起Ⅱ型、Ⅲ型超敏反应，导致机体组织损伤。

第 3 节　病毒的检查方法和防治原则

一、病毒感染的微生物学检查

（一）标本的采集与送检

根据临床表现、病程期采取不同标本，如鼻咽分泌物、痰液、脑脊液、血液、粪便等。采取过程中要做到无菌操作，尽量在感染早期采取。采集到标本应立即送检，如不能立即送检，将标本置于含抗生素的 50% 甘油盐水缓冲液中，在低温下保存送检。

（二）形态学检查

1. 光学显微镜检查　可用于病毒的包涵体的检查，如狂犬病毒。少量的大型病毒颗粒的检查，如痘病毒。

2. 电子显微镜检查　使用电子显微镜可观察病毒颗粒的形态、结构等，有利于早期病毒感染检查，如甲型肝炎患者粪便中的甲型肝炎病毒，秋季腹泻患者粪便中的轮状病毒等。

（三）免疫学检查

可以利用抗原抗体反应的原理，鉴定病毒或快速诊断。常用方法：中和试验、放射免疫测定、酶联免疫吸附试验等。

（四）病毒核酸的检测

检测病毒核酸具有特异性强、灵敏度高等优点。常用方法：聚合酶链反应、核酸杂交技术。

二、病毒的防治原则

目前尚无针对病毒性疾病的特效药物，因此，预防十分重要。

（一）病毒性疾病的预防

1. 一般性预防　冬春季节，温度降低，病毒活跃，所以病毒性疾病多发生于冬春季。加强宣传活动，使更多的人认识到病毒性疾病对人类的危害。发生病毒疫情时要做到：控制传染源，隔离、治疗患者；切断传播途径；保护易感人群。

2. 特异性预防　①人工自动免疫：接种疫苗使机体产生自动免疫，是预防和控制病毒性疾病的有效措施。常用的疫苗包括减毒活疫苗如脊髓灰质炎疫苗；灭活疫苗如乙脑疫苗；基因工程疫苗如乙肝疫苗。②人工被动免疫：常用的生物制剂有胎盘球蛋白、丙种球蛋白、转移因子等，可用于某些病毒性疾病的紧急预防与治疗。

（二）病毒感染的治疗

1. 药物治疗　目前抗病毒药物主要有：盐酸金刚烷胺、阿昔洛韦和阿糖腺苷等。

2. 干扰素及干扰素诱生剂　干扰素具有广谱抗病毒作用，可用于多种病毒感染的治疗。常用的干扰素诱生剂有多聚肌苷酸和多聚胞苷酸等。

3. 中草药　常用的有大青叶、板蓝根和贯众等。

考点： 病毒性疾病的预防

自 测 题

一、名词解释

1. 病毒　2. 干扰现象　3. 垂直感染　4. 持续性感染

二、选择题（A 型题）

1. 测量病毒大小的单位是（　　）

　　A. m　　　　　　　　　　B. cm

　　C. mm　　　　　　　　　D. nm

　　E. μm

2. 关于病毒的描述，下列错误的是（　　）

　　A. 属于非细胞生物

　　B. 结构简单

　　C. 核酸为 DNA 和 RNA

　　D. 需要在活的易感细胞内增殖

　　E. 测量单位是 nm

3. 病毒的增殖方式是（　　）

　　A. 二分裂　　　　　　　B. 复制

　　C. 芽生　　　　　　　　D. 裂殖

　　E. 多分裂

4. 能感染人类的病毒，形态多数呈（　　）

　　A. 杆状　　　　　　　　B. 丝状

　　C. 球形　　　　　　　　D. 弹状

　　E. 砖形

5. 对抗生素不敏感但对干扰素敏感的微生物是（　　）

　　A. 细菌　　　　　　　　B. 立克次体

　　C. 衣原体　　　　　　　D. 螺旋体

　　E. 病毒

6. 病毒特有的传播方式是（　　）

　　A. 呼吸道传播　　　　　B. 消化道传播

　　C. 接触传播　　　　　　D. 节肢动物媒介传播

　　E. 垂直传播

三、简答题

1. 简述病毒的增殖过程。

2. 试述病毒的感染类型。

（贾　静）

第7章

常见病毒

第1节 呼吸道病毒

呼吸道病毒是以呼吸道为侵入门户,在呼吸道黏膜上皮细胞增殖,引起呼吸道局部感染或呼吸道以外组织器官病变的病毒。据统计,90%以上的急性呼吸道感染由该类病毒引起。主要有流行性感冒病毒、冠状病毒及SARS冠状病毒、麻疹病毒、腮腺炎病毒、风疹病毒及腺病毒等。

一、流行性感冒病毒

流行性感冒病毒简称流感病毒,属于正黏病毒科,分为甲(A)、乙(B)、丙(C)3型,是引起人和动物流行性感冒(简称流感)的病原体。其中甲型流感病毒是引起人类流感流行最主要的病原体。

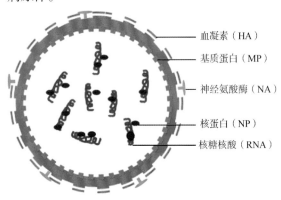

图7-1 流行性感冒病毒

血凝素(HA)
基质蛋白(MP)
神经氨酸酶(NA)
核蛋白(NP)
核糖核酸(RNA)

(一)生物学特性

1. 形态结构 电镜下流感病毒呈球形或椭圆形,也可呈丝状,直径在80～120nm,有包膜。病毒核酸为分7或8个节段的单股负链RNA,病毒的衣壳为核蛋白(NP),呈螺旋对称形包绕着核酸(图7-1)。

流感病毒包膜有两层结构,内层为病毒基因编码的基质蛋白(MP),具有保护病毒核心和维持病毒外形的作用。外层为来自宿主细胞的脂质双层膜。甲型和乙型流感病毒包膜上面镶嵌有两种糖蛋白刺突,即血凝素(HA)和神经氨酸酶(NA)。目前发现的HA有15种(H1～H15),NA有9种(N1～N9)。HA和NA是划分流感病毒亚型的依据。

2. 分型与变异 根据NP和MP蛋白抗原性的不同可将流感病毒分为甲、乙、丙3型。甲型又根据HA和NA抗原性不同,再区分为若干亚型。乙型、丙型流感病毒至今尚未发现亚型。

3型流感病毒中,甲型流感病毒的HA和NA抗原性最易发生变异,HA变异更快。流感病毒抗原变异有两种形式:①抗原漂移,为流感病毒抗原变异的一种形式,由点突变所致,与人群选择力有关,其变异幅度小,如血凝素和神经氨酸酶的氨基酸变异率小于1%,属量变。面对此种病毒,人群有免疫力,但免疫力不强,一旦发生流行,一般引起较小范围流行。②抗原转变,是指流感病毒抗原发生大幅度的变异现象。变异幅度大,HA氨基酸的变异率为20%～50%,是一种质变,导致新亚型的出现。由于人群完全失去免疫力,每次新亚型出现都会引起世界性流感的暴发流行。近一个世纪,甲型流感病毒已经历过数次重大变异。

考点:甲型流感病毒变异与流感流行的关系

3. 抵抗力　流感病毒抵抗力弱,耐冷不耐热,56℃、30min 可被灭活,0～4℃能存活数周,-70℃可以长期保存。对干燥、紫外线、乙醚、甲醛、乳酸等均敏感。

(二)致病性与免疫性

1. 致病性　冬春季为流感高发季节。传染源主要为患者和病毒携带者,在急性期症状出现1～2天内,鼻咽分泌物排出的病毒量较多,传染性最强。传播途径主要是呼吸道飞沫传播,也可通过气溶胶传播。病毒仅在呼吸道上皮细胞内增殖,引起细胞变性、坏死、脱落,黏膜充血水肿,一般不入血。

病毒传染性强,病毒感染后症状轻重不等,潜伏期1～4天,突然发病,有畏寒、发热、头痛、肌痛、厌食、乏力、鼻塞、流涕咽痛和咳嗽等症状,体温可高达38～40℃,持续3～5天。流感具有自限性,无并发症患者5～7天即可痊愈。免疫力低下、心肺功能不全者在感染后易继发细菌性感染,特别是肺炎,可危及生命。

2. 免疫性　流感病毒感染后可产生特异性中和抗体,包括 IgG、IgM 和 SIgA,局部中和抗体 SIgA 和血清中和抗体在预防感染和阻止疾病发生中有重要作用。病后免疫力不持久,仅对同型病毒具有短暂免疫力。各亚型间无交叉免疫性。

(三)防治原则

(1)流行期间应尽量避免人群聚集,必要时戴口罩,保持室内通风清洁,公共场所可用乳酸加热熏蒸,能灭活空气中的流感病毒。

(2)免疫接种是预防流感的特异性方法,但必须与当前流行株的型别基本相同,目前使用较多的为灭活疫苗。

(3)流感尚无特效疗法,盐酸金刚烷胺及其衍生物甲基金刚烷胺可减轻全身中毒症状。此外,干扰素滴鼻及中药板蓝根、大青叶等有一定疗效。

考点: 流感的预防

二、冠状病毒与 SARS 病毒

冠状病毒是在电子显微镜下状似皇冠的一类病毒。冠状病毒在分类上属于冠状病毒科冠状病毒属,只感染人、鼠、猪、猫、犬、禽类等。已知会引起从普通感冒到重症肺部感染不同的疾病,如中东呼吸综合征(MERS)、传染性非典型肺炎(SARS)和新型冠状病毒肺炎(COVID-19)。

(一)生物学特性

1. 形态结构　冠状病毒呈多形性,核酸为单股正链 RNA病毒,不分节段,核衣壳呈螺旋对称,有包膜,其表面有刺突,向四周伸出形如花冠(图 7-2)。病毒直径 80～160nm,包膜表面上的刺突蛋白与细胞受体结合,介导细胞融合,为病毒侵入宿主易感细胞的关键蛋白。

2. 分类　根据病毒表面糖蛋白抗原不同,分为两个哺乳动物群和两个鸟类群。人冠状病毒只有一种。

3. 抵抗力　冠状病毒对乙醚等脂溶剂和紫外线敏感,不耐酸或碱,56℃ 30min 可被灭活。

(二)致病性与免疫性

1. 致病性　冠状病毒在世界各地普遍存在,可感染各年龄组人群,主要侵犯成年人或大龄儿童,引起普通感冒和咽喉炎。经飞沫传播,冬春季流行。多为自限性疾病,潜伏期平均3天,病程一般6～7天,病后免疫力不强,可发生再感染。

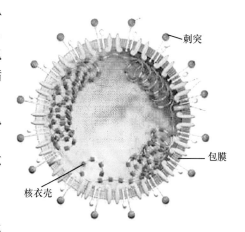

图 7-2　冠状病毒

SARS 病毒可引起严重急性呼吸综合征(SARS)。传染源主要是 SARS 患者。该病毒以近距离空气飞沫传播为主，也可通过接触患者呼吸道分泌物经口、鼻、眼等途径传播。人对 SARS 病毒无天然免疫力，故人群普遍易感。流行的主要季节是冬、春季，潜伏期为 2～10 天，一般为 4～5 天。临床表现以发热、头痛、全身酸痛、乏力、干咳少痰、气促或呼吸困难等为主要症状，部分可发展为呼吸窘迫综合征。

患者早期白细胞正常或稍低，胸部 X 线片显示肺部出现片状密度增高阴影，随后病变迅速发展，出现多叶肺病变，伴有呼吸困难和低氧血症，进而出现呼吸窘迫、休克、DIC、心律失常等，此病患者传染性极强且很难抢救，病死率很高。如原有糖尿病、冠心病、肺气肿等基础疾病的老年患者病死率可达 40%～50%。

2. 免疫性　感染 SARS 病毒后，机体可产生特异性抗体。有人用恢复期血清治疗患者获得疗效，说明特异性抗体有中和该病毒作用。

（三）防治原则

针对 SARS 病毒传播快、流行快和病情严重的特点，流行期间切断传播途径，隔离传染源，避免人群聚集，进行空气消毒等。患者采取支持疗法，使用抗病毒药物治疗，如盐酸金刚烷胺、干扰素和中药板蓝根等。

> **链接**
>
> #### 新型冠状病毒肺炎
>
> 新型冠状病毒肺炎（COVID-19）是一种急性呼吸道传染病。现已纳入我国《传染病防治法》规定的乙类传染病。传染源主要是患者和无症状感染者。呼吸道飞沫和密切接触是主要的传播途径，也可经气溶胶、消化道等传播。人群普遍易感，可有重症、危重症、轻症、无症状感染者。基于目前的流行病学调查，COVID-19 的潜伏期多为 1～14 天。临床表现以发热、乏力、干咳为主，部分患者会出现缺氧低氧状态。约半数患者多在 1 周后出现呼吸困难，严重者快速进展为急性呼吸窘迫综合征、脓毒症休克、难以纠正的代谢性酸中毒和凝血功能障碍。重症、危重症患者病程中可为中低热，甚至无明显发热。轻症患者起病症状轻微，可无发热，多在 1 周后恢复。多数预后良好，少数病情危重甚至死亡。对患者的治疗主要采取支持疗法和对症治疗。

三、麻疹病毒

麻疹病毒属副黏病毒科，呈球状，内核为单链 RNA，螺旋对称，有包膜，其上含血凝素，只有一种血清型。

麻疹病毒是麻疹的病原体。麻疹好发于冬春季，多见于 6 个月至 5 岁的婴幼儿。传染源为急性期患者，传播途径主要通过飞沫直接传播，有的还可通过鼻腔分泌物污染玩具、用具等感染，潜伏期 9～12 天，潜伏期至出疹期均具有传染性。

病毒首先在呼吸道上皮细胞内增殖，再进入血流，出现第一次病毒血症，多数患儿口颊黏膜出现灰白色外绕红晕的黏膜斑——柯氏斑（图 7-3），对早期诊断有重要意义。病毒随血流侵入全身淋巴组织和单核吞噬细胞系统，在细胞内增殖后，再次入血为第二次病毒血症，临床表现有高热、畏光、流涕、咳嗽等。发病 2 天后，患者全身皮肤相继出现红色斑丘疹，先颈部，然后躯干，最后四肢；麻疹一般可自愈；抵抗力低下者，可出现肺炎等并发症，占麻疹死亡率的 60%；极个别患者病毒可持续潜伏在脑组织，于患者恢复数年后，引起亚急性硬化性全脑炎（SSPE），病死率达 100%。

麻疹自然感染后可获得牢固免疫力，经母体获得的抗体能保护新生儿。麻疹减毒活疫苗是当前最有效的预防方法。对接触麻疹患者的易感者，用丙种球蛋白或胎盘球蛋白进行

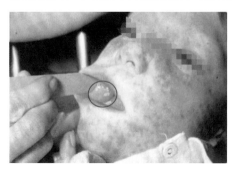
图 7-3　麻疹柯氏斑

紧急预防，可有效阻止发病或减轻症状。

考点：麻疹的预防

四、腮腺炎病毒

腮腺炎病毒是流行性腮腺炎的病原体。病毒呈球形，直径为 85～300nm，平均 140nm。核心为单股负链 RNA，衣壳为螺旋对称形，核衣壳蛋白具有可溶性抗原（S 抗原），有包膜，表面含有神经氨酸酶和一种血凝素蛋白，有抗原性，对物理、化学因素均很敏感。

病毒通过飞沫或人与人直接接触传播。儿童为易感者，好发于冬春季节。病毒可侵入腮腺及其他器官，如睾丸、卵巢、胰腺、肾脏和中枢神经系统等。主要症状为一侧或双侧腮腺肿大，有发热、肌痛和乏力等。腮腺炎病后可获得牢固免疫力。

减毒活疫苗接种是唯一有效的预防措施，丙种球蛋白有防止发病和减轻症状作用。

五、其他呼吸道病毒

（一）风疹病毒

风疹病毒，是风疹的病原体，为单股正链 RNA 病毒，直径约 60nm，核衣壳为二十面体立体对称形，有包膜，包膜刺突含血凝素。

病毒经呼吸道传播。临床表现类似麻疹样出疹，但较轻，伴耳后和枕下淋巴结肿大。成人感染症状较严重，除出疹外，还有关节炎和关节疼痛、出疹后脑炎等。

风疹病毒感染最严重的问题是能垂直传播导致胎儿先天性感染。孕妇在 3 个月孕期内感染风疹病毒对胎儿危害极大，可引起胎儿流产、死亡或畸形，主要表现为出生后的先天性心脏病、先天性耳聋、失明、智力低下等。

考点：风疹垂直传播的危害

（二）腺病毒

腺病毒，为双链 DNA 无包膜病毒。核衣壳为二十面体立体对称形，直径 70～90nm。腺病毒主要感染儿童，主要通过呼吸道、胃肠道和密切接触进行传播，大多无症状，成人感染不常见。腺病毒感染主要引起咽炎、扁桃体炎、肺炎等呼吸道疾病，以及流行性眼结膜炎、急性出血性膀胱炎和胃肠炎等多种疾病。

病后，机体产生的相应抗体对同型病毒具有持久的保护作用。

除风疹病毒和腺病毒外，还有几种比较常见的呼吸道病毒（表 7-1）。

表 7-1　其他呼吸道病毒及其主要特征

病毒名称	形态与结构	传播途径	所致疾病
呼吸道合胞病毒	球形，单股 RNA，有包膜	主要经飞沫	婴儿多为毛细支气管炎和肺炎，较大儿童和成人为鼻炎、感冒等
鼻病毒	生物学性状与肠道病毒相似的小 RNA 病毒	呼吸道	在成人引起普通感冒等上呼吸道感染；在儿童还能引起支气管炎和肺炎，为自限性疾病，1 周左右可自愈

第 2 节　肠道病毒

肠道病毒是一类经消化道感染，在肠道上皮细胞内增殖引起消化道及消化道外组织器官病变的一类病毒。人类肠道病毒包括脊髓灰质炎病毒、柯萨奇病毒、埃可病毒、轮状病毒、新型肠道病毒。

共同特点：病毒呈球形，直径 27～30nm，衣壳呈二十面体立体对称，为无包膜的小 RNA 型病毒。耐乙醚和酸，在宿主细胞质内复制，以破胞形式释放。主要经粪-口途径传播，引起人类多种疾病，如脊髓灰质炎、无菌性脑膜炎、心肌损伤、腹泻和皮疹等。

一、脊髓灰质炎病毒

脊髓灰质炎病毒引起脊髓灰质炎，是一种危害中枢神经系统的传染病，可致肢体迟缓性麻痹，患者以儿童多见，又称小儿麻痹症。

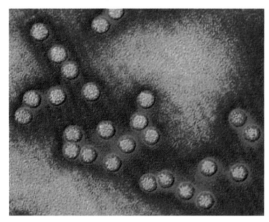

图 7-4　脊髓灰质炎病毒（电镜图）

（一）生物学特性

脊髓灰质炎病毒具有典型的肠道病毒形态（图 7-4）。有Ⅰ、Ⅱ和Ⅲ 3个血清型，各型之间无交叉免疫性。病毒在外界环境中有较强的生存力，在污水和粪便中可存活数月，在酸性环境中较稳定，不易被胃酸和胆汁灭活，对紫外线、干燥、热敏感，56℃、30min 可灭活。耐乙醚、乙醇，对各种氧化剂如高锰酸钾、过氧化氢、漂白粉等敏感。

（二）致病性与免疫性

传染源为患者和无症状感染者。主要通过粪-口途径传播，亦可通过呼吸道传播。病毒经口侵入机体，先在咽喉部扁桃体和肠道下段上皮细胞、肠系膜淋巴结内增殖，约 90% 的感染者不出现症状或只有轻微发热、咽喉痛、腹部不适等，表现为隐性感染或轻症感染。只有少数感染者，病毒入血引起第一次病毒血症，出现发热、头痛、腹部不适等症状。病毒随血流扩散进一步增殖后，大量病毒再度入血形成第二次病毒血症，导致全身症状加重。仅有 1‰ 患者病毒可侵入脊髓前角或脑干的运动神经细胞中增殖，轻者引起暂时性肌肉麻痹，重者可造成肢体弛缓性麻痹后遗症。极个别病例发生延髓麻痹，导致呼吸循环衰竭而死亡。

病后和隐性感染均可使机体获得对同型病毒的牢固免疫力。

（三）防治原则

1. 预防措施主要是隔离患者，消毒患者排泄物，加强饮食卫生管理。

2. 婴幼儿接种脊髓灰质炎疫苗是预防脊髓灰质炎最有效的方法。

3. 未进行疫苗接种又与患者有过密切接触者，可注射丙种球蛋白作紧急预防。

考点：脊髓灰质炎的预防

二、轮状病毒

（一）生物学特性

轮状病毒为大小不等的球形颗粒，核心为双链 RNA，双层衣壳，无包膜。壳粒从内向外呈放射状排列，犹如车轮状，故名轮状病毒。

病毒对理化因素有较强的抵抗力，耐酸、耐碱、耐乙醚、氯仿和反复冻融。55℃，30min 可被灭活。在室温下相对稳定，在粪便中可存活数天到数周。

（二）致病性与免疫性

病毒呈世界性分布，可分为 A～G 7组，其中 A 组最常见，引起 6 个月至 2 岁婴幼儿的严重腹泻，占病毒性胃肠炎的 80% 以上。传染源是患者和无症状感染者，主要通过粪-口途径传播，多发于秋冬季，在我国常称为"秋季腹泻"。潜伏期为 24～48h，临床表现为发病突然，患儿有发热、水样腹泻、呕吐等症状，病毒感染多为自限性，可完全恢复。重者可出现脱水、酸中毒而死亡。

病后对同型病毒有一定保护作用，但婴幼儿免疫力尚不完善，病愈后重复感染的机会较多。B 组病毒引起成人腹泻，病死率低。C 组病毒感染发病率低，多散发。

（三）防治原则

一般性预防主要是控制感染源、切断传播途径、严格消毒可能传染的物品、注意洗手等。无特异性疫苗。治疗应及时补水和电解质、纠正酸中毒，以减少婴幼儿的死亡率。

三、其他肠道病毒

其他常见肠道病毒，见表7-2。

表 7-2　其他肠道病毒

病毒名称	传播途径	所致疾病
柯萨奇病毒	消化道、呼吸道、垂直感染	无菌性脑炎、疱疹性咽喉炎、胸痛、手足口病、心肌炎、类脊髓灰质炎、普通感冒等
埃可（ECHO）病毒	粪 - 口途径、呼吸道	婴幼儿腹泻、儿童皮疹、无菌性脑炎、普通感冒等
新型肠道病毒	粪 - 口途径，经污染的游泳池水、毛巾、手等感染	急性出血性结膜炎、手足口病、小儿肺炎、支气管炎、脑膜炎

链接

手足口病

手足口病是由柯萨奇病毒A16型（COXA16）和肠道病毒71型（EV71）引起的发疹性传染病，可经消化道、呼吸道传播，多累及婴幼儿。大多数患者症状轻微，以发热和手、足、口腔等部位的皮疹或疱疹为主要特征。少数患者可并发无菌性脑膜炎、脑炎、急性松弛性麻痹、呼吸道感染和心肌炎等，个别重症患儿病情进展快，可导致死亡。

预防手足口病要注意个人卫生，勤洗手，保持口腔清洁，在手足口病流行季节，要及时隔离患儿，家长应尽量少让孩子到人群拥挤的公共场所，减少其被感染机会。此外，还要注意婴幼儿的营养、休息，防止过度疲劳而降低免疫力。治疗主要是进行对症治疗。

第3节　肝炎病毒

肝炎病毒引起病毒性肝炎，引起人类疾病的有甲型肝炎病毒（HAV）、乙型肝炎病毒（HBV）、丙型肝炎病毒（HCV）、丁型肝炎病毒（HDV）和戊型肝炎病毒（HEV）等。其中甲型肝炎病毒与戊型肝炎病毒由消化道传播，引起急性肝炎，预后良好，一般不转为慢性肝炎或慢性病毒携带者。乙型肝炎病毒与丙型肝炎病毒主要经输血、血制品污染的注射器等途径传播，可引起急性肝炎与慢性肝炎，甚至发展为肝硬化及肝癌。丁型肝炎病毒为缺陷病毒，常在乙型肝炎病毒感染的基础上感染丁型肝炎病毒。

一、甲型肝炎病毒

甲型肝炎病毒是甲型肝炎的病原体，属于肠道病毒。主要经粪 - 口途径传播，常感染儿童和青少年。

（一）生物学特性

甲型肝炎病毒呈球形，单链RNA，直径为27nm，无包膜，衣壳为二十面体立体对称（图7-5）。甲型肝炎病毒只有一个血清型，抗原性稳定。

甲型肝炎病毒抵抗力较强，60 ℃、4h才能灭活，100 ℃、5min可灭活。耐酸、乙醚和氯仿等。在海水、淡水和毛蚶中可存活数天至数月。对紫外线、甲醛、次氯酸钠和漂白粉敏感。

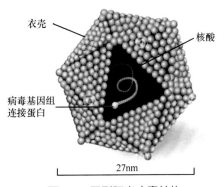

衣壳　核酸　病毒基因组连接蛋白　27nm

图 7-5　甲型肝炎病毒结构

（二）致病性与免疫性

甲型肝炎病毒的传染源为急性期患者和隐性感染者，主要经粪 - 口途径传播，通过食入污染的食物、水源、食具和海产品等感染，多见于儿童和青少年。甲型肝炎的潜伏期为 15 ～ 45 天。首先在口咽部或唾液腺中增殖，然后到达肠黏膜和局部淋巴组织中大量增殖，侵入血流形成病毒血症，最终侵入肝脏，在肝细胞内增殖而致病。甲型肝炎病毒在肝细胞内增殖缓慢，一般不直接造成肝细胞损害，其致病机制主要与机体的免疫应答有关。人体感染后多不出现明显的症状和体征，只有少数表现为急性肝炎，患者可出现发热、疲乏、厌食、恶心、呕吐、黄疸、肝脾肿大、疼痛及肝功能异常等。甲型肝炎为自限性疾病，不转为慢性肝炎和慢性携带者，预后良好。

甲型肝炎病后或隐性感染后，机体产生抗甲型肝炎病毒抗体，在体内可持续多年，对病毒的再感染有持久免疫力。

考点： 甲型肝炎病毒的传染源、传播途径及临床表现

（三）防治原则

加强卫生宣传教育和饮食、粪便、水源管理，对患者排泄物、食具等应进行消毒处理。对适龄儿童接种减毒活疫苗或灭活疫苗是最有效的预防措施。对甲型肝炎病毒感染者的紧急预防和治疗，可注射丙种球蛋白。

考点： 甲型肝炎病毒的防治原则

二、乙型肝炎病毒

乙型肝炎病毒是乙型肝炎的病原体，主要经血源、性行为和母婴垂直传播。我国是乙型肝炎的高发区，感染者约 1.2 亿，占总人口的 10% 左右。

案例 7-1

患者，男性，48 岁，因全身乏力、食欲不振、消瘦、肝区痛一年半，疼痛加重 3 天就诊。查体：患者皮肤、巩膜轻度黄染，肝轻度大、质地中等、有压痛和叩击痛，颈部及胸部有蜘蛛痣。实验室检查：转氨酶升高，HBsAg、抗 -HBc 和 HBeAg 阳性。

问题： 1. 该患者可能患有什么疾病？

2. 该疾病如何预防？

（一）生物学性状

1. **形态与结构** 乙型肝炎病毒属嗜肝 DNA 病毒科，乙型肝炎病毒感染者血清中可见 3 种不同形态的乙型肝炎病毒颗粒，即大球形颗粒、小球形颗粒和管形颗粒（图 7-6）。

（1）大球形颗粒（Dane 颗粒）：是具有感染性的完整乙型肝炎病毒颗粒，直径 42nm，有双层衣壳。外衣壳相当于一般病毒的包膜，由脂质双层和包膜蛋白组成。包膜上含有乙肝病毒表面抗原（HBsAg），核衣壳呈二十面体立体对称，直径约 27nm。内衣壳蛋白为乙型肝炎病毒核心抗原（HBcAg），HBcAg 仅存在于 Dane 颗粒的核衣壳表面和感染的肝细胞内，一般在血清中检测不到。去除 HBcAg 后暴露出 e 抗原（HBeAg），HBeAg 可分泌到血清中。Dane 颗粒的核心含有环状双链 DNA 和 DNA 多聚酶（图 7-7）。

（2）小球形颗粒：直径 22nm，主要成分为 HBsAg，由 HBV 复制过程中过剩的 HBsAg 构成，感染者血清中最为常见，无传染性。

（3）管形颗粒：直径 22nm，由小球形颗粒聚合而成，长 100 ～ 500nm，成分与小球形颗粒相同，无传染性。

考点： 乙型肝炎病毒的形态结构特点

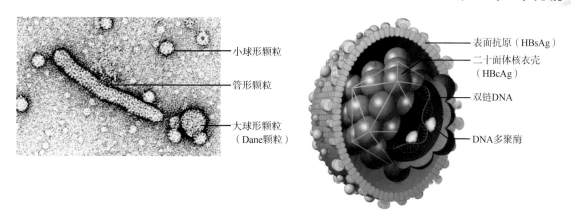

图 7-6　HBV 3 种颗粒（电镜图）　　　　　图 7-7　HBV Dane 颗粒结构

2. 抗原组成

（1）表面抗原（HBsAg）：存在于上述 3 种颗粒中，大量存在于感染者的血清中，是乙型肝炎病毒感染的主要标志。HBsAg 具有抗原性，能刺激机体产生中和抗体（抗 -HBs），对机体有保护作用，也是制备疫苗的主要成分。

（2）核心抗原（HBcAg）：存在于 Dane 颗粒核衣壳表面，为内衣壳成分，其表面被 HBsAg 覆盖，故不易在感染者血清中检测到。HBcAg 能刺激机体产生相应抗 -HBc，此抗体为非中和抗体，血清中检测到抗 -HBc IgM 提示 HBV 处于复制状态。

（3）e 抗原（HBeAg）：是病毒基因转录翻译的蛋白质经加工后形成的可溶性蛋白。HBeAg 在血液中的消长与病毒体及 DNA 多聚酶的消长基本一致，阳性者标志 HBV 复制和血清具有传染性。HBeAg 具有抗原性，可刺激机体产生相应抗 -HBe，对 HBV 感染有一定清除作用，抗 -HBe 阳性是患者预后良好的征象。

考点：HBV 的抗原抗体组成及意义

3. 抵抗力　乙型肝炎病毒抵抗力较强，对低温、干燥、紫外线均有耐受性，不被 70% 乙醇溶液灭活。高压蒸汽灭菌、加热 100℃，10min 等可灭活乙型肝炎病毒。5% 次氯酸钠、0.5% 过氧乙酸、3% 漂白粉液、0.2% 苯扎溴铵等能灭活病毒，使乙型肝炎病毒失去感染性。

（二）致病性与免疫性

传染源主要是患者和无症状乙型肝炎病毒携带者。传播途径为血源传播、母婴垂直传播、性接触传播。

考点：乙型肝炎病毒的传染源及传播途径

致病机制目前尚未完全清楚，主要为：①病毒对肝细胞的直接破坏；②通过机体的免疫应答及病毒与机体的相互作用引起肝细胞的病理改变。

乙型肝炎的潜伏期较长，为 30 ～ 160 天。乙型肝炎病毒侵入肝细胞内增殖，其 HBsAg、HBcAg 和 HBeAg 等抗原成分，可刺激机体产生特异性免疫应答，其结果具有两面性：一方面可清除病毒；另一方面可造成肝细胞损伤。免疫应答的强弱与乙型肝炎病毒感染后引起的临床类型、疾病转归有关。临床表现为急性肝炎、重症肝炎和慢性肝炎。有的慢性肝炎最后可发展成肝硬化。乙型肝炎病毒的 DNA 可整合到肝细胞染色体上而诱发原发性肝癌。我国 90% 以上的原发性肝癌患者感染过 HBV。

（三）微生物学检查

1. HBV 抗原抗体检测　对乙型肝炎的实验室诊断，常用血清学方法检测感染者血清中 HBV 标志物。主要检测血清中的 HBsAg、抗 -HBs、HBeAg、抗 -HBe 和抗 -HBc（即"两对半"）。

微生物基础

乙型肝炎病毒的血清学检测结果与临床关系复杂，应对几项检测指标综合分析，才能作出临床判断（表 7-3）。

表 7-3　乙型肝炎病毒抗原抗体检测结果的临床分析

HBsAg	HBeAg	抗 -HBs	抗 -HBe	抗 -HBc（IgM）	抗 -HBc（IgG）	结果分析
+	-	-	-	-	-	无症状携带者
+	+	-	-	+	-	急或慢性乙型肝炎（俗称"大三阳"）
+	-	-	+	-	+	急性感染趋向恢复（俗称"小三阳"）
+	-	-	-	+	+	急性或慢性乙型肝炎，或无症状携带者
-	-	+	+	-	+	乙型肝炎恢复期
-	-	-	-	-	+	既往感染
-	-	+	-	-	-	既往感染或接种过疫苗

考点：HBV 抗原抗体的检测及结果分析

2. 血清中乙型肝炎病毒 -DNA 检测　常用 PCR 或核酸杂交技术进行检测，乙型肝炎病毒 -DNA 阳性表明血清中存在完整的乙型肝炎病毒颗粒，乙型肝炎病毒正在复制，传染性强。

（四）防治原则

1. 一般预防　严格管理传染源和切断传播途径。严格筛选献血者，加强对血液和血制品的管理；提倡使用一次性注射器及输液器等；严格消毒医疗器械；对乙肝患者及无症状携带者的血液、分泌物和用具进行严格消毒。《中国药典》中"血液制品生产用人血浆"规定不得检出乙型肝炎病毒和丙型肝炎病毒。

2. 特异性预防　接种乙肝疫苗，我国规定新生儿和易感人群应全面接种乙肝疫苗。含高效价抗 -HBs 的人乙肝免疫球蛋白（HBIg）可用于紧急预防。

3. 药物治疗　目前尚无特效药物。现在使用抗病毒、调节免疫功能和改善肝功能的药物联合治疗，有一定效果。常用的有干扰素、阿昔洛韦和拉米夫定等，活血化瘀、清热解毒的中成药对乙肝有一定的疗效。

考点：乙肝的预防措施

案例 7-1 分析

1. 患者有肝炎的症状和体征：全身乏力、食欲不振、消瘦、肝区痛等，病史一年半。实验室检查结果：转氨酶升高、HBsAg、抗 -HBc 和 HBeAg 阳性。根据患者症状、体征及实验室检查结果，初步诊断为慢性乙肝。

2. 一般预防应严格管理传染源和切断传播途径。特异性接种乙肝疫苗。

三、丙型肝炎病毒

丙型肝炎病毒呈球形，大小 50 ～ 60nm，为有包膜的 RNA 病毒，核心含单链 RNA。丙型肝炎病毒对氯仿、甲醛、乙醚等有机溶剂敏感，加热 100℃，5min，20% 次氯酸，紫外线照射处理均可将丙型肝炎病毒灭活。

丙型肝炎病毒可引起丙型肝炎（输血后肝炎）。传染源主要是患者和丙型肝炎病毒阳性血制品。主要经血传播，静脉药瘾者及接受血液透析的患者是高危人群，也可经性传播、母婴传播和家庭内密切接触传播。

潜伏期一般为 2 ～ 17 周，丙型肝炎病毒的致病机制有病毒对肝细胞的直接损害、免疫病理损伤以及细胞凋亡导致肝细胞破坏。丙型肝炎病毒感染者可表现为急性肝炎，症状较轻，易转为慢性，多数可不出现症状，发现时已呈慢性过程，约 20% 可发展为肝硬化甚至肝癌。

一般预防与乙型肝炎病毒相似，无特异性疫苗。临床药物治疗常用干扰素、利巴韦林及免疫抑制剂等。

四、丁型肝炎病毒

丁型肝炎病毒引起丁型肝炎。病毒为球形，直径 35 ～ 37nm，核心为单链 RNA，衣壳呈二十面体立体对称，衣壳上有丁型肝炎病毒抗原，核衣壳外有乙型肝炎病毒的 HBsAg 组成的包膜。丁型肝炎病毒必须在乙型肝炎病毒或其他嗜肝病毒的辅助下才能复制，故丁型肝炎病毒是一种缺陷病毒。丁型肝炎病毒的包膜来自乙型肝炎病毒，故丁型肝炎病毒的抵抗力与乙型肝炎病毒相同。

丁型肝炎病毒传播途径与乙型肝炎病毒相似，由于丁型肝炎病毒是一种缺陷病毒，必须在同时感染乙型肝炎病毒或其他嗜肝病毒的条件下，丁型肝炎病毒才能复制增殖。丁型肝炎病毒的感染有两种形式：①同时感染，同时感染乙型肝炎病毒和丁型肝炎病毒，同时发生急性乙型肝炎和急性丁型肝炎。②重叠感染，在感染乙型肝炎病毒的基础上再感染丁型肝炎病毒。多数重叠感染者转为慢性肝炎，导致原有的症状加重或恶化，诱发重症肝炎甚至死亡。故对重症肝炎患者，应注意是否有丁型肝炎病毒共同感染。防治原则与乙型肝炎病毒相同。

五、戊型肝炎病毒

戊型肝炎病毒引起的是戊型肝炎。戊型肝炎病毒呈球形，核心为单链 RNA，无包膜，直径 32 ～ 34nm，有两种颗粒：实心颗粒为戊型肝炎病毒完整结构，空心颗粒核心为不完整戊型肝炎病毒基因。戊型肝炎病毒不稳定，对高盐、氯仿等敏感。在液氮中保存稳定。

传染源为潜伏期和急性期患者，主要经粪 - 口途径传播，病毒在肝内增殖后释放入血和胆汁，随粪便排出污染水源或食品，经消化道感染。

戊型肝炎病毒侵入机体后，通过病毒对肝细胞的直接破坏和免疫病理损伤作用，引起炎症或坏死。感染者表现：成人多表现为临床型，儿童则多为亚临床型。临床型表现包括急性戊型肝炎、重症肝炎和胆汁淤滞型肝炎。多数患者出现黄疸，一般不发展为慢性。孕妇感染戊型肝炎病毒后病情较重，怀孕 6 ～ 9 个月者最为严重，病死率可高达 10% ～ 20%。

临床采用 ELISA 法等检测患者血清中抗 - 戊型肝炎病毒有助于诊断戊型肝炎病毒感染。检测到 IgM 型抗 - 戊型肝炎病毒可作戊型肝炎病毒急性感染的诊断指标。

戊型肝炎病毒的预防同甲型肝炎病毒相似。目前尚无特异性疫苗。

第 4 节　人类免疫缺陷病毒

人类免疫缺陷病毒（HIV）可引起获得性免疫缺陷综合征（AIDS，艾滋病）。HIV 有两型：HIV-1 和 HIV-2。HIV-1 传染性较强，在全世界流行；HIV-2 主要在西非流行。

一、生物学特性

HIV 为球形颗粒，直径 100 ～ 120nm，由核心和包膜两部分组成。HIV 核心由半锥形 P24 衣壳蛋白所组成，衣壳内有两条相同的单股正链 RNA、P7 核蛋白和病毒复制所必需的酶类（逆转录酶、整合酶和蛋白酶）。HIV 的包膜上有刺突蛋白、外膜蛋白 gp120 和跨膜蛋白 gp41。包膜结构之下是呈球形的 P17 内膜蛋白（图 7-8）。

HIV 抵抗力较弱，56℃处理 30min 可使 HIV 失去感染性，100℃处理 20min 可将 HIV 完全灭活。0.5% 次氯酸钠、70% 乙醇或 5% 来苏儿处理 10min 对 HIV 均有灭活作用。紫外线或 γ 射线不能灭活 HIV。

考点：HIV 的形态结构

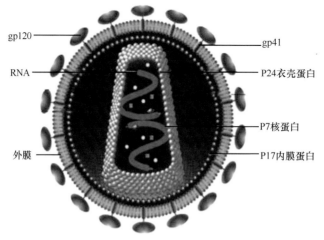

图 7-8　HIV 结构

二、致病性与免疫性

艾滋病传染源包括 HIV 感染者和艾滋病患者。主要传播途径：①性传播，可通过同性或异性间性行为传播；②血源传播，通过输注带 HIV 的血液、血制品、器官移植等传播；③母婴垂直传播，通过宫内感染、分娩过程和哺乳传播。

HIV 主要侵犯人体的免疫系统，由于 CD4 是 HIV 的 gp120 的受体，HIV 选择性侵入 CD4$^+$ T 细胞、单核巨噬细胞和树突状细胞中，造成 CD4$^+$ T 细胞数量不断减少，最终导致人体细胞免疫功能缺陷，引起各种机会性感染和肿瘤的发生。

HIV 感染者在感染过程中可经历急性感染期、无症状潜伏期、艾滋病相关综合征和典型艾滋病四个阶段。①急性感染期通常发生在初次感染后 2～4 周，大多数患者以发热最为常见，可伴有咽痛、盗汗、恶心、呕吐、腹泻、皮疹等，持续 1～3 周后缓解；②潜伏期可无症状或仅有无痛性淋巴结肿大，通常持续 5～15 年；③艾滋病相关综合征表现为发热、盗汗、慢性腹泻及全身淋巴结肿大等；④典型艾滋病期患者的临床特点是出现各种严重机会感染和罕见的恶性肿瘤。另外，40%～90% 艾滋病患者会有神经系统病变，表现为外周神经炎、无菌性脑膜炎及艾滋病痴呆综合征等。患者常于出现症状后 1～3 年内死亡。

HIV 侵入人体后，能刺激机体产生相应抗体，如包膜蛋白抗体、核心蛋白抗体等，但这些抗体无病毒清除作用。有效的 HIV 疫苗尚未研发出来。

三、微生物学检查

艾滋病的检查主要包括 HIV 抗体检测、HIV 核酸检测、CD4$^+$ T 淋巴细胞计数等。HIV 抗体检测阳性为感染的标准，常用 ELISA，只作为 HIV 感染的筛选试验，阳性者必须作确认试验：用蛋白印迹法检测 P24 和 gp120 的抗体等。HIV 核酸定性检测可用于 HIV 感染的辅助诊断，HIV 核酸定量检测和 CD4$^+$ T 淋巴细胞计数是判断疾病进展、临床用药、疗效和预后的重要指标。

四、防治原则

目前尚未研制出有效的特异性预防疫苗。

一般性预防：加强健康教育，普及艾滋病知识，可有效预防和控制 HIV 传播。主要预防措施：①加强血液及血制品的管理；②防止医源性感染；③提倡安全性行为，积极预防治疗性病；④防止母婴传播等。

高效抗逆转录病毒治疗（又称鸡尾酒疗法）：是联用 3 种或 3 种以上的抗病毒药物来治疗艾滋病的方法。可以显著降低各种相关机会性感染的发生率和艾滋病患者的死亡率，促进艾滋病患者免疫功能的重建。

考点： HIV 的形态结构、致病性和预防措施

第 5 节 其他病毒

对人致病的其他病毒包括狂犬病毒、埃博拉病毒、人类疱疹病毒、流行性乙型脑炎病毒、登革病毒及人乳头瘤病毒等。

一、狂犬病毒

（一）生物学性状

狂犬病毒是弹状病毒，形如子弹，一端圆凸，一端平凹，直径 65 ～ 80nm，长 130 ～ 240nm。核衣壳呈螺旋对称，表面具有包膜，内含有单链 RNA，只有一个血清型。核衣壳呈螺旋对称，由单股 RNA 和蛋白质组成。外壳为脂蛋白双层包膜，嵌有刺突蛋白，是主要抗原，与致病性有关，核衣壳和包膜之间是基质蛋白（图 7-9）。狂犬病毒在中枢神经细胞中增殖后，可在细胞质中形成一种特异而具诊断价值的嗜酸性包涵体，称为内基小体。

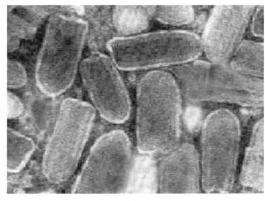
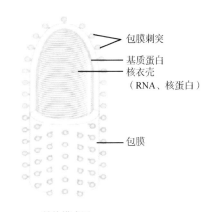

包膜刺突
基质蛋白
核衣壳
（RNA、核蛋白）
包膜

形态　　　　　　　　　　　　结构模式图

图 7-9　狂犬病毒形态与结构模式图

狂犬病毒抵抗力弱，易被紫外线、甲醛、乙醇、乙醚、肥皂水及去垢剂等灭活，经 56℃ 30min 或 100℃ 2min 可灭活，对酚有高度抵抗力。可在冰冻干燥下保存数年。

（二）致病性

狂犬病毒可引起人或动物狂犬病。传染源主要是病犬，其次是病猫。传播途径主要是被患病动物咬伤或抓伤。潜伏期为 3 ～ 8 周，短者 10 天，长者可达数年。狂犬病毒主要存在于患病动物的中枢神经细胞中，唾液腺和唾液中也常含有大量病毒。患者的特征性表现是吞咽困难及恐水，因此狂犬病又称为"恐水症"。患者一旦发病，死亡率几近 100%。

（三）防治原则

一般性预防：使用 20% 肥皂水清洗伤口，用大量清水清洗伤口，再用 70% ～ 75% 乙醇或 2% ～ 3% 碘酊涂擦伤口。特异性预防：接种狂犬疫苗作主动免疫或必要时注射抗狂犬病患者免疫球蛋白作被动免疫。

考点：狂犬病毒的生物学性状、致病性及防治原则

二、埃博拉病毒

埃博拉病毒（Ebola virus），是以刚果民主共和国的埃博拉河命名的一类埃博拉病毒属下数种病毒的统称，可导致埃博拉出血热，表现为发热、恶心、呕吐、腹泻、肤色改变、全身酸痛、体内外出血等，病死率高达 50% ～ 90%。致死原因主要为脑卒中、心肌梗死、低血容量性休克或多发性器官衰竭。目前已确认埃博拉病毒有 4 个亚型，即扎伊尔型、苏丹型、莱斯顿型和科特迪瓦型。

主要流行于非洲，WHO 将其列为对人类危害最严重的病毒之一，即"第四级病毒"。

（一）生物学性状

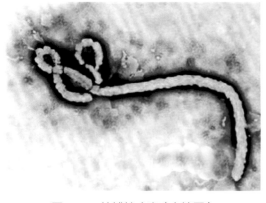

埃博拉病毒属丝状病毒科，呈长丝状，直径约 80nm，长约 1400nm。病毒核酸为单股负链 RNA，核衣壳呈螺旋对称，外有包膜，形如我国古代器物"如意"（图 7-10）。在常温下较稳定，对热有中度抵抗力，60℃，30min 方能破坏其感染性，紫外线照射 2min 可灭活。乙醚、福尔马林、次氯酸钠等化学消毒剂可灭活。−70℃条件可长期保存。

（二）致病性

埃博拉病毒主要通过患者的血液、唾液、汗液等传播，潜伏期为 2～21 天。感染者突然出现高热、头痛、咽喉痛、虚弱和肌肉疼痛等，然后出现呕吐、腹痛、腹泻。发病后 2 周内，病毒外溢，导致人体内外出血、血液凝固、坏死的血液很快传及全身的各个器官，患者最终出现口腔、鼻腔和肛门出血等症状，患者可在 24h 内死亡。致死原因主要为脑卒中、心肌梗死、低血容量休克或多发性器官衰竭。

图 7-10　埃博拉病毒（电镜图）

（三）微生物学检查

埃博拉病毒的传染性极强，对患者标本的采集和处理必须在严格安全防护的生物安全四级（BSL-4）实验室内进行。确定诊断可采用 ELISA 法检测病毒抗原或特异性 IgG 抗体，也可用 PCR 技术检测病毒的 RNA，或从患者标本中分离到埃博拉病毒。

（四）防治原则

对感染者目前尚无有效治疗方法，用疫苗特异性预防。2017 年由我国独立自主研发埃博拉病毒疫苗（腺病毒载体）成功，而且在 2～8℃的环境中即可完成保存、运输。一般性综合性预防措施：及时发现可疑患者并及时隔离，严格消毒患者接触过的物品、排泄物、血液等，对尸体采取深埋或火化处理，加强海关检疫。

考点：埃博拉病毒的主要生物学性状、致病性

三、人类疱疹病毒

疱疹病毒是一组具有包膜的 DNA 病毒，现已发现 110 种以上，其感染宿主广泛，主要侵害皮肤、黏膜以及神经组织。人类疱疹病毒（HHV）是与人类有关的疱疹病毒，分为 3 个亚科：α疱疹病毒亚科、β疱疹病毒亚科和γ疱疹病毒亚科，目前已发现八种人类疱疹病毒（表 7-4）。

表 7-4　人类疱疹病毒种类及所致疾病

病毒常用名	亚科	传播途径	所致疾病
单纯疱疹病毒 1 型	α	直接接触或间接接触传播	唇疱疹、疱疹性龈口炎、角膜炎、单纯疱疹性脑膜炎
单纯疱疹病毒 2 型	α	性接触传播	生殖器疱疹、新生儿单纯疱疹
水痘 - 带状疱疹病毒	α	呼吸道飞沫传播或接触传播	水痘、带状疱疹
EB 病毒	γ	唾液的接触或性接触感染	传染性单核细胞增多症、非洲儿童恶性淋巴瘤、鼻咽癌
巨细胞病毒	β	接触传播、性传播或胎盘传播	巨细胞包涵体病、肝炎、先天性畸形、间质性肺炎
人类疱疹病毒 6 型	β	普遍易感，主要经唾液传播	幼儿急疹
人类疱疹病毒 7 型	β	普遍存在，主要经唾液传播	尚不明确
人类疱疹病毒 8 型	γ	未明确，性接触、唾液传播等	与卡波西肉瘤的发生相关

人类疱疹病毒的共同特征：①病毒呈球形，直径为 120～150nm，核心为双链 DNA，衣壳呈

二十面体立体对称，外覆一层厚薄不匀的被膜，最外层为典型的脂质双层包膜，上有突起。②多数人类疱疹病毒均能在二倍体细胞核内复制，产生明显的细胞病变，形成核内嗜酸性包涵体。感染细胞可与邻近未感染的细胞融合，形成多核巨细胞。③病毒感染宿主细胞后，可表现为显性感染、潜伏感染、整合感染、先天性感染等多种感染类型。

考点： 人类疱疹病毒的种类及所致疾病

四、流行性乙型脑炎病毒

乙型脑炎病毒又称日本脑炎病毒，是引起乙型脑炎的病毒，属虫媒病毒乙组的黄病毒科，呈球形，大小为 30～40nm，核心为正链单链 RNA，有包膜，核衣壳呈二十面体立体对称，外有脂质包膜，含糖蛋白的刺突即血凝素，乙型脑炎病毒只有一个血清型，主要的抗原成分为包膜上所含的 E 蛋白，可诱导机体产生特异性中和抗体。经 56℃，30min 或 100℃，2min 可被灭活。对酸、乙醚、氯仿等脂溶剂及多种化学消毒剂敏感。

流行性乙型脑炎（简称乙脑，又称日本脑炎），是由嗜神经的乙型脑炎病毒引起，经蚊等吸血昆虫传播的一种急性传染病。传染源主要是幼猪，三带喙库蚊是我国乙脑的主要传播媒介。流行于夏秋季，多见于儿童。感染者多数为隐性感染，少数出现脑实质和脑膜炎症，表现为高热、头痛、呕吐、惊厥、抽搐、脑膜刺激征等。死亡率达 10%，约 20% 幸存者留下严重后遗症，出现痴呆、失语或瘫痪等。乙脑病后或隐性感染后可获得持久而牢固的免疫力。

应用 ELISA 法检测患者血清或脑脊液中特异性 IgM 可用于乙脑的早期快速诊断。近年来广泛应用 PCR 技术检测病毒核酸进行乙脑早期快速诊断。

预防措施：防蚊、灭蚊和接种乙脑疫苗，目前尚无特效药物治疗。

考点： 乙型脑炎病毒的致病性

五、登革病毒

登革病毒是登革热的病原体，有的病毒颗粒呈哑铃状，大小在 700nm×（20～40）nm；有的呈棒状或球形，直径为 20～50nm，核心为单链线状 RNA。最外层为 2 种糖蛋白组成的包膜，包膜上含型和群特异性抗原。有 4 个血清型（DEN1～DEN4）。

登革病毒的传染源主要是患者和隐性感染者。经蚊虫叮咬传播，主要传播媒介是伊蚊，所致疾病是登革热，以发热、皮疹、全身肌肉痛、骨关节痛、极度疲乏、淋巴结肿大、白细胞减少为特征。主要在热带及亚热带地区流行。

登革出血热是登革热的严重类型，以发热、皮疹、出血、休克为主要特征，发热 2～5 天后突然加重，多个器官发生出血和（或）休克，血液浓缩，血小板减少，病死率高。登革休克综合征（DSS）是登革热的一种严重临床类型，除发热、出血外，常发生循环衰竭（严重休克）和弥散性血管内凝血，甚至发生多器官衰竭，病死率高。

应用 ELISA、胶体金免疫试验、间接荧光免疫试验等方法检测血清中特异性抗体或应用 PCR 技术检测病毒核酸可获得早期诊断。

防蚊、灭蚊是主要预防措施，疫苗还在研究中；目前尚无特效治疗方法。

六、人乳头瘤病毒

人乳头瘤病毒（HPV），属于乳多空病毒科的乳头瘤病毒属，是球形 DNA 病毒，直径 52～55nm，衣壳为二十面体立体对称，无包膜，核心为双链环状 DNA，能引起人体皮肤黏膜的鳞状上皮增殖。抵抗力强，能耐受干燥并长期保存，高温消毒和 2% 戊二醛消毒可灭活。

本病毒主要通过直接或间接接触污染物品、性接触或母婴传播感染人类，可以引起寻常疣、跖疣、扁平疣、尖锐湿疣及恶性病变。目前已分离出 130 多种，不同型的 HPV 侵犯部位和所致疾病不相同，嗜黏膜性 HPV 主要侵犯黏膜，其中 HPV-6、HPV-11 型可引起尖锐湿疣、喉乳头瘤等良性病变，称为低危型 HPV；而 HPV-16、HPV-18 等型别与宫颈上皮内赘生物及宫颈癌等恶性肿瘤的发生密切相关，称为高危型 HPV。人类是其唯一宿主。病毒感染后只局限于皮肤黏膜细胞中，不引起病毒血症。

通过 PCR 技术等检测标本中的病毒 DNA，对感染的早期诊断及型别鉴定有意义。

加强性教育和社会管理对控制 HPV 经性传播途径感染，减少生殖器疣和宫颈癌的发生具有重要意义。对寻常疣和尖锐湿疣的治疗可采用激光、冷冻、手术等方法去除疣体，局部涂擦 5% 的咪喹莫特或 5- 氟尿嘧啶，但根除组织中的病毒较难，易复发。

考点： 人乳头瘤病毒的致病性及防治原则

📖 自 测 题

一、选择题（A 型题）

1. 下列流行性感冒病毒的生物学特征中，错误的是（　　）
   A. 结构分核衣壳和包膜　B. 双链 DNA 病毒
   C. 根据核心抗原分型　D. 包膜上刺突容易变异
   E. 病后免疫力弱

2. 慢发感染可引起亚急性硬化性全脑炎的病毒是（　　）
   A. 腮腺炎病毒　　　　B. 风疹病毒
   C. 麻疹病毒　　　　　D. 乙脑病毒
   E. 森林脑炎病毒

3. 下列微生物中易发生垂直传播导致胎儿畸形的是（　　）
   A. 麻疹病毒　　　　　B. SARS 病毒
   C. 流感病毒　　　　　D. 腮腺炎病毒
   E. 风疹病毒

4. 腮腺炎病毒感染常见的并发症是（　　）
   A. 咽炎　　　　　　　B. 肺炎
   C. 睾丸炎或卵巢炎　　D. 肝炎
   E. 肾炎

5. 能导致患儿口颊内侧黏膜处出现柯氏斑的是（　　）
   A. 流感病毒　　　　　B. 麻疹病毒
   C. 风疹病毒　　　　　D. SARS 病毒
   E. 肺炎支原体

6. 小儿麻痹症的病原体是（　　）
   A. 脊髓灰质炎病毒　　B. 柯萨奇病毒
   C. 埃可病毒　　　　　D. 麻疹病毒
   E. 冠状病毒

7. 脊髓灰质炎的预防措施是（　　）
   A. 消灭蚊虫　　　　　B. 隔离患者
   C. 注射丙种球蛋白　　D. 口服脊髓灰质炎疫苗
   E. 注射疫苗

8. 我国引起婴幼儿秋季腹泻的病毒主要是（　　）
   A. 脊髓灰质炎病毒　　B. 新型肠道病毒
   C. 柯萨奇病毒　　　　D. 轮状病毒
   E. 埃可病毒

9. 甲型肝炎病毒感染后的结局是（　　）
   A. 多转为慢性肝炎
   B. 病毒长期潜伏在肝细胞内
   C. 一般不会再感染该病毒
   D. 体内不产生中和抗体，无特异性免疫力
   E. 感染者多数出现明显临床表现

10. 用血清学方法检测 HBV 感染者，很难在其血清中查出的成分是（　　）
    A. HBsAg　　　　　　B. HBcAg
    C. HBeAg　　　　　　D. 抗 -HBe
    E. 抗 -HBc

11. 甲型肝炎病毒主要传播途径是（　　）
    A. 呼吸道　　　　　　B. 消化道
    C. 节肢动物叮咬　　　D. 注射
    E. 垂直传播

12. 下列属于缺陷病毒的是（　　）
    A. HAV　　　　　　　B. HBV
    C. HCV　　　　　　　D. HDV
    E. HEV

13. 下列属于 DNA 病毒的是（　　）
    A. HAV　　　　　　　B. HBV
    C. HCV　　　　　　　D. HDV
    E. HEV

14. 乙型肝炎患者血清检出成分中，具有中和性的抗体是（　　）
    A. HBsAg　　　　　　B. HBeAg
    C. 抗 -HBc　　　　　 D. 抗 -HBs
    E. 抗 -HBe

15. HIV 可与 T 淋巴细胞表面的 CD4 分子结合的是（　　）
    A. 逆转录酶　　　　　B. P17
    C. P24　　　　　　　 D. gp120
    E. gp41

16. 下列哪个不是预防 HIV 感染的手段（　　）
    A. 严格筛选献血员　　B. 杜绝娼妓
    C. 使用一次性注射器　D. 避免与患者交谈、握手

E. 严禁吸毒

17. 在神经细胞内发现内基小体，有助诊断的疾病是（   ）

    A. 肾综合征出血热　　B. 乙脑

    C. 麻疹　　　　　　　D. 狂犬病

    E. 登革热

18. 目前认为与宫颈癌的发生有关的病毒是（   ）

    A. 单纯疱疹病毒 1 型　B. 单纯疱疹病毒 2 型

    C. EB 病毒　　　　　D. 脊髓灰质炎病毒

    E. 人乳头瘤病毒

19. 下列疾病以蚊作为传播媒介的是（   ）

    A. AIDS　　　　　　B. 脊髓灰质炎

    C. 乙脑　　　　　　D. SARS

E. 风疹

20. 下列生物安全级别最高的病毒是（   ）

    A. SARS 病毒　　　　B. 流感病毒

    C. 乙肝病毒　　　　　D. 埃博拉病毒

    E. 人乳头瘤病毒

二、简答题

1. 甲型流感为什么容易发生世界性大流行？

2. 如何防治流行性感冒？

3. 简述 HBV 的检测指标及临床意义。

4. 简述 HBV 的传播途径及预防措施。

5. 艾滋病主要通过哪些途径传播？

6. 简述预防艾滋病的主要措施。

（杨　鹏　裴　明　任　奕）

第 **8** 章

微生物的分布与控制

第1节　微生物的分布

一、自然界的分布

微生物广泛分布于自然界、人体体表及与外界相通的腔道。了解细菌的分布对于保护环境、加强无菌观念、防止微生物感染、药品污染等具有重要意义。

（一）土壤中的微生物

土壤是微生物生活的大本营。其中细菌最多，放线菌、真菌等多为有益菌，可改善土壤，提高肥力，也是抗生素产生细菌的来源，土壤中的细菌芽孢可通过伤口引起创伤感染，人和动物排泄物及死于传染病的动物尸体可污染土壤，如破伤风芽孢梭菌、产气荚膜梭菌等主要引起伤口感染。

（二）水中的微生物

水是细菌存在的天然环境，细菌的种类和数量因水源不同而异。水中的病原菌主要来自人和动物的粪便，包括常引起消化道传染病的病原菌，如伤寒沙门菌、霍乱弧菌等，水源污染可引起消化道传染病的暴发流行，故粪便管理和水源保护对于控制消化道传染病具有重要意义。水也是制药过程中微生物的重要来源。

（三）空气中的微生物

由于空气中缺少细菌生长所需的营养成分，且因日光照射，细菌容易死亡，故空气中细菌的种类和数量都较少。来源于土壤、尘埃、人或动物呼吸道排出物等的病原菌可引起呼吸道感染和化脓性感染。空气中的非致病菌常造成医药制剂、培养基的污染及外科手术的感染，故要进行空气消毒，防止上述污染或感染的发生。

二、正常人体的分布

（一）正常人体的分布

1. 正常微生物群　定居在人体体表与外界相通的腔道，对宿主有益或无害的微生物，称为正常微生物群。因其中以细菌居多，简称为正常菌群。实验研究证明，正常微生物群对机体具有重要作用。人体各部位的正常微生物群分布，见表8-1。

考点：正常菌群的概念

表 8-1　人体常见的正常微生物群

部位	正常微生物
皮肤	葡萄球菌、类白喉棒状杆菌、铜绿假单胞菌、非致病性分枝杆菌、痤疮丙酸杆菌、白假丝酵母菌
口腔	葡萄球菌、甲型链球菌、丙型链球菌、肺炎链球菌、奈瑟菌、乳杆菌、类白喉棒状杆菌、梭菌、螺旋体、白假丝酵母菌、放线菌、类杆菌
鼻咽腔	葡萄球菌、甲型链球菌、丙型链球菌、肺炎链球菌、奈瑟菌、类杆菌、梭菌、腺病毒、真菌、支原体

部位	正常微生物
外耳道	葡萄球菌、类白喉棒状杆菌、铜绿假单胞菌、非致病性分枝杆菌
眼结膜	葡萄球菌、结膜干燥棒状杆菌、类白喉棒状杆菌
肠道	大肠埃希菌、产气肠杆菌、变形杆菌、铜绿假单胞菌、葡萄球菌、肠球菌、类杆菌、产气荚膜梭菌、破伤风梭菌、双歧杆菌、乳杆菌、白假丝酵母菌、腺病毒
尿道	葡萄球菌、类白喉棒状杆菌、非致病性分枝杆菌、大肠埃希菌、白假丝酵母菌
阴道	乳杆菌、大肠埃希菌、类白喉棒状杆菌、白假丝酵母菌

注：正常情况下，人体的血液、肌肉、胃、内脏等是无菌的。

（二）正常微生物群的医学意义

1. 正常微生物群的生理作用

（1）拮抗作用：正常微生物群通过争夺营养或产生细菌素等方式对入侵的病原菌具有明显的生物拮抗作用，如大肠埃希菌产生的大肠菌素对痢疾杆菌的抑制作用。

（2）营养作用：如大肠埃希菌合成的维生素 B、维生素 K 等，可供人体吸收利用，具有营养作用。

（3）免疫作用：正常微生物群能促进机体免疫器官的发育和成熟，也可刺激免疫系统发生免疫应答，产生的免疫效应物质对具有交叉抗原的病原微生物有抑制作用和杀灭作用。

2. 正常微生物群的病理意义　正常微生物群中的某些细菌，正常条件下不致病，但在特定条件下，也能引起疾病，这些细菌称为条件致病菌。其特定条件有以下几种：

（1）寄居部位的改变：如大肠埃希菌从原寄居的肠道进入泌尿道，引起泌尿道感染，或因外伤、手术等进入腹腔、血流时，可引起腹膜炎或败血症等。

（2）免疫功能低下：应用大剂量皮质激素、抗肿瘤药物和放射治疗的患者，机体的免疫功能降低，正常菌群中的某些细菌可引起自身感染而出现各种疾病，严重的可导致败血症而死亡。

（3）菌群失调与菌群失调症：由于某些因素的影响，正常菌群中细菌的种类和数量发生较大的变化，称为菌群失调。严重的菌群失调使机体表现出一系列临床症状，称菌群失调症，如长期使用抗生素可引起耐药菌的大量繁殖而感染，临床上又称二重感染。

考点：正常微生物群的生理意义和病理意义

第 2 节　微生物的控制

微生物广泛存在于我们生活的环境中。有效的控制微生物可保证公共环境卫生和人体的健康，同时可防止食品、药品、生活用品的霉腐变质。

一、基 本 概 念

1. 消毒　是指杀死病原微生物的方法。

2. 灭菌　是指杀灭所有微生物的方法。

3. 防腐　是指防止和抑制微生物生长繁殖的方法。

4. 无菌　是指系统中无活的微生物存在。

5. 无菌操作（无菌技术）　即整个操作过程严格杜绝微生物污染特定环境或物品的技术操作。

考点：消毒与灭菌的有关概念

二、控制微生物的物理方法

物理控制法是利用物理因素作用于微生物，将之清除或杀灭的方法，包括热力灭菌法、辐射灭菌法、滤过除菌法等。

（一）热力灭菌法

利用高温使菌体变性或凝固、酶失去活性，从而使细菌死亡的方法。高温能使微生物的蛋白质和酶变性或凝固，新陈代谢受到影响而死亡，从而达到消毒与灭菌的目的。热力灭菌法（表8-2）分为干热灭菌法与湿热灭菌法两大类。相同温度下，湿热灭菌比干热灭菌效果好，其原因是：①湿热中细菌菌体蛋白较易凝固；②湿热的穿透力比干热大；③湿热的蒸汽有潜热存在，水由气态变为液态时释放出潜热，可迅速提高被灭菌物体的温度。

1. 干热灭菌法　指利用火焰或干热空气进行灭菌的方法。

2. 湿热灭菌法　指在饱和蒸汽、煮沸或流通蒸汽中进行灭菌的方法。

表 8-2　常用热力灭菌法

种类		方法	用途
湿热灭菌法	煮沸消毒法	一个大气压下，100℃、5～10min 消毒；1～2h 可杀灭芽孢	注射器、食具、饮水消毒
	流通蒸汽消毒	利用蒸汽消毒，100℃、15～30min	外科器械、食具、食物等
	间歇灭菌法	流通蒸汽消毒15～30min，物品移入37℃温箱过夜，如此连续3次，可达灭菌效果	不耐热的含糖类、牛奶、血清的培养基灭菌
	高压蒸汽灭菌法	用高压蒸汽灭菌器，压力 103kPa 121.3℃，20～30min 可灭菌	手术器械、医用敷料、药品、普通培养基的灭菌
	巴氏消毒法	61.1～62.8℃、30min，或 71.7℃、15～30s	牛奶、酒类的消毒
干热灭菌法	焚烧法	直接点燃或在焚烧炉内焚烧	废弃物品或动物尸体
	烧灼法	直接用火焰烧灼	接种环、试管口等灭菌
	干烤法	使用干烤箱灭菌，160～170℃、2h	金属、玻璃、陶瓷器皿等灭菌

考点：热力灭菌法的种类及用途

（二）辐射灭菌法

利用电磁辐射杀灭物料上微生物的方法。不同辐射源及辐射剂量其杀菌效果有很大差异。主要包括日光与紫外线、电离辐射。

1. 日光与紫外线　日光的杀菌作用主要来自紫外线。

紫外线的有效杀菌波长为 200～300nm，其中以 265～266nm 的杀菌力最强。紫外线的杀菌原理：干扰细菌 DNA 的复制，导致细菌的变异或死亡。紫外线穿透力弱，普通玻璃、纸、布、水蒸气、尘埃等均能阻挡紫外线，故一般用于空气和物体的表面消毒。紫外灯管照射的有效距离不超过 2m，照射时间为 30min。杀菌波长的紫外线对人体皮肤、眼有损伤作用，使用时应注意防护。

考点：紫外线杀菌的原理、用法及注意事项

2. 电离辐射　利用电离辐射杀灭微生物的方法。常用的辐射射线有 γ 射线、X 射线和电子束。这些射线在足够剂量时，对各种细菌均有致死作用。电离辐射杀菌机制是破坏细菌的 DNA。由于电离辐射穿透力强，照射时不使物品升温，故主要用于能够耐辐射的医疗器械、药品包装材料、原料药、食品等的消毒。

（三）滤过除菌法

用适当的过滤装置除去液体或气体中的微生物，达到灭菌目的。滤菌器滤过除菌是用物理阻留的方法将液体或空气中的细菌除去，主要用于不耐高温的血清、抗生素、药液等物品以及空气的除菌。

三、控制微生物的化学方法

化学控制法是指利用化学药品（消毒剂、防腐剂、化学疗剂）杀死微生物或抑制微生物生长繁殖的方法。化学消毒剂对细菌和人体细胞都有毒性，故只能外用或用于环境的消毒，如用于人体体表（皮肤黏膜、伤口等）、医疗器械、患者的排泄物、分泌物及环境（病区环境等）的消毒。

（一）常用消毒剂的种类、浓度及用途（表 8-3）

表 8-3　常用消毒剂的种类、浓度及用途

种类	名称	常用浓度	用途	备注
重金属盐类	红汞	2%	皮肤黏膜、小创口消毒	
	硫柳汞	0.01%	生物制品防腐	
氧化剂	高锰酸钾	0.1%	皮肤黏膜、水果、蔬菜、食具等消毒	
	过氧化氢	3%	皮肤创伤、厌氧菌感染消毒	
	过氧乙酸	0.2%～0.5%	塑料、玻璃、人造纤维消毒，皮肤消毒	
卤素及其他化合物	氯	0.2～0.5ppm	饮水和游泳池水的消毒	
	漂白粉	10%～20%（每升水 5～10mg）	排泄物、地面、厕所消毒	不能用于衣服、有色金属的消毒
酚类	石炭酸	3%～5%	器械、排泄物消毒	
	甲酚皂	2%	器械、排泄物、家具、地面消毒	
醇类	乙醇	70%～75%	皮肤、温度计消毒	不用于伤口、黏膜
醛类	甲醛	10%	浸泡、物品表面消毒，空气消毒	
表面活性剂	苯扎溴铵	0.1%	手术器械、洗手、皮肤黏膜消毒	
烷基化合物	环氧乙烷	50mg/L	医学仪器、生物制品、衣服消毒	有毒、密闭塑料袋消毒

> **链 接**　　　　　化学消毒剂的使用方法
>
> 　　化学消毒剂的使用方法有以下 4 种。①浸泡法：将消毒的物品浸泡在消毒剂溶液中的方法。浸泡前将消毒物品清洗干净，浸泡在消毒液中，达到消毒的时间方可取出。如有管腔需灌满消毒液。浸泡过的器械使用前用无菌生理盐水冲洗干净，方可使用。②擦拭法：使用化学消毒剂擦拭皮肤表面或污染物体表面的消毒方法。此方法适用于易溶于水、穿透性强、无明显刺激性的消毒剂。③熏蒸法：利用消毒剂产生的气体进行消毒的方法，如手术室的空气消毒。临床常用的有甲醛和环氧乙烷。④喷雾法：将化学消毒剂均匀喷洒在物体表面和空气进行消毒的方法，如墙壁、地面等。

（二）影响化学消毒剂消毒效果的因素

　　1. 消毒剂的性质、浓度和作用时间　各种消毒剂的理化性质不同，同一种消毒剂的浓度不一样，对微生物作用大小、消毒效果也有差异。大多数消毒剂在高浓度时杀菌作用强，当浓度降低到一定程度时只有抑菌作用。但醇类例外，70%～75% 的乙醇消毒效果最好。在一定浓度下，作用时间越长，消毒效果越好。

　　2. 细菌的种类、状态和数量　不同种类的细菌对消毒剂的敏感性不同，不同状态的细菌对消毒剂的抵抗力也存在差异。细菌的芽孢比繁殖体抵抗力强，幼龄菌比老龄菌敏感，需要根据消毒对象选择合适的消毒剂。细菌的数量越多，所需消毒时间越长。

　　3. 环境中有机物的存在　环境中的有机物不仅对细菌有保护作用，还能与消毒剂发生化学反应，降低消毒剂的浓度而影响其杀菌效果。

　　此外，影响消毒效果的因素还有温度、酸碱度等。

考点：影响消毒效果的因素

四、生物安全

生物安全是指避免危险生物因子（一切微生物和生物活性物质）造成实验室人员暴露，向实验室外扩散并导致危害的综合措施。生物安全问题，是指现代生物技术的研究、开发、应用以及转基因生物的跨国越境转移可能对生物多样性、生态环境和人类健康产生潜在的不利影响。特别是各类转基因活生物体释放到环境中，可能对生物多样性构成潜在威胁。

（一）实验室生物安全

实验室生物安全是指在从事病原微生物实验活动的实验室中避免微生物对工作人员与相关工作人员的危害，避免对环境的污染和对公众的危害，为了保证实验室研究的科学性，还要保护被试验因子免受污染。

（二）病原微生物危害程度分级

依据我国《病原微生物实验室生物安全通用准则》规定，根据微生物的传染性、感染后对个体或者群体的危害程度，将病原微生物分为四类。

第一类，是能够引起人类或者动物非常严重疾病的微生物，以及我国尚未发现或者已经宣布消灭的微生物，如天花病毒、新疆出血热病毒、埃博拉病毒等。

第二类，是能够引起人类或者动物严重疾病，比较容易直接或者间接在人与人、动物与人、动物与动物之间传播的微生物，如人类免疫缺陷病毒、霍乱弧菌、结核分枝杆菌等。

第三类，是能够引起人类或者动物疾病，但一般情况下对人、动物或环境不构成严重危害，传播风险有限，实验室感染后很少引起严重疾病，并且具备有效治疗和预防措施的微生物，如肝炎病毒、流感病毒、金黄色葡萄球菌、伤寒沙门菌等。

第四类，是指在通常情况下不会引起人或动物疾病的微生物。

其中第一类、第二类病原微生物统称为高致病性病原微生物。

（三）生物安全水平分级及实验室设备要求（表8-4）

表8-4　生物安全水平分级及实验室设备要求

生物安全水平（BSL）	危险等级	操作对象	实验室设备及个人防护
BSL-1	I 级	对人体和环境危害较低，不会引发健康成人疾病	开放实验台
BSL-2	II 级	对人体和环境有中等程度危害或具有潜在危险的致病因子	开放实验台、生物安全柜、洗眼设备、高压蒸汽灭菌器、黑暗出口标志
BSL-3	III 级	主要通过呼吸道途径使人传染上严重甚至致命疾病的致病因子，通常有预防和治疗措施	在BSL-2基础上增加：出入控制、布局要分区、独立送排风系统、高压蒸汽灭菌器、设置带报警功能的室内压力显示装置、备用电源、洗手装置等
BSL-4	IV 级	对人体有高度危险性，通过气溶胶传播或传播途径不明的微生物，尚无预防治疗措施	在BSL-2基础上增加：II级、III级生物安全柜正压防护服及出口淋浴等

（四）生物恐怖的防范

生物恐怖指通过蓄意释放细菌、病毒或其他病原体，引发人群、动物、植物疾病或死亡，引起社会广泛恐慌或影响社会安定以达到政治或信仰目的的行为。

生物恐怖活动往往采用隐蔽的方式进行，如利用感染者本身甚至"自杀感染者"在人群中扩散，或是通过供水、食物运输及通风系统中投毒。不同的生物病原体有长短不一的潜伏期，当人们察觉时，已有相当多的人被传染，此类事件往往难以追踪到真正的传播源或投毒者。疑似生物武器袭击的指征主要是人或动物出现某种相似症状，患者数量突然增多，最可能的症状是流行性感冒类的上呼吸道疾病、胃肠道症状、发热及可疑的皮疹等。

自测题

一、名词解释

1. 正常菌群　2. 条件致病菌　3. 灭菌　4. 消毒

5. 无菌　6. 无菌操作　7. 防腐　8. 生物安全

二、选择题（A型题）

1. 对特殊感染而无保留价值的物品，最彻底的灭菌方法是（　　）

　A. 煮沸消毒法　　　　　B. 过氧乙酸浸泡法

　C. 干烤法　　　　　　　D. 紫外线法

　E. 焚烧法

2. 消毒的含义（　　）

　A. 消灭包括芽孢在内的各种病原微生物

　B. 消灭除芽孢外的各种病原微生物

　C. 杀灭物品上所有的微生物

　D. 杀灭物品上的芽孢

　E. 消除物品上的一切污渍

3. 正常情况下无菌的部位是（　　）

　A. 口腔　　　　　　　　B. 肠道

　C. 血液　　　　　　　　D. 泌尿生殖道

　E. 眼结膜

4. 并非消毒剂浓度越大消毒效果越好的是（　　）

　A. 70% 乙醇溶液　　　　B. 2% 戊二醛溶液

　C. 40% 甲醛溶液　　　　D. 0.5% 过氧乙酸溶液

　E. 环氧乙烷

5. 杀灭芽孢最有效的方法是（　　）

　A. 煮沸消毒法　　　　　B. 高压蒸汽灭菌法

　C. 干烤法　　　　　　　D. 间歇灭菌法

　E. 巴氏消毒法

6. 以下病原微生物的危害程度居第一类的是（　　）

　A. 金黄色葡萄球菌　　　B. 大肠埃希菌

　C. 天花病毒　　　　　　D. 人类免疫缺陷病毒

　E. 霍乱弧菌

7. 干烤法灭菌的温度和时间为（　　）

　A. 170℃，2h　　　　　B. 105℃，30min

　C. 121.3℃，20min　　　D. 250℃，30min

　E. 71.7℃，3h

三、简答题

1. 简述正常微生物群的生理意义和病理意义。

2. 相同温度下，为什么湿热灭菌法比干热灭菌法效果好？

3. 影响化学消毒剂作用的因素主要有哪些？

（裴　明）

第 *9* 章

微生物的遗传变异与菌种保藏

第 1 节　微生物的遗传变异

遗传与变异是生物体最本质的特征，是一切物种延续和进化的物质基础。

遗传是指微生物的性状由亲代向子代传递的现象，使子代与亲代表现出相似性，并能够代代相传。微生物的子代与亲代之间、子代不同个体之间存在不同程度的差异称为变异。遗传使得微生物保持了种属的稳定性，而变异则使微生物表现出新性状，产生变种和新种，从而使其物种得以发展和进化。

考点：微生物遗传变异的概念

一、微生物的主要遗传物质

脱氧核糖核酸（DNA），是由四种脱氧核糖核苷酸经磷酸二酯键连接而成的长链聚合物，是遗传信息的载体。DNA 分子的功能是储存决定物种各种特征的全部遗传信息，策划生物有次序地合成其组分的时间和空间，确定生物生命周期的活性和生物的个性。

核糖核酸（RNA），是由四种核糖核苷酸经磷酸二酯键连接而成的长链聚合物，是遗传信息载体，存在于生物细胞中，也是部分病毒的遗传信息载体。

（一）原核细胞型微生物

原核细胞型微生物没有真正的细胞核，其遗传物质 DNA 集中在无核膜包围的区域即拟核，是由一条裸露的双股环状 DNA 分子组成，控制原核细胞型微生物的各种遗传性状。

（二）真核细胞型微生物

真核细胞型微生物有真正的细胞核，其遗传物质是线状双股 DNA，有多条染色体，每条染色体也只含一个 DNA 分子。不过它们一般都比原核细胞中的 DNA 分子大而且和蛋白质结合在一起。

（三）病毒

病毒遗传物质是 DNA 和 RNA，病毒的核酸类型较多：有单链和双链，有正链和负链，有环状和线状，有的是一条，还有的分节段。病毒的遗传物质控制病毒的遗传性状。

（四）质粒

质粒（plasmid）是微生物细胞内稳定地独立存在于染色体外，能自我复制并传递到子代的双链 DNA 分子。主要存在于一些微生物细胞中，为双链 DNA 分子，但具有与染色体不同的一些特性：

（1）分子量远比染色体小，游离存在于细胞质内，能整合入染色体。

（2）具有独立的自我复制的能力，可在细菌间转移。

（3）质粒所携带的基因非细胞生存所必备的结构。

目前已在很多种微生物中发现质粒。比较重要的质粒有：①编码细菌性菌毛的 F 质粒；②携带耐药性基因，使细菌产生耐药性的 R 质粒；③编码大肠埃希菌细菌素的 Col 质粒；④与细菌毒力有关的 Vi 质粒等。

质粒与微生物遗传物质的转移有关，遗传工程中常用质粒作为载体，将供体基因转移到受体细胞中。质粒还与某些微生物的致病性、耐药性及次级代谢产物的合成有关。

考点：质粒的特征

二、微生物变异的机制

微生物变异的发生机制主要是细菌基因突变和基因转移与重组。

（一）基因突变

基因突变是微生物遗传物质的结构发生突然而稳定的可遗传变化，导致微生物生物学性状变异。根据发生原因可把基因突变分为自发突变和诱发突变。前者是指微生物在自然生长繁殖分裂时，基因自然发生突变；后者是用物理因素（如紫外线）、化学物质（如烷化剂）及生物因素（如抗生素）诱发的突变。诱发突变的概率高于自发突变。

（二）基因转移与重组

基因转移是受体菌接受外源性遗传物质的过程。基因重组是转移的基因与受体菌 DNA 发生重新组合即整合的过程。基因转移和重组往往相随发生，并使受体菌获得某些新的特性，成为一个新的遗传型个体。细菌的基因转移与重组可通过转化、接合、转导、溶原性转换等方式进行。

1. 转化　受体菌直接摄取供体菌裂解游离的 DNA 片段，发生基因重组，获得新的性状的过程。

2. 接合　供体菌通过性菌毛与受体菌相互连接沟通，将遗传物质（主要是质粒 DNA）转移给受体菌，使受体菌获得新的遗传性状的过程，如 F 质粒的接合。

3. 转导　以温和噬菌体为载体，将供体菌的一段 DNA 转移到受体菌内，使受体菌获得新的性状。根据转导基因片段的随机性，可分为普遍性转导和局限性转导，如金黄色葡萄球菌的 R 质粒。

4. 溶原性转换　温和噬菌体感染细菌时，其基因与宿主菌染色体重组，使宿主菌成为溶原状态而获得新的性状，如白喉棒状杆菌被噬菌体感染后就能产生白喉外毒素。

> **链接**
>
> **噬菌体**
>
> 噬菌体是感染细菌、真菌或螺旋体等微生物的病毒，并能通过转导或溶原性转换等方式赋予宿主菌新的遗传性状。噬菌体分布广，有宿主菌的场所就有相应的噬菌体存在。噬菌体可作为基因的载体，应用于基因工程。根据感染宿主菌后的结局不同可将噬菌体分为毒性噬菌体和温和噬菌体，前者感染宿主菌后能在宿主细胞内增殖，产生许多子代噬菌体，并最终裂解细菌释放，只形成溶菌周期；后者感染细菌后不增殖，不裂解细菌，而是将噬菌体的基因组与宿主菌基因组整合，形成溶原周期，此周期可自发或诱发终止，进入溶菌周期裂解细菌释放大量噬菌体。

三、微生物的变异现象

（一）形态和结构的变异

微生物的变异指细菌的形态结构在某些因素影响下发生的变异，如细菌的细胞壁受到青霉素或溶菌酶等物质的作用可使肽聚糖合成受阻或遭到损伤而失去细胞壁，发生细胞壁缺陷型变异，由于这种变异首先在 Lister 研究院发现，故称为 L 型变异。荚膜、芽孢、鞭毛等特殊结构也可发生变异，变异后可失去特殊结构，同时毒力也下降，如有鞭毛的伤寒沙门菌变异后可失去鞭毛，称为 H-O 变异。

（二）菌落变异

细菌的菌落主要有光滑型（S）和粗糙型（R）两种，S 型菌落表面光滑、湿润、边缘整齐，细菌经人工培养多次传代后菌落表面变为粗糙、干燥、边缘不整齐，即从光滑型变为粗糙型，称为S-R变异。S-R变异常见于肠道杆菌，这种变异往往伴有其他性状的改变，如毒力、抗原性和生化反应等。

考点：常见的细菌变异现象

（三）毒力变异

细菌的毒力变异包括毒力的增强和减弱，如携带有β棒状杆菌噬菌体的白喉棒状杆菌，获得了产生白喉外毒素的能力，其毒力增强。用于预防结核病的卡介苗（BCG）是卡-介二氏将有毒的牛型结核分枝杆菌培养在含胆汁、甘油和马铃薯的培养基上，经13年约230次传代培养，使其毒力减弱且保留有免疫原性制备而成，可用于结核病的预防。

> **链接**
>
> 结核病的克星——卡介苗
>
> 　　20世纪初，结核病威胁着人类的健康，很长时间人们找不到治疗结核病的办法。法国细菌学家卡尔美和介林为研制能"征服"结核病的疫苗，做了数不清的实验，经历了一次又一次的失败。然而功夫不负有心人，他们从农场玉米传代十几代之后不断退化的现象中得到启示——如果把毒性很强的结核分枝杆菌一代一代地培养下去，也许到了哪一代它们的毒性也会退化，制成的疫苗就可以预防结核病了。由此，两个人整整培养了13年230代，终于获得了理想的减毒株。从此，结核病有了克星。为了纪念这两位伟大的科学家，人们把预防结核病的疫苗称为卡介苗。

（四）耐药性变异

细菌对某种抗菌药物由敏感变成耐药的变异称耐药性变异。有的细菌表现为同时对多种抗菌药物耐药，称为多重耐药菌株。细菌通过基因突变、接合、转导、转化等方式获得耐药性。从抗生素广泛应用以来，细菌对抗生素耐药性的不断增长是世界范围内的普遍趋势。金黄色葡萄球菌耐青霉素的菌株已从1946年的14%上升至目前的90%以上。细菌的耐药性变异给临床治疗带来很大的困难，并成为当今医学界的一大难题。也有的细菌变异后产生对药物的依赖性，如痢疾志贺菌链霉素依赖减毒株，可用于痢疾的预防。

> **链接**
>
> 抗生素耐药——现代医学的困境
>
> 　　抗生素是20世纪最重要的医学发现之一，对控制人类感染性疾病发挥了巨大的作用。但目前的研究显示，我国金黄色葡萄球菌的耐青霉素比例已经高达90%。肺炎链球菌已有45%耐青霉素，70%耐红霉素。引起肠道疾病的大肠埃希菌有70%耐环丙沙星。由于滥用抗生素所导致的耐药病原菌的增加不仅使医疗费用增高，而且使感染性疾病的发病率及死亡率增加。过度使用使得很多抗生素失去了效果，小病也能致命，这已经不是耸人听闻的消息了。

四、微生物变异的意义

微生物的遗传与变异在医药上的应用如下。

（一）病原学诊断

由于微生物在形态、结构、染色性、生化反应等方面可发生变异，给实验室诊断带来一定困难，要注意鉴别，以免误诊。

（二）临床治疗

耐药菌株的出现给感染性疾病的治疗造成很大困难。为了防止耐药菌株的扩散，治疗时应注意：①治疗前应分离病原菌，做药敏试验，以选用敏感药物；②要足够剂量且全程用药，以达到彻底消灭病原微生物；③联合用药，以高效杀菌。

（三）特异性预防

利用遗传与变异的原理筛选或诱导减毒变异株制备减毒活疫苗，用于某些传染病的预防。减毒活疫苗可以从自然界分离获得，也可用人工方法选择改变毒力的变异株。目前应用的减毒活疫苗有卡介苗等。

（四）在育种和制药方面的应用

根据细菌变异机制，利用基因突变、基因的转移与重组，把目的基因（如胰岛素基因）与质粒或噬菌体重组后再导入宿主菌体内表达，可大量生产胰岛素、干扰素等。

第 2 节　菌种优化与保藏

一、菌种改良

菌种改良是指应用微生物遗传与变异理论，在已经自然变异、人工诱变或杂交后的微生物群体中选出所需要的优良菌种的过程。常用的菌种改良途径有自然选育、诱变育种、杂交育种和代谢控制育种。

1. 自然选育　微生物细胞群体不经过人工处理而利用菌种的自发突变进行菌种筛选的育种方法称为自然选育。由于自发突变率很低，故获得优良菌株的概率极低。

2. 诱变育种　诱变育种是指用诱变因子处理微生物的细胞群体，以诱发遗传突变，从中选出所需突变体的过程。

3. 杂交育种　指通过杂交来培育新品种或品系的育种方法，是将父母本杂交，形成不同的遗传多样性，再通过对杂交后代的筛选，获得具有亲本优良性状，且不带有亲本中不良性状的新品种的育种方法。基因重组是杂交育种的理论基础。

4. 代谢控制育种　是指在研究微生物代谢产物的生物合成途径和代谢调节机制的基础上，通过人工诱发突变的技术获得各种解除或绕过了微生物正常代谢途径的突变株，从而选择性地使有用的产物大量合成和积累，如产生灰黄霉素的荨麻青霉菌株经紫外线与氯化锂诱变处理后，其产量大大提高。

二、菌种复壮

菌种在培养或保藏过程中，由于自发突变的存在，出现某些原有优良性状的劣化、遗传标记的丢失等现象。微生物群体中性能弱化的细胞占一定比例后导致生产性能下降的现象称为菌种退化。

按照良种标准和选种要求，对品种退化所采取的补救措施称为复壮。狭义的复壮是一种消极措施，一般指对已退化的菌种通过纯种分离和生产性能测定等方法，从退化的群体中找出未衰退的个体，以达到恢复该菌原有典型性状的措施。广义的复壮是一种积极的措施，即在菌种的生产性状未退化前就不断进行纯种分离和生产性状测定，以在群体中获得生产性状更好的自发突变株。菌种复壮的方法有纯种分离法、接种宿主体内复壮、淘汰已退化的个体。

三、菌种保藏

微生物性状稳定是微生物学工作最重要的基本要求，而微生物受外界环境的影响，经常会发生小概率的变异，这种变异可能造成菌种性状的劣化或自身死亡。要使菌种长期保持优良的形状，就必须设法减少菌种的退化和死亡，即做好保藏工作。

菌种保藏是用适宜方法将微生物的代谢速率降至最低，使其长期存活、不被污染、不易衰退、原有生物学特性稳定，便于以后使用的储存过程。目的在于把从自然界分离到的野生型，或经人工选育得到的变异型纯种，使其存活、不丢失、不污染杂菌、不发生或少发生变异，保持菌种原有的各种特征和生理活性。

菌种保藏有多种方法，其原理主要是运用低温、缺氧、干燥等方式尽量降低生物体内的代谢，达到延长生命、减少变异的目的。常见的菌种保藏方法有冰箱保藏法、液体石蜡覆盖保藏法、砂土保藏法、冷冻干燥保藏法、超低温保藏法等（表9-1）。

表9-1　常用菌种保藏方法的比较

方法	措施		菌种	保藏时间
冰箱保藏	固体斜面	低温（4℃）	各类	<6个月
	半固体	低温（4℃）	细菌，酵母菌	<12个月
液体石蜡覆盖保藏	低温（4℃）		各类	1～2年
砂土保藏	干燥，无营养		产孢子的微生物	1～10年
冷冻干燥保藏	干燥，低温，无氧，有保护剂		各类	10～15年
超低温保藏	超低温（<-70℃）		各类	>15年

第3节　微生物药物

微生物药物是指由微生物代谢产生的，具有抗微生物作用和其他生物学活性的药物，如抗生素、维生素、菌剂等。

一、抗　生　素

目前抗生素已成为临床上应用最广的一类药物。随着科学技术的发展，尤其是基因工程等新技术的出现，在世界各国学者的努力下，新的抗生素品种不断出现，对人类的健康事业有极为重要的作用。

抗生素：微生物生命过程中产生的具有生理活性的次生代谢产物及其衍生物。在低浓度下有选择性地抑制或干扰其他生物的正常生命活动，而对其自身无害，如青霉素、链霉素等，是人类控制、治疗感染性疾病，保障身体健康及用来防治动植物病害的重要化学药物。

二、维　生　素

维生素：一类在体内含量极微的维持人体生命所必需的有机物质，是保持人体健康的重要活性物质。维生素在体内的含量很少，但不可或缺。人体内的某些细菌如人体肠道中的大肠埃希菌能合成维生素 B_6、维生素 B_{12}、维生素 K_2 等，以供机体需要，但如果机体大量使用抗生素抑制大肠埃希菌的正常生长，会引起维生素的缺乏。维生素在医疗方面有许多用途，如维生素 C 具有抗坏血病的作用，目前利用微生物生产的维生素有维生素 C、维生素 B_2、维生素 B_{12} 等，其中以维生素 C 的生产规模最大。

三、菌　　剂

菌剂是由有益微生物制成的活菌制剂，广泛应用于饲料添加、有机物料腐熟、土壤改良和修复处理、污水净化处理等。乳酸菌、双歧杆菌等是人体肠道内生理性细菌，利用这些细菌制作活菌制剂，对保护肠道内的正常菌群，维持微生态平衡有着极其重要的意义，目前应用较多的如乳酶生、促菌生，还有双歧杆菌制剂、厌氧棒状菌制剂等。

自测题

一、名词解释
1.遗传　2.变异　3.质粒　4.耐药性变异
5.菌种保藏　6.复壮　7.菌剂　8.微生物药物

二、选择题（A型题）
1.细菌的遗传物质包括（　　　）
　　A.染色体和核糖体　　　B.染色体和异染颗粒

C. 拟核和核糖体　　　D. 拟核和质粒

E. 质粒和中介体

2. 有关质粒的叙述不正确的是（　　　）

A. 质粒是细菌拟核以外的遗传物质

B. 质粒是细菌必备结构

C. 质粒可自行复制

D. 质粒是双股环状 DNA

E. 质粒可独立存在于细菌体内

3. 细菌的基因转移和重组不包括以下哪种方式（　　　）

A. 转化　　　　　　　B. 插入

C. 接合　　　　　　　D. 溶原性转换

E. 转导

4. 质粒的核酸是（　　　）

A. 单链 RNA　　　　　B. 双股 RNA

C. 单股 DNA　　　　　D. 双链 DNA

E. 不完整的 DNA

5. 决定细菌耐药性的遗传物质是（　　　）

A. R 质粒　　　　　　B. F 质粒

C. 细菌染色体　　　　D. 噬菌体

E. 插入序列

6. 目前金黄色葡萄球菌对青霉素的耐药性已达（　　　）

A. 40% 以上　　　　　B. 50% ～ 60%

C. 70% ～ 80%　　　　D. 80% 以上

E. 90% 以上

三、简答题

1. 简述质粒的概念及主要特征。

2. 举例说明细菌变异现象的类型。

（石　岩）

第 *10* 章

药品微生物质量控制

药品在生产、使用和保藏等过程中，受各种因素影响，药品的质量会发生改变，其中最重要的是微生物污染造成的药品变质。药品变质可能影响药品的质量，使之失去疗效，也可能引起不良反应，或直接导致感染，甚至危及生命。所以在药品生产、使用和保藏等过程中一定要十分重视这方面的问题，同时在药品的质量管理中必须严格进行药品的微生物检查，以保证药品达到国家标准。

第 1 节　微生物引起的药品变质

一、药品生产中微生物的来源

药品在生产等过程中会有多个环节可能被微生物污染使药品变质，主要有原料、辅料、空气、制药用水、操作人员、药品包装材料和容器、设备厂房等。

二、微生物引起的药品变质

（一）影响药品变质的因素

1. 污染数量　对于规定无菌制剂，如注射剂、输液剂等必须保证绝对无菌，而且不能含有热原质。对于非规定无菌制剂，微生物的数量和种类应控制在一定范围内，并保证不含有特定致病菌，一般对药品质量影响不大。

2. 营养因素　药品中往往含有微生物生长所需要的碳源、无机盐类等营养，能支持微生物的生长繁殖。

3. 含水量　湿度：环境中的一定湿度是微生物生长、繁殖的必要条件，固态药品含水量若超过 10% ～ 15%，遇到适宜的温度，微生物会生长繁殖。

4. pH　pH 影响药品中微生物的生长繁殖，弱碱性 / 中性适合细菌生长，酸性利于酵母菌、霉菌生长，过酸过碱对微生物生长繁殖都不利。

5. 温度　微生物引起药品变质的温度在 -5 ～ 6℃ 范围内，因此，在药品制备过程中，可采用高温杀死微生物，药品储藏在阴冷、干燥的地方以抑制微生物的繁殖。

（二）药品受微生物污染后理化性质的改变

1. 物理性质改变　药品的物理性质包括外观、颜色、硬度、黏性、澄清度等，是药品的重要质量指标。液体制剂受微生物污染，药品会出现浑浊、沉淀、菌膜等。片剂、丸剂等固体制剂被微生物污染，表面可有潮解、粘连、有丝状物、变色、斑点等变化。

2. 化学性质改变　污染药品的微生物，可使药品的化学结构发生改变；有机物均可被微生物降解引起药品化学性质的变化，如气味的改变（如泥腥味、乙醇味、酸味、芬香味等）；有的可在药品中产生气体，使塑料包装膨胀甚至引起安瓿或玻璃容器爆炸。

（三）药品受微生物污染后变质的判断

1. 病原微生物的存在。

2. 微生物的毒性代谢产物（如热原质）的存在。

3.药品发生了可见的物理和化学改变。

4.规定无菌制剂中发现有微生物的存在。

5.非规定无菌制剂中微生物超过一定限度。

三、变质药品对人体健康的危害

（一）药品疗效降低和不良反应

微生物降解能力具有多样性，因此许多药品可被微生物作用后发生降解，失去疗效。有些污染药品的微生物可对患者引起不良反应，如阿司匹林可被降解为有刺激性的水杨酸，青霉素、氯霉素可被产生钝化酶的微生物降解为无活性的物质。

（二）污染药品引起的感染

无菌制剂不合格或使用时污染，可引起感染或败血症等，如铜绿假单胞菌污染的滴眼液可引起严重的眼部感染或使病情加重甚至失明，被污染的软膏或乳剂能引起皮肤病和烧伤患者的感染。

（三）有毒代谢产物致病

药品中含有易受微生物侵染的组分，如许多表面活性剂、湿润剂、混悬剂、甜味剂、有效的化疗药品等，它们均是微生物容易作用的底物，因此易被降解利用而产生一些有毒的代谢产物，而且微生物在生长繁殖时本身也可产生毒素，如输液中由于存在热原质可引起急性发热性休克。

考点：变质药品对人体健康的危害

第 2 节　防止微生物污染药品的措施

一、加强药品生产质量管理

为了在药品生产的全过程中把各种污染的可能性降至最低程度，目前世界上一些医药技术较先进的国家都已开始实施《药品生产质量管理规范》（GMP）相关制度，此 GMP 制度是药品全面质量管理的重要组成部分。其中原料、辅料、制药用水、空气、操作人员、药品包装材料和容器等有严格要求和措施，以防止微生物污染。

（一）药品原料和辅料

天然来源的药品原料和辅料常含有各种微生物，只要有适宜的条件，极易繁殖，如动物、植物等来源的原料（动物脏器、中药材）有多种细菌、霉菌、酵母、沙门菌等微生物。在选择原材料时，既要选含微生物少的材料，又要对其进行消毒、灭菌处理，减少微生物污染。

生产药品所需的原料，要符合药用要求和《药品生产质量管理规范》的有关要求。对原料的来源及质量、生产过程、中间产品的检验进行质量控制。必要时应考虑细菌内毒素或热原、外源因子等检查项目。药用辅料微生物限度应符合药用辅料的要求，并满足所应用的制剂要求。

（二）制药用水

水是药品生产过程中用量大、使用广的辅料，用于生产过程和药品制剂的制备。制药用水在制备、储存、分装、使用等过程中都有可能被微生物污染，是药品制剂污染的重要来源。

制药用水分为饮用水、纯化水、注射用水和灭菌注射用水。一般要根据不同药品选用适宜的制药用水，制药用水的制备从系统设计、材质选择、制备过程、储存、使用应符合《药品生产质量管理规范》的要求。制水系统要经过验证，并建立日常监测、检测制度，要定期清洗和消毒，防止水中微生物污染药品。

（三）空气

药品生产中室内空气中微生物含量与室内清洁度、温度、湿度以及人员在室内活动情况有关。灰尘颗粒、操作材料、清扫、搬动材料和机械震动都可以使飞沫、尘埃、粉尘等悬浮于空气中，从而污染药品。

根据药品的类型不同，对生产场所空气中所含微生物数量的限度亦不相同。依据《药品生产质量管理规范》药品洁净实验室的洁净级别分为 A、B、C、D 4 个级别，药品生产环境的空气洁净度级别应当与产品和生产操作相适应，不应对原料、成品等造成污染。生产注射剂或眼科用药的操作区，要求 B 级或 C 级下的局部 A 级，生物制品中的体外免疫诊断试剂的分装要求 C 级。各洁净级别环境微生物监测的动态标准，见表 10-1。

表 10-1 各洁净级别环境微生物监测的动态标准

洁净度级别	微生物监测的动态标准			
	浮游菌（cfu/m³）	沉降菌 [（φ90mm）cfu/4h]	表面微生物	
			接触（φ55mm）cfu	5 指手套 cfu / 手套
A	< 1	< 1	< 1	< 1
B	10	5	5	5
C	100	50	25	—
D	200	100	50	—

为了保证药品洁净实验室的良好环境，洁净室内人员应严格遵守良好的行为规范，并定期进行环境监测。微生物控制措施还包括清洁和卫生处理，应定期对药品洁净实验室进行清洁和消毒，A、B 级洁净区应使用无菌的或经无菌处理的消毒剂和清洁剂。

（四）操作人员

在药品的生产过程中，操作人员若不按规程操作且个人卫生状况欠佳时，就有可能将人体表面和体内的微生物带入药品中。

为了保证药品的质量，对操作人员的要求：健康无传染病，良好的个人卫生状况，定期体检。制药过程中要求戴工作帽和口罩，操作时减少流动和说话。进入生产区的人员应进行更衣、洗手；进入洁净区的工作服的选材、样式及穿戴方式应符合要求；从事对人体有害的病原微生物操作的人员应按规定着装防护，其专用工作服与其他操作人员的工作服应分别洗涤、整理，并避免交叉污染。

（五）药品包装材料和容器

药品包装材料和容器指直接与药品接触的包装材料和容器。药品包装材料和容器的质量、安全性、使用性能以及药品包装材料与药物之间的相容性对药品质量有着十分重要的影响。在药品的包装、储藏、运输和使用过程中起到保护药品质量、安全、有效的作用。

根据不同的生产工艺及用途，药品包装材料的微生物限度或无菌应符合要求；注射剂用药品包装材料的热原或细菌内毒素、无菌等需符合所包装制剂的要求；眼用制剂用药品包装材料的无菌等要符合所包装制剂的要求。生产中应严格控制药用容器有毒有害物质的引入，对生产中必须使用的有毒有害物质应符合国家规定，且不得影响药品的安全性。

考点：药品中微生物污染的来源与控制

二、药品的微生物检查

依据《中国药典》和《药品生产质量管理规范》，在生产过程中，全程应进行各项微生物学指标检查。通过各项测定来评价药品被微生物污染的程度，从而控制药品的质量。

（一）规定无菌制剂的无菌检查

无菌检查法用于检查药典要求无菌的制剂、生物制品、医疗器械、原料、辅料等是否无菌的一种方法。符合规定，标明药品在此条件下未发现微生物污染。无菌检查法包括薄膜过滤法和直接接种法。

　　无菌检查应在无菌条件下进行，试验环境必须达到无菌检查要求，检验全过程应严格遵守无菌操作，防止微生物污染，空气、工作台等定期按医药工业洁净室的现行国家标准洁净度确认。

（二）非规定无菌制剂的微生物限度检查

　　非规定无菌制剂中污染的某些微生物可能导致药物活性降低，甚至使药品丧失疗效，从而对患者健康造成潜在的危害，因此，在药品生产、储藏和流通等各个环节中，药品生产企业应严格遵守《药品生产质量管理规范》的指导原则，以降低产品受微生物污染的程度。2020 年版《中国药典》非规定无菌制剂的微生物限度标准，见表 10-2。

表 10-2　非规定无菌化学药品和生物制品制剂的微生物限度标准

给药途径	需氧菌总数（cfu/g、cfu/ml 或 cfu/10m²）	霉菌和酵母菌总数（cfu/g、cfu/ml 或 cfu/10m²）	控制菌
口服给药 　固体制剂 　液体及半固体制剂	10^3 10^2	10^2 10^1	不得检出大肠埃希菌（1g 或 1ml）；含脏器提取物的制剂还不得检出沙门菌（10g 或 10ml）
口腔黏膜给药制剂 　齿龈给药制剂 　鼻用制剂	10^2	10^1	不得检出大肠埃希菌、金黄色葡萄球菌、铜绿假单胞菌（1g、1ml 或 10cm²）
耳用制剂 　皮肤给药制剂	10^2	10^1	不得检出金黄色葡萄球菌、铜绿假单胞菌（1g、1ml 或 10cm²）
呼吸道吸入给药制剂	10^2	10^1	不得检出大肠埃希菌、金黄色葡萄球菌、铜绿假单胞菌、耐胆盐格兰阴性菌（1g 或 1ml）
阴道、尿道给药制剂	10^2	10^1	不得检出金黄色葡萄球菌、铜绿假单胞菌、假丝酵母菌（1g、1ml 或 10cm²）；中药制剂还不得检出梭菌（1g、1ml 或 10cm²）
直肠给药 　液体制剂 　固体及半固体制剂	10^3 10^2	10^2 10^2	不得检出金黄色葡萄球菌、铜绿假单胞菌（1g 或 1ml）
其他局部给药制剂	10^2	10^2	不得检出金黄色葡萄球菌、铜绿假单胞菌（1g、1ml 或 10cm²）

　　注：化学药品制剂和生物制品制剂若含有未经提取的动植物来源的成分及矿物质，还不得检出沙门菌（10g 或 10ml）。

　　非规定无菌制剂微生物限度检查可用于判断无菌制剂及原料、辅料、中药饮片等是否符合国家规定，也可用于指导生产过程中产品微生物质量监控。非规定无菌制剂的微生物限度检查包括微生物计数法、控制菌检查。

（三）其他检测

　　1.支原体检查　对病毒类疫苗、临床治疗用细胞进行支原体检查。

　　2.外源性病毒因子的检测　病毒类制品在毒种选育和生产过程中，有可能受到外源性病毒因子的污染。为了保证制品质量，需要对病毒类制品进行外源性病毒因子的检测。

　　3.热源检查　适用于血液制品、抗毒素的生产。

　　4.血液制品生产用人血浆病毒核酸检测　适用于血液制品生产用人血浆的乙型肝炎病毒、丙型肝炎病毒和 I 型人类免疫缺陷病毒的核酸检测。

　　5.真菌毒素检查　适合于药材、饮片及中药制剂中黄曲霉毒素、呕吐毒素、赫曲霉毒素 A、玉米赤霉烯酮、展青霉素、T-2 毒素等的测定。

三、使用合适的防腐剂与抑菌剂

药品加入防腐剂来保存，可以防止微生物使药品发生变质。

一种理想的防腐剂应有良好的抗菌活性，对人没有毒性或刺激性，具有良好的稳定性，不受处方其他成分的影响。实际上现有的防腐剂均不是很理想，常用的防腐剂有苯甲酸、硫柳汞、甘油、山梨醇等。

目前，药品生产中还存在不少问题，需要专业人员进行不断研究，使药品生产能符合各项规定，保证药品制剂达到国家各项药品标准。

此外，还应有合格的包装材料和合理的储存方法。

考点：防止微生物污染药品的措施

 自 测 题

一、名词解释
无菌检查法

二、选择题（A型题）

1. 药品生产中最大的污染源是（　　）

　A. 细菌　　　　　　　B. 空气

　C. 设备　　　　　　　D. 人

　E. 动物

2. 下列哪种现象不能判定口服液变质（　　）

　A. 发霉　　　　　　　B. 产生气体

　C. 浑浊　　　　　　　D. 变色

　E. 少量摇动易散的沉淀

3. 哪些个人行为不是空气中微生物的来源（　　）

　A. 说话　　　　　　　B. 唾沫

　C. 咳嗽　　　　　　　D. 打喷嚏

　E. 呼吸

4. 常用微生物限度检查不包括哪项（　　）

　A. 酵母总数检查　　　B. 霉菌总数检查

　C. 控制菌检查　　　　D. 活螨检查

　E. 细菌总数检查

5. 控制菌检查在《中国药典》规定中不包括哪种菌（　　）

　A. 金黄色葡萄球菌　　B. 大肠埃希菌

　C. 沙门菌　　　　　　D. 铜绿假单胞菌

　E. 幽门螺杆菌

6. 不属于规定灭菌药品的是（　　）

　A. 眼科用药　　　　　B. 膏剂

　C. 输液剂　　　　　　D. 创可贴

　E. 注射剂

三、简答题

1. 简述药品中微生物污染的来源。

2. 药品被微生物污染带来的危害是什么？

3. 怎么判断药品被微生物污染？

（石　岩）

第 *11* 章

人体寄生虫

第1节 人体寄生虫概述

一、寄生现象与生活史

自然界中，两种生物生活在一起的现象非常普遍，寄生现象就是其中之一。人体寄生虫是一种寄生在人体并给人体造成损害的一些低等生物。

（一）寄生现象

1. 寄生 一种生物寄居在另一种生物体表或体内，并从其中直接获取营养使其遭受损害，称为寄生。前者称寄生虫，后者称宿主。

2. 寄生虫 在一种生物体内或体表营寄生生活，且造成这种生物一定损伤的多细胞无脊椎动物和单细胞原生动物称为寄生虫。寄生于人体的寄生虫称人体寄生虫。由人体寄生虫引起的疾病称为寄生虫病。

3. 宿主 寄生生活中受害的一方称为宿主。根据寄生虫不同发育阶段所寄生的宿主不同，可将宿主分为终宿主、中间宿主和保虫宿主。

（1）终宿主：寄生虫成虫或有性生殖期所寄生的宿主称为终宿主。

（2）中间宿主：寄生虫的幼虫或无性生殖期所寄生的宿主称为中间宿主。

（3）保虫宿主：作为人体寄生虫病感染来源的被寄生虫感染的一些脊椎动物称为保虫宿主，如血吸虫成虫可寄生于人体，也可寄生于牛体内，牛即为血吸虫的保虫宿主。

（二）生活史和感染阶段

1. 生活史 寄生虫完成一代生长、发育和繁殖的全过程及所需环境条件，称为寄生虫的生活史。

2. 感染阶段 寄生虫的生活史中，并不是每个发育阶段都能使人体感染，而是必须发育到某一特定阶段，才能侵入宿主体内生存和发育。我们把寄生虫生活史中具有感染人体能力的发育阶段称为感染阶段，如钩虫生活史中有虫卵、杆状蚴、丝状蚴、成虫阶段。只有丝状蚴能够感染人体，故丝状蚴是钩虫的感染阶段。

二、寄生虫与宿主的关系

寄生虫与宿主之间的关系，包括寄生虫对宿主的损伤及宿主对寄生虫的免疫作用。

（一）寄生虫对宿主的作用

寄生虫侵入体内、移行、定居、发育、繁殖等过程，都会对宿主细胞、组织器官造成损害，其破坏方式主要有以下几种。

1. 夺取营养 寄生虫在宿主体内生长、发育和繁殖所需的营养物质来自宿主。寄生的虫体数目越多，掠夺的营养就越多，宿主受损害的程度越严重，如寄生于肠道的蛔虫，以人体消化或半消化的食物为食，夺取宿主的大量营养，引起宿主营养不良。

2. 机械性损伤 寄生虫在宿主体内移行和定居均可造成宿主组织损伤、压迫或阻塞，如大量蛔虫寄生在肠道，不停运动，引起肠痉挛，严重者相互缠绕堵塞肠腔，引起肠梗阻。猪囊尾蚴寄生在脑部，压迫脑组织，引起癫痫。

3. 毒性作用和免疫损伤　寄生虫的排泄物、分泌物和死亡虫体的分解物等均对宿主有毒性作用并可诱导机体产生免疫损伤，如溶组织内阿米巴分泌溶组织酶，破坏组织导致肠壁溃疡和肝脓肿。血吸虫卵内毛蚴释放可溶性抗原刺激宿主发生Ⅳ型超敏反应，形成肉芽肿。

（二）宿主对寄生虫的作用

寄生虫侵入机体引起宿主一系列防御性生理反应，包括非特异性免疫和特异性免疫。

1. 非特异性免疫　主要包括皮肤黏膜的屏障作用、消化液的消化作用、吞噬细胞的吞噬作用、补体系统的防御作用。

2. 特异性免疫　机体免疫系统受到寄生虫抗原刺激后产生的针对该寄生虫抗原的特异性免疫应答。其类型包括以下几种。

（1）消除性免疫：指宿主能清除体内寄生虫，并对再感染具有完全的抵抗力，如机体对杜氏利什曼原虫产生的免疫力。

（2）非消除性免疫：寄生虫感染后虽可诱导宿主产生免疫力，但不能帮助宿主完全清除体内寄生虫，对机体再感染有一定的免疫力，如果体内寄生虫完全消失，这种免疫力随之消失，如疟原虫的带虫免疫和血吸虫的伴随免疫。

> **链接**
>
> #### 我国寄生虫病现状
>
> 目前，在世界范围内，寄生虫病仍然是严重危害人类健康和阻碍全球经济发展的公共卫生问题。据世界卫生组织调查，重点防治的十种热带传染病中，除麻风病、结核病和登革热外，其余7种全是寄生虫病，即疟疾、血吸虫病、淋巴丝虫病、盘尾丝虫病、利什曼病、非洲锥虫病和美洲锥虫病等，这些病在流行地区仍流行严重。中华人民共和国成立以来，曾经在我国流行猖獗的五大寄生虫病——疟疾、血吸虫病、黑热病、丝虫病、钩虫病得到了有效控制。但是，一些新现寄生虫病不断出现，再现寄生虫病又有重新流行的现象。人畜共患传染病中，约67%的病原体是寄生虫。此外，肠道寄生虫的感染率有不断上升的趋势，一些机会致病寄生虫，如弓形虫、隐孢子虫的感染成为艾滋病患者死亡的重要原因。因此寄生虫病的防治工作任重而道远。

三、寄生虫病的流行与防治原则

（一）寄生虫病的流行

寄生虫病的流行包括传染源、传播途径、易感人群三个基本环节，还受到自然因素和社会因素的影响。

1. 传染源　包括寄生虫病患者、带虫者和保虫宿主。

2. 传播途径　指寄生虫从传染源传播到易感宿主体内的过程。人体寄生虫常见的传播途径包括：经口、皮肤感染、媒介昆虫、直接或间接接触、垂直感染及其他途径感染。

3. 易感人群　指对寄生虫缺乏免疫力或免疫力低下的人群。易感者还与年龄有关，一般儿童的免疫力低于成年人。寄生虫病非流行区或在本地区根除寄生虫病的人进入疫区后，由于缺乏特异性免疫力而成为易感者。

除上述三个基本环节外，寄生虫病的流行还受自然因素（地理环境、温度、湿度、雨量等）和社会因素（经济状况、卫生水平、生产方式和生活习惯等）的影响。所以，寄生虫病的流行具有地方性、季节性、自然疫源性的特点。

（二）寄生虫病的防治原则

1. 控制和消灭传染源　普查、普治带虫者和患者，查治和处理保虫宿主。做好流动人口的监测，控制流行区传染源，以达到消灭或控制源头的目的。

2. 切断传播途径　加强粪便和水源的管理。做好环境和个人卫生，控制和消灭媒介节肢动物和中间宿主。

3. 保护易感人群　广泛宣传健康教育，普及卫生知识，加强集体和个人防护工作，改变不良的饮食习惯和生活方式，提高自我保护意识。对易感人群采取必要的保护措施，如使用防护品、预防服药等措施，避免寄生虫的感染。

四、人体寄生虫学

人体寄生虫学又称医学寄生虫学，研究与医学有关的寄生虫及其与宿主相互关系的科学。主要内容包括寄生虫的生物学特性、致病性、流行病学规律及防治措施。学习人体寄生虫学的目的是防治和消灭寄生虫病，控制和消灭传播疾病的节肢动物，提高人们的健康水平。

人体寄生虫学的研究对象包括医学蠕虫、医学原虫和医学节肢动物。

（一）医学蠕虫

医学蠕虫是指寄生于人体并致病的软体多细胞无脊椎动物，借身体肌肉的伸缩做蠕形运动。包括：

1. 线虫　虫体呈线形或长圆柱形，左右对称，体不分节，前端较钝圆，后端逐渐变细，雌雄异体，雄虫较雌虫小。成虫寄生于人或动物的肠道或组织。常见虫种有蛔虫、钩虫、鞭虫、蛲虫、丝虫、旋毛虫、广州管圆线虫等。

2. 吸虫　虫体多呈叶状或舌状，具有口吸盘和腹吸盘，除血吸虫外均为雌雄同体，生活史复杂，中间宿主为螺类。成虫寄生于人或动物各种腔道或组织。常见虫种有华支睾吸虫、卫氏并殖吸虫、布氏姜片吸虫、日本血吸虫等。

3. 绦虫　虫体呈长带状，背腹扁平，分节，头部有小钩、吸盘或吸槽等附着器官，均为雌雄同体，无消化道。成虫寄生于宿主小肠，幼虫阶段寄生于组织内。常见虫种有猪带绦虫、牛带绦虫、细粒棘球绦虫、微小膜壳绦虫等。

（二）医学原虫

原虫是一类体积微小、能独立完成生命活动全部生理功能的单细胞真核动物，寄生于人体腔道、体液、组织或细胞内的致病及非致病的原虫称医学原虫。

根据运动细胞器的有无和类型以及生殖方式，可将原虫分为 4 类。

1. 鞭毛虫　通过虫体表面形成的鞭毛运动，如阴道毛滴虫、蓝氏贾第鞭毛虫。

2. 根足虫　通过伸出伪足运动，如溶组织内阿米巴。

3. 纤毛虫　通过体表形成的纤毛摆动而运动，如结肠小袋纤毛虫。

4. 孢子虫　在生活史过程中需进行孢子生殖，如疟原虫、刚地弓形虫、隐孢子虫。

（三）医学节肢动物

医学节肢动物可通过骚扰、吸血、螫刺、寄生、传播多种疾病而危害人体健康。它们可间接传播疾病或直接致病，也可作为变应原引起超敏反应。据统计，传染病中有 2/3 是由医学节肢动物作为媒介传播疾病的，称其为虫媒病。

常见的医学节肢动物有蚊（传播丝虫病、疟疾、流行性乙型脑炎、登革热等）、蝇（传播伤寒、痢疾、霍乱等肠道疾病）、蚤（传播鼠疫、斑疹伤寒等）、蜱（森林脑炎）、螨（引起哮喘、过敏性鼻炎等）。

第 2 节　常见人体寄生虫

一、似蚓蛔线虫

似蚓蛔线虫简称蛔虫，属于医学蠕虫的线虫纲。蛔虫感染率高，呈世界性分布，尤其在温暖、潮湿和卫生条件比较差的地区和人群中感染较普遍。其中农村感染率高于城市，儿童感染率高于成人，是人体最常见的肠道寄生虫。

（一）形态

1. **成虫**　虫体形似蚯蚓，活时略带粉红色，死亡的虫体呈灰白色。雌虫长 20～35cm，甚至达 40cm 以上，雄虫长 15～31cm，尾端向腹面卷曲。

2. **虫卵**　包括受精卵和未受精卵：受精卵为宽椭圆形，大小为（45～75）μm×（35～50）μm，卵壳表面覆盖一层蛋白质膜，卵内含一个受精卵细胞，两端有新月形空隙；未受精虫卵呈长椭圆形，大小为（88～94）μm×（39～44）μm，卵壳内含许多大小不等的折光颗粒。蛋白质膜容易脱落（图 11-1）。

未受精蛔虫卵　　　　受精蛔虫卵

图 11-1　蛔虫卵

考点： 蛔虫卵的特征

（二）生活史

成虫寄生于人的小肠，以肠道内半消化的食物为食。雌雄交配后产出虫卵（一条雌虫每天产卵可达 24 万个以上），卵随粪便排出体外。受精卵在适宜温度（21～30℃）、潮湿、阴暗、氧气充足的土壤中，经历 2 周发育，形成含幼虫的感染期虫卵。

感染期虫卵被人误食后，在小肠内孵化出幼虫，幼虫钻入肠壁经血液到达肺毛细血管进入肺泡腔，经历 2 次蜕皮，之后沿支气管上行，到达咽部随吞咽进入小肠。经历一次蜕皮发育为成虫。从食入感染期虫卵到雌虫产出虫卵需 60～75 天，成虫在人体内的寿命为 1 年左右（图 11-2）。

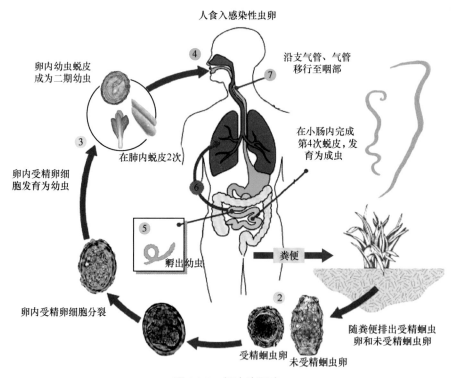

图 11-2　蛔虫生活史

（三）致病作用

蛔虫的致病作用主要表现为机械性损伤、超敏反应、肠功能紊乱，最严重的是成虫引起的并发症。

1. **幼虫致病**　大量幼虫移行至肺部时，可引起蛔蚴性肺炎，表现为发热、咳嗽、胸痛、哮喘、痰中带血。一般发病 1～2 周后自愈。

2. **成虫致病**　成虫寄生于小肠，由于机械性、化学性刺激导致消化吸收功能紊乱，引起营养不良。成虫在肠道内的移行活动、代谢产物的刺激可引起患者间歇性脐周围腹痛、腹泻等症状。蛔虫有钻孔的习性，引起胆道蛔虫症、胰腺炎、阑尾炎甚至肠穿孔等并发症。

（四）实验诊断

从粪便中检出蛔虫卵是诊断蛔虫感染的主要依据。因蛔虫产卵量大，故多取粪便标本直接涂片，必要时可用饱和盐水漂浮法、沉淀法等集卵的方法，粪便和呕吐物中发现成虫也可确诊。

（五）防治原则

1. 普查、普治患者和带虫者，目前常用药物有甲苯达唑、阿苯达唑（肠虫清）等。

2. 做好粪便管理。对粪便进行无害化处理，减少虫卵对土壤的污染。

3. 加强健康教育，注意个人饮食卫生。

二、疟　原　虫

疟原虫是疟疾的病原体，寄生于人体的疟原虫有间日疟原虫、三日疟原虫、恶性疟原虫和卵形疟原虫。我国以间日疟原虫为主，海南岛及云南部分地区以恶性疟原虫为主，三日疟原虫少见，卵形疟原虫仅发现少数病例。

（一）形态

四种疟原虫的红细胞内期有滋养体、裂殖体及配子体。现以间日疟原虫为代表，用吉姆萨染色，将各期形态特征描述如下（图 11-3）。

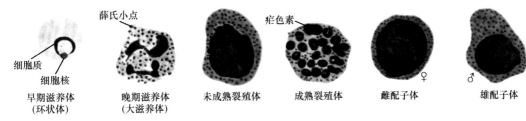

图 11-3　间日疟原虫红细胞内各期形态

1. **滋养体**　①早期滋养体（环状体）：疟原虫侵入红细胞发育的最早时期有 1 个深红的核，胞质呈淡蓝色，形状似指环，称为环状体；②晚期滋养体（大滋养体）：由环状体发育而来，核变大，形状不规则，胞质内出现疟色素颗粒，被寄生的红细胞胀大，开始出现薛氏小点。

2. **裂殖体**　晚期滋养体继续发育，核开始分裂，形成 12～24 个裂殖子，含裂殖子的虫体称为成熟裂殖体。

3. **配子体**　红细胞内的疟原虫经过裂体增殖后，部分裂殖子进入红细胞发育为雌、雄配子体。

（二）生活史

间日疟原虫生活史有无性生殖及有性生殖两个阶段。无性生殖主要在人体内进行，有性生殖在按蚊体内进行。

1. **在按蚊体内的发育**　疟原虫随血液被吸入蚊胃，滋养体、裂殖体被消化，雌、雄配子体形成合子，继续发育为动合子，在胃壁的弹力膜下形成卵囊，卵囊内的核不断分裂，形成数千乃至上万个子孢子，称孢子增殖。当卵囊成熟后子孢子可逸出或卵囊破裂子孢子释出，经血腔钻入蚊唾液腺。当含子孢子的雌按蚊再次叮咬人时，子孢子即随蚊分泌的唾液进入人体。

2. **在人体内的发育**　包括红细胞外期和红细胞内期（图 11-4）。

（1）红细胞外期（在肝细胞内发育）：当按蚊叮咬人时，子孢子随蚊的唾液进入人体，子孢子侵入肝细胞，一部分进行裂体增殖，形成含许多裂殖子的裂殖体，破坏肝细胞后，裂殖子或侵入红细胞，或被吞噬细胞吞噬；另一部分子孢子需经过不同时间休眠期后，才完成红细胞外期的裂体增殖，导致疟疾的复发。

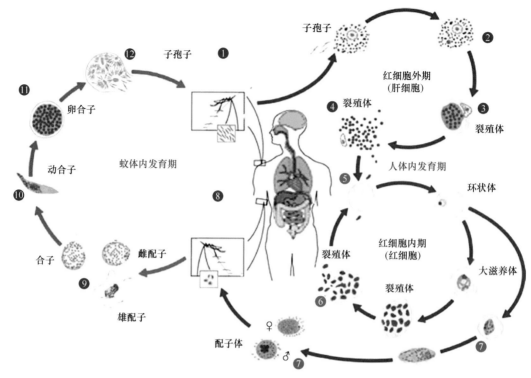

图 11-4 间日疟原虫生活史

（2）红细胞内期（在红细胞内发育）：裂殖子侵入红细胞，先发育成小滋养体，逐渐增大成大滋养体，再发育为裂殖体，裂殖体成熟后胀破红细胞释出裂殖子，如此反复。红细胞内期疟原虫经过几次裂体增殖后，部分裂殖子进入红细胞直接发育为雌、雄配子体，这是有性生殖的开始。

（三）致病性

红细胞内期是疟原虫的致病阶段。

1. **潜伏期**　子孢子被按蚊注入人体至疟疾发作前的间期为潜伏期。潜伏期的长短与进入人体的子孢子数量及宿主的抵抗力有密切关系。子孢子数量多则潜伏期短，机体抵抗力强则潜伏期可延长。

2. **疟疾发作**　典型的疟疾发作表现为寒战、高热和出汗退热三个连续阶段。发作是由红细胞内期的裂体增殖，胀破红细胞释放大量的裂殖子、疟原虫的代谢产物及红细胞碎片进入血流，引起发热。随着巨噬细胞的吞噬和降解，体温逐渐恢复正常。疟疾的发作与疟原虫红细胞内期裂体增殖周期一致。

3. **再燃与复发**　由于疟疾治疗不彻底，残存的少量红细胞内期疟原虫重新大量增殖，引起疟疾再次发作，称为疟疾再燃。血液中疟原虫被消灭，经过数周至 1 年余，肝细胞内迟发型子孢子结束休眠，侵入红细胞，进行裂体增殖，引起疟疾再次发作，称复发。

4. **贫血**　疟原虫寄生于红细胞内，进行周期性裂体增殖，导致红细胞被破坏，且使红细胞隐蔽的抗原暴露，刺激机体产生自身抗体，形成免疫复合物，激活补体，使红细胞溶解，出现贫血。

5. **脾肿大**　在疟疾多次发作后，脾功能亢进，红细胞被吞噬破坏，脾因充血和吞噬功能增强而肿大，且加重贫血。

6. **凶险型疟疾**　因各种原因延误治疗或无免疫力的疟疾患者，可因血中原虫数量剧增出现持续性高热、抽搐、昏迷、重症贫血、肾衰竭凶险症状。

考点：疟疾再燃和复发的原因

（四）实验室诊断

1. **病原学检查**　查到疟原虫为确诊疟疾的重要依据，从患者的耳垂或手指采血涂成薄血膜和厚血膜，以吉姆萨染色后镜检。

2. 免疫学检查　多用于疟疾流行病学调查、检测及输血对象筛选。常用的方法有免疫荧光法、ELISA 等。

（五）防治原则

消灭疟疾必须贯彻灭蚊、防护、治疗三结合的综合性措施。疟疾发作时可选用氯喹、青蒿素等药物，迅速控制症状。人群可进行预防服药，以降低人群感染率。

> **链接**
>
> 青蒿素——疟疾的克星
>
> 根据世界卫生组织（2011 年）发布的资料，疟疾流行于全球99个国家，约33亿人口受到威胁，疟疾居寄生虫病死亡谱之首。
>
> 为了攻克这一世界性的难题，我国女药学家屠呦呦带领她的科研团队经过不懈的努力从黄花蒿中提取出新型抗疟药——青蒿素和双氢青蒿素，挽救了全球数百万人的生命。因为这项科研成果，2015 年屠呦呦获得诺贝尔生理学或医学奖，是中国医学界，也是中医药成果迄今为止获得的最高奖项。

三、蠕 形 螨

蠕形螨俗称毛囊虫，虫体细小似蠕虫状，是一种永久性寄生螨。寄生人体的蠕形螨有两种，即毛囊蠕形螨和皮脂蠕形螨（图 11-5）。

 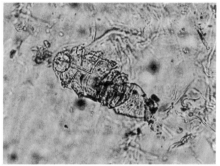

毛囊蠕形螨　　　　　　　　皮脂蠕形螨

图 11-5　蠕形螨（光镜图）

（一）形态

蠕形螨成虫为乳白色，长 0.1 ～ 0.4mm，由颚体、足体和末体三部分组成。颚体在虫体前端有 1 对须肢和 1 对细针状的螯肢，为刺吸式口器。毛囊蠕形螨足体约占体长的 1/4，腹面有足 4 对，粗短，末体细长，尾状，占躯体长度的 2/3 ～ 3/4，具环纹。皮脂蠕形螨略粗短，末体占躯体的 1/2，末端尖细呈锥状。

（二）生活史

蠕形螨生活史为半变态。两种蠕形螨的发育基本相似，有卵、幼虫、前若虫、若虫、成虫五个期。由卵发育至成虫约需 14 天，雌螨寿命在 4 个月以上。

蠕形螨各期均寄生人体皮肤皮脂腺发达的部位，尤以鼻尖、鼻翼、眼周围、唇、颊、颏、前额等处最多，其次是颈、乳头、胸、背部等处。毛囊蠕形螨颚体钻入毛囊深部，1 个毛囊可同时寄生多个虫体。皮脂蠕形螨寄生皮脂腺中，多为单个存在。它们以宿主皮脂、角质蛋白和细胞代谢物为食。蠕形螨对温度、湿度敏感，最适温度为 37℃，相对湿度较高时有利于生存，虫体在干燥环境中易死亡。

（三）致病性

关于蠕形螨的致病性，一般认为人体蠕形螨为条件致病寄生虫，大多数人为无明显症状的带虫者。在面部有痤疮、脂溢性皮炎、红斑丘疹、酒渣鼻的患者中，蠕形螨的感染率明显高于健康人。从酒渣鼻患者病理切片中观察到大量蠕形螨及病理变化，认为蠕形螨寄生是导致酒渣鼻的病因之一。

（四）实验室诊断

蠕形螨可用皮肤刮拭法或透明胶纸法检查。前者是挤压鼻尖、鼻沟、鼻翼等处的皮肤。将挤出的皮脂挑在玻片上，加甘油 1 滴，加盖玻片轻压使皮脂摊开，放低倍镜下检查。后者用透明胶带，在晚上贴在鼻尖等处，次晨取下贴在玻片上镜检。

（五）防治原则

人体蠕形螨可通过直接或间接接触而传播。因此，注意个人卫生，避免和患者及带螨者直接接触，尽量不使用患者和带螨者的毛巾、脸盆、枕巾等，是预防蠕形螨感染的重要措施。常用的治疗方法：口服甲硝唑、依维菌素等；外用甲硝唑霜、硫黄软膏等。

 **自 测 题**

一、名词解释

1. 寄生虫　2. 宿主　3. 中间宿主　4. 终宿主
5. 生活史　6. 感染阶段

二、简答题

1. 寄生虫病的感染途径有哪些?

2. 简述寄生虫病的流行环节和防治原则。
3. 简述间日疟原虫的生活史、致病性及防治原则。

（宋　彬）

实验一　细菌的形态与结构的检查

细菌一般需用显微镜放大 1000 倍左右才能看到，学会用显微镜油镜观察细菌的形态结构，掌握细菌常用的染色方法，对细菌的鉴别分类非常重要。

【实验目的】

1. 了解显微镜油镜的原理。

2. 熟悉细菌的基本形态和特殊结构。

3. 掌握油镜的使用和保护、革兰氏染色方法和结果判断。

一、显微镜油镜的使用与保护

普通光学显微镜的基本构造：机械部分和光学系统。

1. 机械部分　包括调焦系统、载物台和物镜转换器等运动部件及镜座、镜臂、镜筒等支持部件。

2. 光学系统　包括物镜、目镜及由聚光镜和光源组成的照明装置。

3. 油镜头标志

（1）镜头上标有放大倍数"×100"或"油""Oil"字样。

（2）镜头下缘有一圈白色线。

【实验原理】　光线在通过玻片与物镜间的空气时，由于玻片与空气的折光率不同，光线会发生折射，如果射入镜筒的光线过少，物像就不清晰。若在玻片上滴加香柏油，因香柏油和玻片的折光率相似（1.52），即可减少光线折射，增加视野亮度，提高分辨率，使物像更明亮清晰（实验图 1-1）。

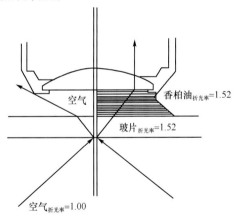

空气

香柏油 折光率=1.52

玻片 折光率=1.52

空气 折光率=1.00

实验图 1-1　油镜原理

【实验准备】　用物准备：普通光学显微镜、香柏油、二甲苯、擦镜纸、细菌标本片。

【实验操作流程】　安置→对光→低倍镜观察→油镜观察→调焦→保养→复位

1. 安置显微镜　右手握镜臂，左手托镜座，将显微镜轻放于实验桌上，距实验桌边缘约 5cm。

2. 对光　打开光圈，升高聚光镜，打开灯光电源开关，将低倍镜旋入光轴，调节光线强弱，使视野明亮清晰。

3. 低倍镜观察　固定标本片，转动粗调螺旋将物镜降至距标本片约 0.5cm 处。眼睛从目镜观察，调节粗调螺旋使镜筒上升。发现物像出现时，换细调螺旋将物像调清晰，将需要放大观察的部位移至视野中央。

4. 油镜观察　旋开低倍镜，在玻片上滴少许香柏油，将油镜头旋入光轴，此时油镜头浸入油中。把光圈开至最大，聚光镜上升至与载物台持平，缓慢调节细调螺旋至物像清晰。

5. 调节焦距　观察过程中，若油镜头已离开油面，眼睛应从显微镜侧面注视油镜，慢慢转动粗调螺旋，将油镜头再次浸入油内，但勿与玻片相碰，然后再从目镜上观察，并慢慢转动粗调螺旋使镜筒上升，看到模糊物像时，换用细调螺旋调至物像清晰。

6. 保养　观察完毕，先缓慢降下载物台，再将油镜头转开。用 3 张擦镜纸擦净油镜头。一张擦去镜头上的镜油，换一张蘸少许二甲苯擦去残留油迹，再用一张干净擦镜纸擦净残留的二甲苯。

7. 复位　取下标本片，下降聚光器，关闭显微镜电源。将物镜头转至呈"八"字形。下降镜筒，罩上镜罩，将显微镜轻放于箱中。

【注意事项】

1. 使用油镜时须端坐，不可倾斜镜台。

2. 不染色标本宜用弱光，即将聚光器降低或缩小光圈；检查染色标本时光线宜强，应将光圈开大并升高聚光器。

3. 勿使油镜头与标本片相碰，以免损坏镜头或压碎标本片。

4. 用擦镜纸擦油镜头时，向同一方向拖拭，勿旋转擦拭，以免损伤油镜头。

【实验报告】　写出显微镜油镜的使用和维护方法。

【思考题】

1. 如何识别油镜头？

2. 为什么用油镜观察物像更清晰？

二、细菌基本形态和特殊结构的观察

观察并掌握细菌的基本形态和特殊结构特征，有助于鉴别不同细菌。

【实验准备】　用物准备：香柏油、二甲苯、擦镜纸、细菌形态、结构标本片。

【实验操作流程】

1. 细菌基本形态的观察　用显微镜油镜观察各种球菌、杆菌和螺旋菌的革兰氏染色标本片，认识细菌的形态、大小、排列方式和染色性，并绘图记录。

（1）球菌

1）葡萄球菌：菌体呈圆形，葡萄串状排列，紫色，革兰氏阳性球菌。

2）链球菌：菌体呈圆形，链状排列，紫色，革兰氏阳性球菌。

3）脑膜炎奈瑟菌：菌体呈肾形，成双排列，红色，革兰氏阴性球菌。

（2）杆菌：大肠埃希菌，菌体呈杆状，分散排列，红色，革兰氏阴性杆菌。

（3）螺旋菌：霍乱弧菌，菌体呈弧形，分散排列，红色，革兰氏阴性弧菌。

2. 细菌特殊结构的观察　用显微镜油镜观察荚膜、芽孢和鞭毛，认识细菌特殊结构的形状、染色性、大小和位置特点，并绘图记录。

（1）荚膜：肺炎链球菌荚膜革兰氏染色标本片：菌体呈矛头状，成双或呈链状排列，菌体和背景呈蓝色，菌体周围可见一圈透明发亮的区域，即荚膜。

（2）芽孢标本片

1）破伤风梭菌：菌体细长呈杆状，紫色，革兰氏阳性杆菌。菌体顶端不着色的圆形结构即芽孢，直径宽于菌体，使细菌呈鼓槌状。

2）炭疽芽孢杆菌：菌体粗大杆状，链状排列呈竹节状，紫色，革兰氏阳性杆菌。菌体中间的卵圆形不着色结构即芽孢，直径小于菌体横径。

（3）鞭毛标本片：伤寒沙门菌或普通变形杆菌鞭毛染色标本片：菌体呈杆状，分散排列，红色，菌体周围可见弯曲、细长、红色的鞭毛。

【实验报告】

1. 绘出镜下所见细菌的基本形态图，注明染色性。

2. 绘出镜下所见细菌的特殊结构图，注明染色方法。

三、细菌染色标本的检查

对细菌进行涂片染色有助于鉴别细菌，常用的有革兰氏染色和抗酸染色，以下仅叙述革兰氏染色。

根据染色结果可将细菌区分为革兰氏阳性菌和革兰氏阴性菌两大类，分别被染成紫色和红色。

【实验原理】 革兰氏阳性菌细胞壁结构致密，肽聚糖层厚，含有较多的核糖核酸镁盐，可与结晶紫染料和碘牢固结合，不容易被乙醇脱色而呈紫色；而革兰氏阴性菌细胞壁结构疏松，肽聚糖层薄，容易被乙醇脱色而被石炭酸复红染成红色。

【实验准备】

1. 标本 金黄色葡萄球菌、大肠埃希菌的普通琼脂平板 18 ～ 24h 培养物。

2. 器材 载玻片、记号笔、生理盐水、接种环、酒精灯、显微镜、香柏油、擦镜纸、废物容器等。

3. 染色液 结晶紫染液、卢戈碘液、95% 乙醇溶液和稀释石炭酸复红液。

【实验操作流程】 涂片→干燥→固定→初染→媒染→脱色→复染→镜检

1. 制片

（1）涂片：用接种环取生理盐水 1 ～ 2 环置于洁净载玻片上，将接种环烧灼灭菌，冷却后挑取少许细菌，于生理盐水中均匀研磨，涂布成约 1cm×1cm 的半透明菌膜，将接种环烧灼灭菌后放回原处。

（2）干燥：在空气中使涂片迅速干燥，以免细菌皱缩变形。若需加快干燥速度，可将涂布面朝上，置于火焰上方高处烘干，切勿贴近火焰。

（3）固定：玻片干燥后，用火焰加热法固定菌膜，即中速通过酒精灯外焰 3 次，以玻片反面接触皮肤热而不烫手为宜。

2. 染色

（1）初染：将结晶紫染液滴加并覆盖于菌膜上。染色 1min 后，用细流水冲洗，轻甩去玻片上的积水。

（2）媒染：加卢戈碘液作用 1min，用细流水冲洗，甩去积水。

（3）脱色：滴加 95% 乙醇溶液数滴，不时摇动玻片约 0.5min，至无紫色脱落。用细流水冲洗，甩去积水。

（4）复染：加稀释石炭酸复红染 1min，用细流水冲洗，甩去积水，滤纸吸干，显微镜油镜镜检。

【注意事项】

1. 取菌要少，涂片须匀。

2. 固定标本时切勿过热，以免使细菌烧焦变形。

3. 乙醇脱色时间不宜过长或过短，以脱色至涂片呈灰色为宜。

4. 水洗时应以细流水自上而下徐缓冲下，甩干玻片上积水时注意轻甩。

【实验结果和分析】 葡萄球菌呈葡萄串状排列，被染成紫色，为革兰氏阳性球菌。大肠埃希菌散在排列，被染成红色，为革兰氏阴性杆菌。

【实验报告】

1. 写出细菌涂片的制备过程和革兰氏染色的步骤。

2. 记录革兰氏染色的结果，用绘图铅笔描绘两种细菌的形态和排列，并标明颜色。

【思考题】

1. 革兰氏染色时若脱色时间过长或过短，会出现什么结果？

2. 制作标本片时，若菌膜过厚会对染色结果有什么影响？

实验二　培养基的制备与细菌的人工培养

一、培养基的制备（示教）

【实验目的】

1. 了解培养基的种类和成分。

2. 熟悉培养基的用途。

3. 掌握普通琼脂培养基的制备方法。

【实验准备】　用物准备：蛋白胨、氯化钠、牛肉膏、琼脂、天平、蒸馏水、试管、无菌平皿、三角烧瓶、比色管、精密 pH 试纸、玻璃吸管、氢氧化钠溶液、盐酸溶液、酚红指示剂、电炉、高压蒸汽灭菌器、恒温培养箱、酸度计等。

【实验操作流程】　称量与混合→溶化→测定酸碱度→分装→灭菌→检定保存

1. 称量与混合　准确称取牛肉膏 0.3g、蛋白胨 1g、氯化钠 0.5g、琼脂 2.5g、蒸馏水 100ml，先在三角烧瓶中加入少量蒸馏水，将各种成分加入烧瓶，然后以剩余的水冲洗瓶壁，振摇混合。

2. 溶化　将盛有混匀的培养基的三角烧瓶置电炉上，加热溶化并随时搅拌，溶化完毕，补足蒸发失去的水分。

3. 测量酸碱度　精密 pH 试纸矫正培养基的 pH，一般培养基调至 pH 7.4～7.6。培养基经高压灭菌后，其 pH 降低 0.1～0.2，故在矫正 pH 时应比实际需要的 pH 高 0.1～0.2。

4. 分装　根据需要将培养基分装于不同容量的三角烧瓶、试管等容器中，用清洁的塞子塞好，用厚纸包扎瓶口，并用绳捆好后灭菌。

5. 灭菌　常用高压蒸汽灭菌法，压力 103.4kPa，温度 121.3℃，持续 20～30min。

6. 检定保存　制备好的培养基置 37℃温箱中孵育 24h，无任何细菌生长为合格。标明名称、日期，4℃冰箱保存。

【注意事项】　仪器设备操作要规范，培养基检定注意无菌操作。

【实验结果和分析】　合格的培养基要求成分、含量标准且保持无菌状态。

二、细菌的接种与培养

【实验目的】

1. 了解细菌人工培养的意义。

2. 熟悉细菌的生长现象。

3. 掌握细菌接种培养的应用。

【实验准备】

1. 用物准备　葡萄球菌、大肠埃希菌 18～24h 斜面培养物、普通琼脂培养基、液体培养基（普通肉汤）、半固体培养基、接种环、接种针、酒精灯、试管架、记号笔、恒温培养箱等。

2. 环境准备　超净工作台。

【实验操作流程】

1. 分区划线和温箱培养

（1）准备工作：右手拿接种环，酒精灯外焰烧灼灭菌，待冷却后取菌液一环。将平板培养基表面以目测分为四个区域，左手斜持琼脂培养基，略开盖，置酒精灯火焰前上方 5～6cm 距离，以免杂菌污染。

（2）分区划线：接种环从培养基表面一角，不重叠连续划线接种平皿的 1/4，然后将接种环灭菌；将培养皿转动 90°左右，将接种环通过第一区 3～4 次（取菌）进行第二区划线；烧灼接种环灭菌，冷却后，用同样方法进行第三区划线；转动平板至适合操作位置，接种环不必再灭菌，与第三区重叠 3～4 条线进行连续划线，划满平板剩余部分，此为第四区（实验图 2-1）。

（3）温箱培养：在培养皿底部做好标记，倒置，35℃培养箱孵育 18～24h。

2. 半固体培养基穿刺接种法（示教）　取菌→接种→温箱培养

（1）取菌：左手持菌种管，右手持灭菌的接种环，用右手无名指与小指夹持试管塞拔出，管口通过火焰灭菌。接种针取菌少许后退出，管口通过火焰灭菌。塞好管塞，将菌种管放回原处。

（2）接种：左手持半固体培养基，以右手无名指与小指拔取并夹持试管塞，接种针自半固体培养基正中垂直刺入近管底部 5mm 左右（不能刺穿至试管底），将接种针沿原穿刺线抽出，管口通过火焰灭菌，塞好管塞。接种针灭菌后放回原处（实验图 2-2）。

（3）温箱培养：在试管上做好标记，置 35℃培养箱孵育 18～24h。

3. 液体培养基接种法（示教）　取菌→接种→温箱培养

（1）取菌：左手持菌种管，右手持灭菌的接种环，用右手无名指与小指夹持试管塞拔出，管口通过火焰灭菌。接种环取菌少许后退出。管口通过火焰灭菌，塞好管塞，将菌种管放回原处。

（2）接种：左手持液体培养基管，以右手无名指与小指拔取并夹持试管塞，倾斜肉汤管，在接近液面的试管壁上研磨并蘸取少许液体溶散，使细菌混合于肉汤中，管口通过火焰灭菌，塞好管塞，直立试管。接种环灭菌后放回原处（实验图 2-3）。

（3）温箱培养：在试管上做好标记，置 35℃培养箱孵育 18～24h。

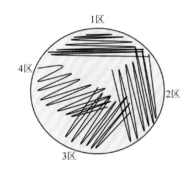
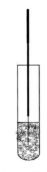

实验图 2-1　固体平板分区划线　　　实验图 2-2　半固体培养　　　实验图 2-3　液体培养基接种
　　　　　　接种　　　　　　　　　　　　基接种

4. 细菌在培养基上生长现象的观察

（1）固体平板培养基上细菌的生长现象：观察菌落特征，如形态、大小、颜色、透明度、表面光滑或粗糙、边缘是否整齐等。观察血液琼脂培养基上的菌落特征时，要注意菌落周围有无溶血环。

（2）半固体培养基中细菌的生长现象：①无动力的细菌，只沿穿刺线生长，穿刺线四周的培养基透明澄清，说明此菌无鞭毛；②有动力的细菌，沿穿刺线向四周扩散生长，培养基变浑浊，穿刺线模糊或消失，说明此菌有鞭毛。

（3）细菌在液体培养基中的生长现象：①浑浊生长，培养基由原来的澄清透明变为均匀的浑浊，大多数细菌有此生长现象；②沉淀生长，培养基表面基本清亮，管底可看到有如絮状或颗粒状的沉积培养物；③菌膜生长，培养基液体表面形成肉眼可见的膜状物，多见于专性需氧菌。

【注意事项】

1. 接种环用完后，灭菌放回原处。

2. 细菌接种过程中注意无菌操作。

【实验结果和分析】　观察细菌生长细节。注意菌落的异常情况并分析可能的原因。

实验三　免疫学应用

一、凝集反应

【实验目的】

1. 了解凝集反应的类型。

2. 熟悉直接凝集反应和间接凝集反应的原理。

3. 掌握玻片凝集试验的操作，观察抗原抗体反应的现象，学会分析结果。

（一）直接凝集反应玻片法（细菌鉴定）

【实验准备】　伤寒沙门菌诊断菌液、被检细菌培养物、生理盐水、接种环、酒精灯等。

【实验操作流程】

1. 取洁净载玻片一张，用记号笔在中间分成左右两格，在左侧加伤寒沙门菌诊断血清 1 滴，右侧加生理盐水 1 滴作为对照。

2. 用灭菌接种环挑取被检细菌培养物少许，先放在盐水内混匀，再蘸取均匀的细菌悬液放入诊断血清中混匀。

3. 前后轻轻摇动玻片，2 ~ 3min 后观察结果（实验图 3-1）。

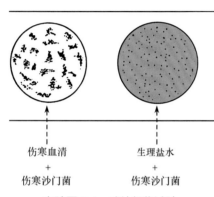

伤寒血清　　　生理盐水
　　＋　　　　　　＋
伤寒沙门菌　　　伤寒沙门菌

实验图 3-1　玻片凝集试验

观察结果。

【实验结果和分析】　阳性：出现肉眼可见的凝集块；阴性：均匀浑浊，无凝集块。

【注意事项】　观测记录完毕，将玻片放入消毒缸，防止污染。

（二）间接凝集试验（类风湿因子测定）

【实验准备】　待测血清、类风湿因子胶乳试剂盒、阴性对照血清、阳性对照血清、微量加样器。

【实验操作流程】　在试剂盒取反应板分别加入待测血清、阴性对照血清、阳性对照血清各 50μl，再在每一孔中加入类风湿因子胶乳试剂一滴（50μl）混匀，3 ~ 8min 内观察结果。

【实验结果和分析】

1. 观察对照　阳性血清出现凝集，阴性血清不出现凝集。

2. 观察待测血清　阳性：出现凝集；阴性：不出现凝集。

二、免疫标记技术

【实验目的】

1. 了解免疫标记技术的类型。

2. 熟悉酶联免疫吸附试验的原理。

3. 掌握免疫胶体金技术的操作，观察方法，学会分析结果。

（一）酶联免疫吸附试验（HBsAg 检测）

【实验准备】

1. 待测血清。

2. HBsAg 诊断试剂包被反应条酶标记物、浓缩洗涤液、显色剂（底物）A 液、显色剂（底物）B 液、终止液、阳性对照血清、阴性对照血清。

3. 酶标仪、培养箱、微量加样器等。

【实验操作流程】　准备→加样→加酶标记物→温育→洗板→加底物→加终止液→酶标仪读数

1. 准备　将 HBsAg 试剂盒从冰箱中取出，平衡至室温，并将浓缩洗涤液用蒸馏水作 1∶20 稀释，备用。

2. 加样　将 50μl 待检血清和阳性对照血清、阴性对照血清分别加入已包被的反应板中，同时设空白对照孔一个。

3. 加酶标记物　除空白对照孔外，其余每孔各滴加酶标抗 -HBs 1 滴。

4. 温育　混匀后封板，置 37℃ 温箱中温育 30min。

5. 洗板　采用手工洗板。甩去微孔中液体，然后每孔加满洗涤液，静置 15s 后甩去、拍干，反复洗涤 5 次。

6. 加底物　每孔滴加显色剂 A 液和 B 液各 1 滴（50μl），充分混匀，封板，置 37℃ 温箱中温育 15min。

7. 加终止液　每孔内分别滴加终止液 1 滴，终止反应。

8. 酶标仪读数　酶标仪波长 450nm 处，读取各孔 OD 值（吸光度）。

【实验结果和分析】

1. 初步判断　阳性对照孔呈棕黄色，阴性对照孔无色。待测血清孔呈棕黄色为试验阳性结果，无色为试验阴性结果。

2. 最终判断　以酶标仪读数为准。阳性结果：≥ 1.0；阴性结果：< 1.0。

（二）免疫胶体金技术（HCG 测定）

【实验准备】　待检尿液、HCG 早早孕试纸条。

【实验操作流程】　将 HCG 早早孕试纸条箭头指示端浸入待检尿液数十秒后取出，平放。在规定时间内观察结果。

【实验结果和分析】　试纸条出现一条红线为阴性，出现两条红线为阳性。

三、常用生物制品的观察

1. 人工自动免疫常用的生物制品

（1）疫苗：卡介苗、乙型肝炎疫苗、脊髓灰质炎疫苗、麻疹疫苗、百白破三联疫苗、脑膜炎奈瑟菌多糖菌苗、乙型脑炎疫苗、狂犬病疫苗、腮腺炎疫苗、水痘疫苗、甲型肝炎疫苗等。

（2）类毒素：白喉类毒素、破伤风类毒素。

2. 人工被动免疫常用生物制品　破伤风抗毒素、白喉抗毒素、丙种球蛋白、胎盘球蛋白等。

3. 免疫治疗常用的生物制品　干扰素、IL-2、转移因子、胸腺素等。

4. 免疫诊断常用生物制品　血型诊断试剂、妊娠诊断试剂、类风湿因子诊断试剂等。

实验四　微生物的控制及药剂的无菌检查

了解细菌的分布，掌握消毒灭菌技术，防止药品污染，保证药剂质量。

一、微生物的控制

【实验目的】

1. 了解环境及人体细菌的分布，建立严格的无菌观念。

2. 熟悉常用消毒灭菌方法的杀菌效果和适用范围。

3. 掌握药敏试验的操作方法和结果判断。

（一）细菌分布检查（操作）

【实验准备】　普通琼脂培养基、血琼脂培养基（血平板）、无菌棉拭子、无菌生理盐水（注射用水）、酒精棉球、接种环、酒精灯、记号笔、35℃培养箱等。

Ⅰ.空气中微生物的检查（示教）

【实验方法】 自然沉降法：取直径 9cm 普通营养琼脂平板一个，标记组号、检查时间和地点。将平皿盖打开，暴露于空气中 10min，盖上平皿盖，置 35℃温箱培养 18～24h。观察并记录实验结果。

【实验结果】 培养基表面有菌落生长。注意观察不同取材地点细菌生长情况。计数菌落数，描述菌落特征并做细菌形态检查。

Ⅱ.咽喉部、口腔中微生物的检查（操作）

【实验方法】 涂抹法：每人取无菌棉拭子一支，同学相互于咽喉部涂抹采集标本，然后将棉拭子涂于血平板的一侧边缘处，涂抹范围约占培养基面积的 1/5。再用无菌接种环进行划线分离。盖好平皿盖，贴上标签，置 35℃培养 18～24h。

【实验结果和分析】 血平板上生长的菌苔、菌落，有大小、数量和形态不同的单个菌落。有的菌落周围有草绿色半透明溶血环，镜检多为革兰氏阳性球菌，亦可能有革兰氏阴性球菌、短杆菌等生长。

Ⅲ.物品表面微生物分布的检查（操作）

【实验方法】 将普通琼脂平板底面用记号笔划为四等份，并分别以 1、2、3、4 号标记，一人使用 1 个号，注明检测物品名称。分别用无菌生理盐水（注射用水）浸湿的无菌棉拭子，在眼镜、手机、手表等物品处擦拭取标本。涂抹接种于普通琼脂平板相应部位，贴上标签，置 35℃温箱培养 18～24h。

【实验结果和分析】 培养基上有菌苔、菌落。观察不同物体取材的培养基上细菌生长情况及菌落特征，区别菌落种类、统计数量，做细菌形态检查。

（二）消毒灭菌

Ⅰ.皮肤消毒试验

【实验方法】 将普通琼脂平板底面用记号笔划为五等份，并分别以 1、2、3、4、5 号标记，一人使用 1、2 号，另一人使用 3、4 号部分，注明"消毒前"和"消毒后"，第 5 格为空白对照。将一手指在注明"消毒前"的培养基表面轻轻涂抹后，将此手指皮肤用酒精消毒。待干后，在注明"消毒后"的培养基表面轻轻涂抹，盖上平皿盖，将平板置 35℃温箱培养 18～24h。

【实验结果和分析】 消毒前涂抹的一侧培养基上，有几种不同形态的菌落生长；消毒后涂抹的一侧培养基上和空白对照无细菌生长。消毒前、后细菌的生长菌落数有较明显的差异，分析实验现象。

Ⅱ.热力杀菌试验

【实验准备】 枯草芽孢杆菌 5 天和大肠埃希菌 24h 肉汤培养物，普通肉汤培养基（2ml）、消毒锅、无菌吸管等。

【实验操作流程】 标记→接种→杀菌→培养→观察

1.标记 取普通肉汤培养基 6 支，标记大肠埃希菌和枯草芽孢杆菌各 3 支。

2.接种 以无菌吸管分别于培养基中加入大肠埃希菌、枯草芽孢杆菌肉汤培养物 0.1ml。

3.杀菌 将接种后的培养基放入已煮沸的消毒锅内，开始计时。分别在 1min、5min、10min 时，取出接种不同菌的肉汤管各 1 支，马上用自来水冲凉。

4.培养 将 6 支肉汤培养管放入培养箱中，35℃培养 18～24h。

5.观察 各管细菌生长情况。

【实验结果和分析】 大肠埃希菌煮沸 1min 取出的培养物有细菌生长，煮沸 5min、10min 取出的培养物无细菌生长；枯草芽孢杆菌煮沸 1min、5min、10min 时取出的培养物均有细菌生长。将各管细菌的生长情况记录于实验表 4-1。

实验表 4-1　热力灭菌试验结果

细菌	1min	5min	10min	对照
大肠埃希菌				
枯草芽孢杆菌				

Ⅲ．紫外线杀菌试验　紫外线具有杀菌作用，其中以波长 265～266nm 杀菌力最强。

【实验原理】　紫外线可干扰细菌 DNA 的复制，导致细菌变异或死亡。因紫外线穿透力弱，一般用于空气和物品表面的消毒。

【实验准备】　普通琼脂培养基、金黄色葡萄球菌 18～24h 培养物、无菌的方形黑纸条、紫外线灯、接种环、酒精灯、镊子、火柴、标签纸、记号笔、35℃培养箱等。

【实验操作流程】　接种→贴纸片→紫外线照射→培养→观察

1．接种　在普通琼脂培养基上密集划线接种金黄色葡萄球菌。

2．贴纸片　将镊子在酒精灯火焰上灭菌后，夹取一张无菌方形的黑纸条放在平皿表面。

3．照射　在超净工作台紫外线灯下（距离 1m 内）照射 30min。

4．培养　用无菌镊子取下黑纸条。盖上平皿，贴上标签，置 35℃培养 18～24h 观察结果。

【实验结果和分析】　暴露在紫外线灯照射下的培养基表面无细菌生长，或仅有少量细菌生长；黑纸条遮挡的区域有细菌生长，形成菌苔。

【实验报告】　记录空气、物品表面、手指皮肤及咽喉部细菌检查和热力、紫外线杀菌的结果，分析试验现象。

Ⅳ．常用消毒灭菌器（高压蒸汽灭菌器）介绍（示教）（实验图 4-1）

【思考题】

1．热力灭菌试验中，为何选择大肠埃希菌和枯草芽孢杆菌作为试验对象？

2．高压蒸汽灭菌开始时，为何要排净灭菌器内的冷空气？

（三）药物敏感试验（纸片法）

用药物敏感试验，选择最敏感药物，可供临床选择药物时参考。

【实验原理】　在含测试微生物的平板表面贴上含有药物的圆形滤纸片，检验药物向周围扩散，根据抑菌圈大小可以评价药物对测试微生物的作用效果。

实验图 4-1　高压蒸汽灭菌器

【实验准备】

1．试验菌种　金黄色葡萄球菌、大肠埃希菌 18～24h 培养物。

2．培养基　MH 培养基（水解酪蛋白琼脂）、肉汤培养基。

3．药敏纸片　庆大霉素、环丙沙星、青霉素、克林霉素、万古霉素等。

4．标准比浊管　0.5 麦氏比浊标准管。

5．其他用品　无菌棉拭子、镊子、游标卡尺（或毫米尺）、接种环、酒精灯、标签纸、记号笔、35℃培养箱、无菌生理盐水等。

【实验操作流程】　制备菌液→接种→贴药敏片→培养→判读结果

1．制备菌液　无菌方法挑取金黄色葡萄球菌、大肠埃希菌 4～5 个纯菌落，分别均匀溶解于 2ml 无菌生理盐水中，调节菌液浓度至 0.5 麦氏比浊标准。

2．接种　用无菌棉拭子蘸取菌液，在试管内壁上旋转挤去多余菌液，在培养基表面均匀涂布接种。每接种 1 次旋转平板 60°，如此反复 3 次，最后沿平板边缘涂抹 2 周（也可用接种环分别 3 次取菌，密集划线接种）。

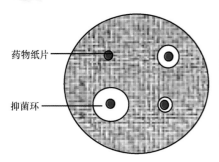

药物纸片 ——

抑菌环 ——

实验图 4-2　药敏试验

3. 贴药敏片　接种后的药敏平板在室温下平放，干燥 3 ～ 5min，用无菌镊子将含药敏纸片紧贴于琼脂表面（实验图 4-2）。90mm 直径的平皿药敏纸片不超过 5 张，各纸片中心相距不小于 24mm，纸片外缘距平皿内缘不小于 15mm。

4. 培养　接种好的平板标记菌名、实验者、日期等，置 35℃培养 18 ～ 24h。

5. 判读结果　用游标卡尺量取抑菌圈直径，以没有明显细菌生长区域为抑菌圈边缘，按抑菌圈的直径大小，来判断对抗生素的敏感程度，参照标准表判读结果。

【实验结果和分析】　一般以敏感（S）、中介（I）、耐药（R）三个等级报告结果。

【注意事项】

1. MH 平板临用前置 35℃温箱中，培养 30min 烘干表面水分。

2. 校正浓度后的菌液应在 15min 内接种。

【实验报告】　记录并报告药敏试验结果。

【思考题】　如何判断细菌对药物敏感或耐药？

二、药物制剂的微生物学检查（示教）

药剂的微生物检查对发现微生物污染，保证药物制剂的质量和药效具有重要作用。本实验为药剂的无菌检查，检查项目包括需氧菌、厌氧菌、真菌及控制菌检查，方法是薄膜过滤法。本实验主要检查注射剂的需氧菌、厌氧菌和真菌。

【实验目的】

1. 了解无菌检查常用的培养基。

2. 熟悉药剂无菌检查的结果观察及报告方式。

3. 掌握药剂无菌检查的操作方法（薄膜过滤法）。

【实验准备】

1. 环境准备　环境洁净度符合无菌检查法规定的无菌室。

2. 人员准备　换鞋，清洗消毒手，穿戴无菌衣、帽、口罩和手套。

3. 用物准备

（1）供试品：灭菌注射液（不用抗生素）。

（2）培养基：需氧菌、厌氧菌培养基（硫乙醇酸盐流体培养基）、真菌培养基（沙氏葡萄糖液体培养基）。

（3）阳性对照：金黄色葡萄球菌（胰酪大豆胨液体培养基 18 ～ 24h 培养物，用 pH7.0 无菌氯化钠 - 蛋白胨缓冲液或 0.9% 无菌氯化钠溶液制成适宜浓度菌悬液）。

（4）稀释液、冲洗液：pH7.0 无菌氯化钠 - 蛋白胨缓冲液或 0.9% 无菌氯化钠溶液。

（5）仪器用品：集菌仪、封闭式薄膜过滤器（滤膜孔径 ≤ 0.45μm、直径约 50mm）、无菌吸管、酒精棉球、酒精灯、培养箱等。

【实验操作流程】　薄膜过滤法：准备→过滤→添加培养基→阳性对照→培养→结果判断。

1. 准备　准备 3 个无菌过滤器并编号；用酒精棉球对待检样品外包装表面进行消毒，待干后打开安瓿。

2. 过滤　开启集菌仪，先将少量的冲洗液过滤以润湿滤膜；再将供试品全部进行直接过滤。

3. 添加培养基　样品滤净后关闭电源。于 1 号滤器、2 号滤器（阳性对照）中各加入 100ml 硫乙醇酸盐流体培养基，于 3 号滤器中加入 100ml 胰酪大豆胨液体培养基。

4. 阳性对照　于 2 号滤器中加入金黄色葡萄球菌菌液 1ml 作为阳性对照，置 35℃培养箱培养

24～48h。

5. 培养　将 1 号滤器（硫乙醇酸盐流体培养基管）置于 30～35℃培养箱，3 号滤器（胰酪大豆胨液体培养基管）置于 20～25℃培养箱各培养 14 天。

6. 结果判断　培养期内逐日观察并记录是否有细菌生长。2 号阳性对照滤器在 35℃培养箱培养 24～48h 后若有细菌生长，表明检查有效。

【实验结果和分析】　在规定时间内，供试品管若均澄清，无微生物生长，判供试品符合规定；若供试品管中任何一管显浑浊，并确证培养基中有菌生长则判供试品不符合规定。

需氧菌生长现象：硫乙醇酸盐流体培养基底部澄清，上层浑浊。

厌氧菌生长现象：培养基底部浑浊或有灰白色颗粒沉淀，而上层澄清。

兼性厌氧菌生长现象：硫乙醇酸盐流体培养基全管呈现浑浊。

真菌生长现象：真菌培养基呈现浑浊或絮状沉淀。

【注意事项】

1. 严格按照方法适用性确认的方法和实验条件进行试验。

2. 药品检查前保持原有包装，防止再污染。

3. 肉眼能看到的变质现象，如发霉、浑浊，该产品即为不合格，无须检测。

【实验报告】　规定时间内逐日观察并记录注射剂的无菌检查结果，分析污染可能的来源。

【思考题】

1. 哪些药品需要进行无菌检查？

2. 无菌检查中不同微生物培养的温度和时间是多少？

实验五　放线菌和真菌等微生物的检查

一、放线菌形态与结构的观察（菌落、菌丝、孢子）

【实验目的】

1. 了解放线菌的培养方法。

2. 熟悉放线菌的菌落特征。

3. 掌握印片法观察放线菌的菌丝和孢子的形态。

【实验准备】　放线菌标本片、香柏油、二甲苯、小镊子、盖玻片、载玻片、普通光学显微镜、酒精灯、链霉菌培养物、1% 亚甲蓝染液、擦镜纸等。

【实验操作流程】

1. 显微镜油镜观察放线菌标本片　显微镜油镜观察标本片，绘制所观察到的放线菌形态。

2. 放线菌菌落形态的观察　先肉眼观察在平板中培养的链霉菌的菌落特征，再用接种环在菌落边缘挑起菌落观察并记录结果。

3. 印片法观察放线菌菌丝及孢子形态　标本采取→制片→镜检。

（1）标本采取：用镊子取一洁净盖玻片，轻轻盖在链霉菌菌落表面轻压几下，使盖玻片印上菌丝和孢子。

（2）制片：在载玻片上加一滴亚甲蓝染液，将盖玻片接触菌落的一面朝下盖在染液上，常温静置 3min。

（3）镜检：先用低倍镜观察有无真菌菌丝或孢子，再用高倍镜观察菌丝、孢子的特征，记录观察到的结构并绘图。

【注意事项】

1. 采集标本时不宜过度按压盖玻片。

2. 镜检时显微镜光线应保持视野明亮。

【实验结果和分析】 放线菌菌落多为圆形、干燥、不透明，菌落光滑或粗糙，其与培养基结合紧密，不易挑起，菌落正反面颜色通常不一致。油镜下，可见气生菌丝颜色较深，为无隔菌丝，孢子呈圆形或椭圆形。

二、真菌形态与结构的观察

【实验目的】

1. 了解酵母菌、霉菌常用的培养方法。

2. 熟悉酵母菌、霉菌菌落的特征及染色法。

3. 掌握酵母菌、霉菌菌丝及孢子的形态特点。

【实验准备】 酿酒酵母新鲜平板培养物、青霉菌新鲜平板培养物、0.1% 亚甲蓝染液、接种环、接种针、培养皿、普通光学显微镜、香柏油、二甲苯、载玻片、盖玻片、酒精灯、小镊子、擦镜纸等。

【实验操作流程】

1. 酵母菌、青霉菌菌落形态的观察 先肉眼观察在平板中培养的酵母菌、青霉菌菌落特征，再用接种针在菌落边缘挑起菌落观察并记录结果。

2. 酵母菌形态与结构的观察 制片→镜检。

（1）制片：在载玻片中央加一滴亚甲蓝染液，接种环灭菌后在酿酒酵母新鲜平板培养物上取少许酵母菌，放置在亚甲蓝染液中混匀。用镊子取一清洁盖玻片，慢慢盖在染液混合物上，避免产生气泡，室温静置 3min。

（2）镜检：先用低倍镜观察酵母菌形态，再用高倍镜观察出芽繁殖，记录观察到的结构并绘图。

3. 插片法观察青霉菌的形态与结构 接种→培养→染色→镜检。

（1）接种：将青霉菌菌种均匀涂布在固体平板培养基表面。用无菌镊子夹取无菌盖玻片，斜插入平板培养基中，深度约为盖玻片高度的 1/3。

（2）培养：将培养基置 28℃温箱培养 5～7 天。

（3）染色：用镊子取出盖玻片放在滴有亚甲蓝染液的载玻片上，室温静置 3min。

（4）镜检：用显微镜高倍镜观察青霉菌的菌丝及孢子形态，绘图记录结果。

【注意事项】 接种青霉菌要注意无菌操作。

【实验结果和分析】 酵母菌是单细胞真菌，大多呈卵圆形、圆形，以出芽方式增殖，菌落与细菌菌落相似，多为圆形，菌落光滑湿润，边缘整齐、容易挑起。

青霉菌菌丝有隔，但无足细胞，从气生菌丝上生出分生孢子梗，其顶端可出现多次分枝，生出成串孢子。

三、螺旋体染色观察及病毒包涵体光镜检查

【实验目的】

1. 了解螺旋体的致病性。

2. 熟悉螺旋体及病毒包涵体的形态特点。

3. 掌握螺旋体的镀银染色法。

【实验准备】 牙签、生理盐水、固定液、媒染剂、硝酸银染液、玻片、酒精灯、显微镜、病毒包涵体标本片、火柴、香柏油、二甲苯、擦镜纸。

【实验操作流程】

1. 狂犬病毒包涵体的观察 显微镜高倍镜下观察狂犬病毒包涵体的形态，绘出观察到的形态结构。

2. 口腔中奋森螺旋体的检查 涂片→干燥固定→媒染→银染→镜检→绘图。

（1）涂片：取玻片加生理盐水 1 滴于中央，用牙签取牙垢少许与盐水均匀做一涂片。

（2）干燥固定：涂片自然干燥后，滴加固定液 1～2 滴，固定 1～2min 后水洗。

（3）媒染：滴加媒染剂，加热至有蒸汽出现，作用 30s，水冲洗。

（4）银染：加硝酸银染液，微加热，约 30s，水冲洗，晾干。

（5）镜检：显微镜油镜下观察螺旋体形态。

（6）绘图：根据看到的图像，绘出螺旋体的形态。

【注意事项】 染色过程中温度不能太高，染液不能干燥。

【实验结果和分析】

1. 镜下可见红染椭圆形小体。

2. 镜下牙垢中奋森螺旋体呈棕褐色或黑褐色，菌体呈波状，有 4～10 个稀疏不规则的螺旋。

（李 慧 宋 彬 侯桂荣）

参考文献

蔡凤.2015.微生物学与免疫学.3版.北京：科学出版社

陈明琪.2017.药用微生物学基础.3版.北京：中国医药科技出版社

江凌静，王传生.2018.病原生物学.4版.北京：科学出版社

李朝品，陈廷.2016.微生物学与免疫学.北京：科学出版社

李凡，徐志凯.2018.医学微生物学.9版.北京：人民卫生出版社

李剑平.2016.微生物检验技术.北京：科学出版社

李明远，宝福凯.2016.医学微生物学.2版.北京：科学出版社

刘建红，王玲.2016.病原生物与免疫学基础.4版.北京：科学出版社

路转娥，刘建红.2015.病原生物与免疫学基础.2版.北京：科学出版社

潘运珍.2015.微生物基础.北京：科学出版社

沈关心，徐威.2016.微生物学与免疫学.8版.北京：人民卫生出版社

夏金华.2018.病原生物学与免疫学.2版.北京：科学出版社

熊群英，张晓红.2015.微生物基础.北京：人民卫生出版社

杨岸，潘运珍.2016.病原生物与免疫学基础.2版.北京：科学出版社

张雄鹰.2016.微生物学与免疫学.北京：中国医药科技出版社

教学基本要求

一、课程性质和课程任务

　　微生物基础是中等职业教育药剂、制药技术等相关专业的一门核心课。内容分为基础理论和实验指导两部分。基础理论共 11 章，把微生物学、免疫学基础及人体寄生虫学三大部分内容科学地融为一体，微生物内容包含细菌、真菌和病毒等各类微生物的概述与常见微生物，微生物的分布与控制、微生物的遗传变异与菌种保藏、药品的微生物质量控制；免疫学基础部分包括免疫学基础理论和免疫学应用；实验指导内容包括各种微生物的形态结构检查、人工培养、控制，药剂的无菌检查和免疫学应用。学生通过学习上述内容，掌握本课程的基本理论、基本知识和基本技能，为学习相关的专业课、职业技能奠定良好的基础。

二、课程教学目标

（一）职业素养目标

1. 具有良好的职业道德，能自觉遵守医药行业法规、规范和企业规章制度。
2. 热爱医药事业，具有为大众健康服务的精神和安全用药的责任感。
3. 具有必备的文化基础知识和医药企业文化素养。
4. 具有职业创新意识、实事求是的科学态度、严谨认真的工作作风。
5. 具有良好的人际交往、团队合作、适应社会和自身发展的能力。
6. 具有较强的口头和书面表达能力，能够就药品信息与客户交流。

（二）专业知识和技能

1. 掌握微生物学和免疫学基础的基本理论和基本操作方法。
2. 熟悉药用微生物的种类和形态、微生物对药品质量的影响、药品的微生物检查。
3. 了解微生物的遗传变异和菌种的保藏技术、药品生产的微生物环境要求。
4. 具有严格无菌技术操作的观念和医疗安全意识。
5. 运用辩证的思维分析和解决实际问题。

三、教学内容和要求

单元	教学内容	了解	熟悉	掌握	教学活动参考	单元	教学内容	了解	熟悉	掌握	教学活动参考
绪论	一、微生物概述				理论讲授 启发教学 情景教学		（二）免疫的功能			√	
	（一）微生物的概念及种类			√		第1章 细菌概述	（三）免疫学与药物	√			理论讲授 启发教学 情景教学
	（二）微生物与人类的关系	√					第一节 细菌的形态和结构				
	（三）微生物学与药物	√					一、细菌的大小和形态			√	
	二、免疫概述						二、细菌的结构			√	
	（一）免疫的概念			√			三、细菌的形态检查法		√		

单元	教学内容	了解	熟悉	掌握	教学活动参考	单元	教学内容	了解	熟悉	掌握	教学活动参考
	第二节 细菌的生长繁殖与代谢						三、Ⅲ型超敏反应		√		
	一、细菌的生长繁殖			√			四、Ⅳ型超敏反应		√		
	二、细菌的代谢		√				第六节 免疫学应用				
	第三节 细菌的致病性与感染						一、免疫学检测			√	
	一、病原菌的致病因素			√			二、免疫学防治			√	
	二、感染的发生、发展与结局			√		第3章 常见细菌	第一节 化脓性球菌				理论讲授 启发教学 情景教学 案例教学
	三、医院感染	√					一、葡萄球菌属			√	
第2章 免疫学基础	第一节 抗原和佐剂				理论讲授 案例教学 启发教学 情景教学		二、链球菌属		√		
	一、抗原的概念和特性			√			三、肺炎链球菌	√			
	二、抗原的特异性与交叉反应		√				四、脑膜炎奈瑟菌	√			
	三、决定抗原免疫原性的条件			√			五、淋病奈瑟菌	√			
	四、抗原的分类	√					第二节 肠道杆菌				
	五、医药学上的重要抗原			√			一、埃希菌属			√	
	六、佐剂		√				二、志贺菌属		√		
	第二节 免疫系统						三、沙门菌属			√	
	一、免疫器官		√				四、变形菌属	√			
	二、免疫细胞			√			第三节 弧菌属				
	三、免疫分子	√					一、霍乱弧菌		√		
	第三节 免疫球蛋白						二、副溶血性弧菌	√			
	一、抗体和免疫球蛋白的概念			√			第四节 厌氧性细菌				
	二、免疫球蛋白的结构		√				一、破伤风梭菌			√	
	三、免疫球蛋白的生物学作用			√			二、产气荚膜梭菌		√		
	四、免疫球蛋白的特性			√			三、肉毒梭菌	√			
	五、人工制备的抗体类型	√					四、无芽孢厌氧菌	√			
	第四节 免疫应答						第五节 分枝杆菌属				
	一、免疫应答概述			√			一、结核分枝杆菌			√	
	二、固有免疫应答			√			二、麻风分枝杆菌	√			
	三、适应性免疫应答			√			第六节 其他病原菌				
	四、免疫耐受与免疫调节	√					一、流感嗜血杆菌	√			
	第五节 超敏反应						二、百日咳鲍特菌	√			
	一、Ⅰ型超敏反应			√			三、白喉棒状杆菌	√			
	二、Ⅱ型超敏反应		√				四、嗜肺军团菌	√			
							五、铜绿假单胞菌		√		
							六、幽门螺杆菌	√			
							七、空肠弯曲菌	√			
							八、布鲁菌属	√			
							九、炭疽芽孢杆菌	√			
							十、鼠疫耶尔森菌	√			

续表

单元	教学内容	了解	熟悉	掌握	教学活动参考	单元	教学内容	了解	熟悉	掌握	教学活动参考
第4章 其他原核细胞型微生物	第一节 放线菌				理论讲授 启发教学 情景教学 案例教学		第三节 病毒的检查方法与防治原则				
	一、生物学特性			√			一、病毒感染的微生物学检查		√		
	二、致病性放线菌		√				二、病毒的防治原则			√	
	三、与药学有关的放线菌			√		第7章 常见病毒	第一节 呼吸道病毒				理论教授 启发教学 情景教学 案例教学
	第二节 衣原体	√					一、流行性感冒病毒			√	
	一、生物学特性						二、冠状病毒与SARS病毒		√		
	二、致病性						三、麻疹病毒		√		
	三、防治原则						四、腮腺炎病毒	√			
	第三节 支原体		√				五、其他呼吸道病毒	√			
	一、生物学特性						第二节 肠道病毒				
	二、致病性						一、脊髓灰质炎病毒	√			
	三、防治原则						二、轮状病毒	√			
	第四节 立克次体	√					三、其他肠道病毒	√			
	一、生物学特性						第三节 肝炎病毒				
	二、致病性与免疫性						一、甲型肝炎病毒		√		
	三、微生物学检查						二、乙型肝炎病毒			√	
	四、防治原则						三、丙型肝炎病毒			√	
	第五节 螺旋体	√					四、丁型肝炎病毒		√		
	一、钩端螺旋体属						五、戊型肝炎病毒		√		
	二、密螺旋体属						第四节 人类免疫缺陷病毒		√		
	三、疏螺旋体属						一、生物学特性				
第5章 真菌	第一节 生物学特性				理论教授 启发教学 情景教学 案例教学		二、致病性与免疫性				
	一、形态与结构			√			三、微生物学检查				
	二、生长繁殖			√			四、防治原则				
	三、抵抗力		√				第五节 其他病毒				
	第二节 常见真菌						一、狂犬病毒		√		
	一、病原性真菌	√					二、埃博拉病毒	√			
	二、与药学有关的真菌			√			三、人类疱疹病毒	√			
第6章 病毒概述	第一节 病毒的基本性状				理论教授 启发教学 情景教学 案例教学		四、流行性乙型脑炎病毒	√			
	一、病毒的大小和形态			√			五、登革病毒	√			
	二、病毒的结构和组成			√			六、人乳头瘤病毒	√			
	三、病毒的增殖		√			第8章 微生物的分布与控制	第一节 微生物的分布				理论讲授 启发教学 情景教学 案例教学
	四、病毒的干扰现象			√			一、自然界的分布		√		
	五、病毒的抵抗力		√				二、正常人体的分布		√		
	第二节 病毒的致病性与感染						第二节 微生物的控制				
	一、病毒的传播方式和途径		√				一、基本概念			√	
	二、病毒的感染类型			√			二、控制微生物的物理方法			√	
	三、病毒的致病机制						三、控制微生物的化学方法		√		
							四、生物安全	√			

单元	教学内容	了解	熟悉	掌握	教学活动参考	单元	教学内容	了解	熟悉	掌握	教学活动参考
第9章 微生物的遗传变异与菌种保藏	第一节 微生物的遗传变异				理论讲授 启发教学 情景教学		一、加强药品生产质量管理		√		
	一、微生物的主要遗传物质		√				二、药品的微生物检查		√		
	二、微生物变异的机制	√					三、使用合适的防腐剂与抑菌剂		√		
	三、微生物的变异现象		√			第11章 人体寄生虫	第一节 人体寄生虫概述				理论讲授 启发教学 情景教学 案例教学
	四、微生物变异的意义		√				一、寄生现象与生活史			√	
	第二节 菌种优化与保藏						二、寄生虫与宿主的关系		√		
	一、菌种改良		√				三、寄生虫病的流行与防治原则		√		
	二、菌种复壮		√				四、人体寄生虫学	√			
	三、菌种保藏			√			第二节 常见人体寄生虫				
	第三节 微生物药物						一、似蚓蛔线虫	√			
	一、抗生素	√					二、疟原虫	√			
	二、维生素	√					三、蠕形螨	√			
	三、菌剂	√				实验指导	实验一 细菌的形态与结构的检查				课件演示 教师示教 学生操作 教师指导
第10章 药品微生物质量控制	第一节 微生物引起的药品变质				理论讲授 启发教学 情景教学 案例教学		实验二 培养基的制备与细菌的人工培养				
	一、药品生产中微生物的来源		√				实验三 免疫学应用				
	二、微生物引起的药品变质		√				实验四 微生物的控制及药剂的无菌检查				
	三、变质药品对人体健康的危害		√				实验五 放线菌和真菌等微生物的检查				
	第二节 防止微生物污染药品的措施										

四、学时分配建议（54学时）

序号	教学内容	学时数		
		理论	实验	合计
0	绪论	2		2
1	细菌概述	6	4	10
2	免疫学基础	12	2	14
3	常见细菌	7		7
4	其他原核细胞型微生物	2	2	4
5	真菌	1		1
6	病毒概述	2		2
7	常见病毒	4		4
8	微生物的分布与控制	2	1	3
9	微生物的遗传变异与菌种保藏	2		2
10	药品微生物质量控制	2	1	3
11	人体寄生虫	2		2
	总计	44	10	54

五、说　　明

（一）适用对象与参考学时

本教材可供中职药剂、制药技术、中药、中药制剂、医学生物技术等相关专业教学使用，总学时为54学时，其中理论教学44学时，实验教学10学时。

（二）教学要求

1. 本课程对理论部分的教学要求分为掌握、熟悉、了解三个层次。掌握是指对基本知识、基本理论有深刻的认识，并能综合、灵活地运用所学的知识解决药品检验和微生物制药等工作中的实际问题；熟悉是指能够解释、领会概念的基本含义并会应用所学知识到实际；了解是指对基本知识、基本理论能简单理解和记忆。

2. 本课程重点突出以能力为本位的教学理念，在实验技能方面分为熟练掌握和学会两个层次。熟练掌握是指能够独立娴熟地进行正确的实验技能操作；学会是指能够在教师指导下进行实验技能操作。

（三）教学建议

1. 教师在教学中应围绕"以学生为中心、以就业为导向、以能力为本位、以岗位需求为标准的原则，按照技能型、服务型高素质人才"的培养目标，体现"工学结合"的人才培养模式，遵循"能学能用""必需够用"的原则，符合行业标准的要求，与职业资格证书要求相衔接，体现实用性原则。

2. 教师可采用灵活多样的教学方法，通过讲授、讨论、示教、实验、微课、网课、多媒体演示等方式进行教学。为了提高教学效果还可采取用启发教学、情景教学、模块教学和案例教学等形式。

3. 评价方法可通过课堂提问、自测题、讨论、平时测验、社会调查、案例分析讨论、实验技能考核及考试等形式，对学生的认知能力、学习态度、实验技能、创新意识等进行综合考评，以期完成教学目标提出的各项任务。

自测题（选择题）参考答案

绪论

1. C 2. A 3. E 4. E

第1章

1. B 2. A 3. D 4. D 5. C 6. B 7. C 8. C 9. D 10. E 11. A 12. D 13. B 14. D 15. C
16. A 17. B 18. A 19. C 20. C 21. D 22. D 23. E 24. C 25. D

第2章

1. B 2. D 3. D 4. B 5. A 6. D 7. A 8. B 9. E 10. C 11. D 12. A 13. D 14. B 15. D
16. B 17. A 18. D 19. D 20. B 21. D 22. E 23. A 24. E 25. D

第3章

1. C 2. D 3. C 4. B 5. C 6. B 7. E 8. B 9. B 10. D 11. C 12. E 13. B 14. D 15. A
16. E 17. E 18. C 19. D 20. D 21. B 22. C 23. A 24. D 25. A 26. E 27. D 28. C 29. B

第4章

1. B 2. B 3. B 4. E 5. C 6. A 7. A 8. B 9. B 10. B 11. D 12. E 13. D 14. C

第5章

1. D 2. B 3. E 4. B 5. A 6. D 7. E

第6章

1. D 2. C 3. B 4. C 5. E 6. E

第7章

1. B 2. C 3. E 4. C 5. B 6. A 7. D 8. D 9. C 10. B 11. B 12. D 13. B 14. D 15. D
16. D 17. D 18. E 19. C 20. D

第8章

1. E 2. B 3. C 4. A 5. B 6. C 7. A

第9章

1. D 2. B 3. B 4. D 5. A 6. E

第10章

1. A 2. E 3. E 4. D 5. E 6. D